CHANYE ZHUANLI
FENXI BAOGAO

产业专利分析报告

(第70册)——空间机器人

国家知识产权局学术委员会 ◎ 组织编写

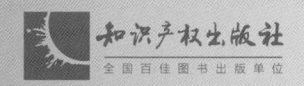

知识产权出版社
全国百佳图书出版单位

图书在版编目（CIP）数据

产业专利分析报告.第 70 册，空间机器人/国家知识产权局学术委员会组织编写. —北京：知识产权出版社，2019.7

ISBN 978 – 7 – 5130 – 6238 – 1

Ⅰ.①产… Ⅱ.①国… Ⅲ.①专利—研究报告—世界②空间机器人—专利—研究报告—世界 Ⅳ.①G306.71②TP242.4

中国版本图书馆 CIP 数据核字（2019）第 082550 号

内容提要

本书是空间机器人技术行业的专利分析报告。报告从该行业的专利（国内、国外）申请、授权、申请人的已有专利状态、其他先进国家的专利状况、同领域领先企业的专利壁垒等方面入手，充分结合相关数据，展开分析，并得出分析结果。本书是了解该行业技术发展现状并预测未来走向，帮助企业做好专利预警的必备工具书。

责任编辑：卢海鹰　王玉茂	责任校对：潘凤越
内文设计：王玉茂	责任印制：刘译文

产业专利分析报告（第 70 册）
——空间机器人
国家知识产权局学术委员会◎组织编写

出版发行：	知识产权出版社 有限责任公司	网　　址：	http://www.ipph.cn
社　　址：	北京市海淀区气象路 50 号院	邮　　编：	100081
责编电话：	010 – 82000860 转 8541	责编邮箱：	wangyumao@cnipr.com
发行电话：	010 – 82000860 转 8101/8102	发行传真：	010 – 82000893/82005070/82000270
印　　刷：	北京嘉恒彩色印刷有限责任公司	经　　销：	各大网上书店、新华书店及相关专业书店
开　　本：	787mm×1092mm　1/16	印　　张：	16.25
版　　次：	2019 年 7 月第 1 版	印　　次：	2019 年 7 月第 1 次印刷
字　　数：	355 千字	定　　价：	80.00 元

ISBN 978 -7 -5130 -6238 -1

出版权专有　侵权必究

如有印装质量问题，本社负责调换。

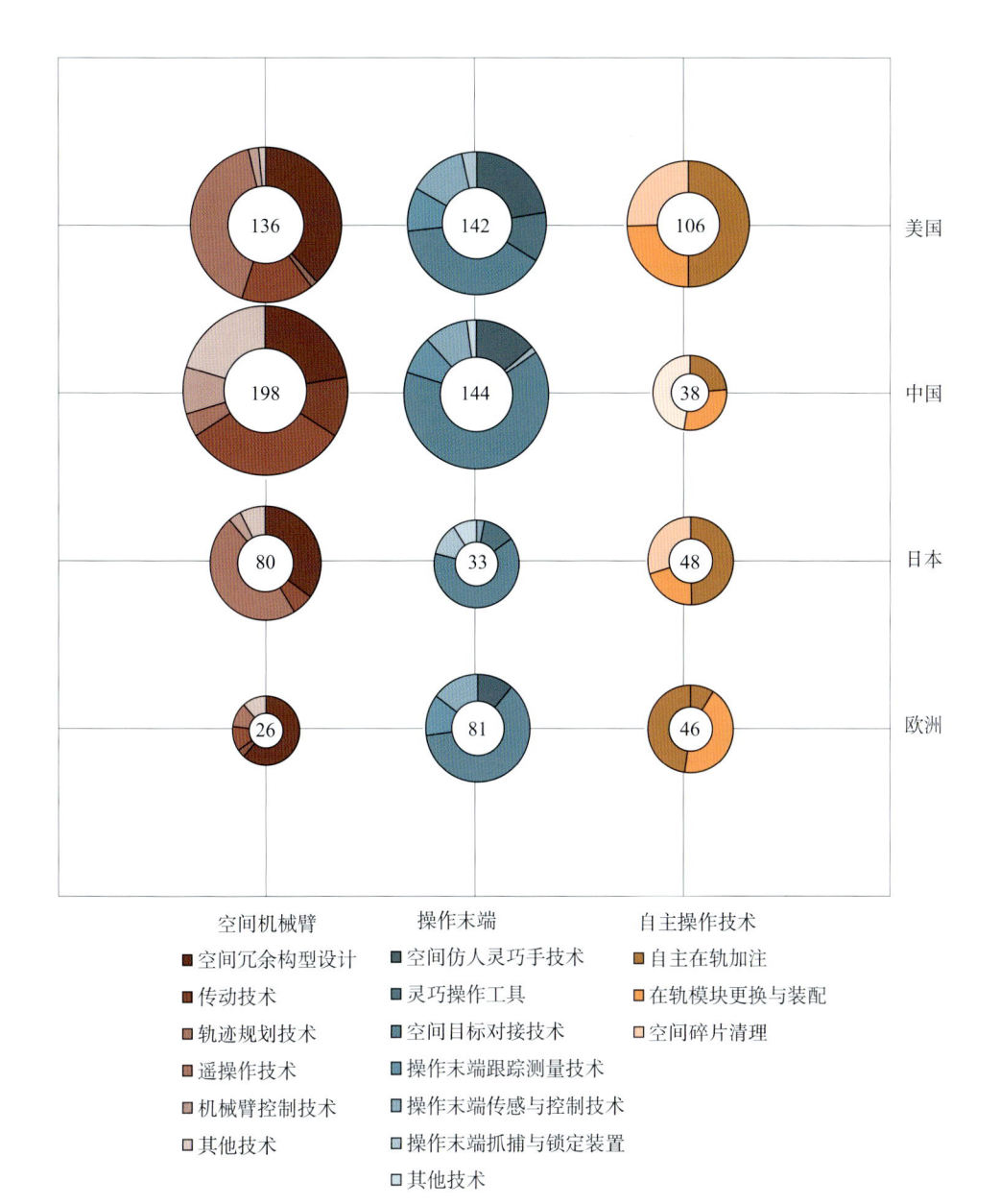

	空间机械臂	操作末端	自主操作技术	
美国	136	142	106	
中国	198	144	38	
日本	80	33	48	
欧洲	26	81	46	

空间机械臂
- 空间冗余构型设计
- 传动技术
- 轨迹规划技术
- 遥操作技术
- 机械臂控制技术
- 其他技术

操作末端
- 空间仿人灵巧手技术
- 灵巧操作工具
- 空间目标对接技术
- 操作末端跟踪测量技术
- 操作末端传感与控制技术
- 操作末端抓捕与锁定装置
- 其他技术

自主操作技术
- 自主在轨加注
- 在轨模块更换与装配
- 空间碎片清理

图2-2-9 主要申请国家或地区的专利技术构成分析

（正文说明见第25页）

注：图中圆圈大小代表申请量多少，圈内数字表示申请量，单位为项。

产业专利分析报告（第70册）

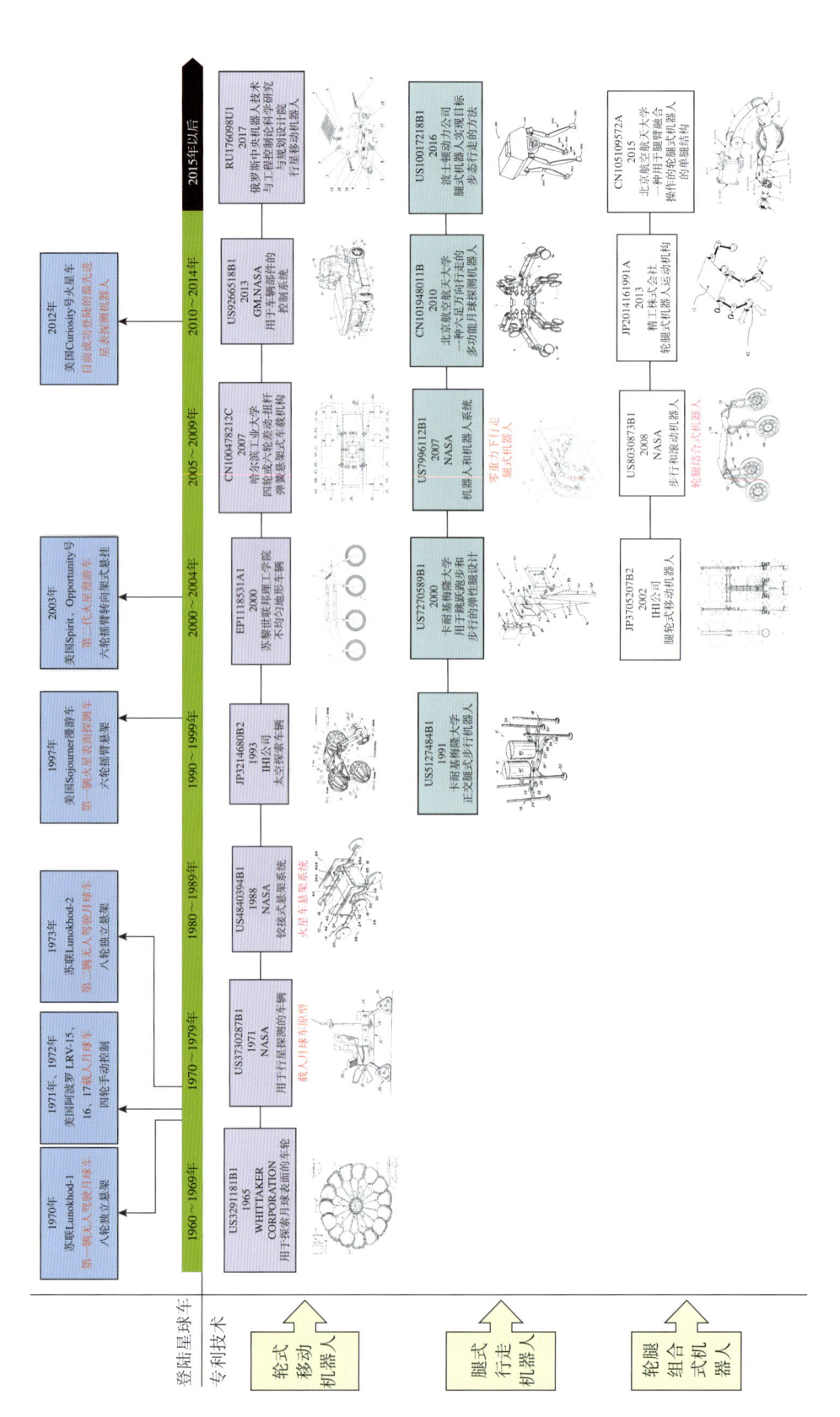

图2-3-8 星表移动机器人技术专利发展路线

（正文说明见第39页）

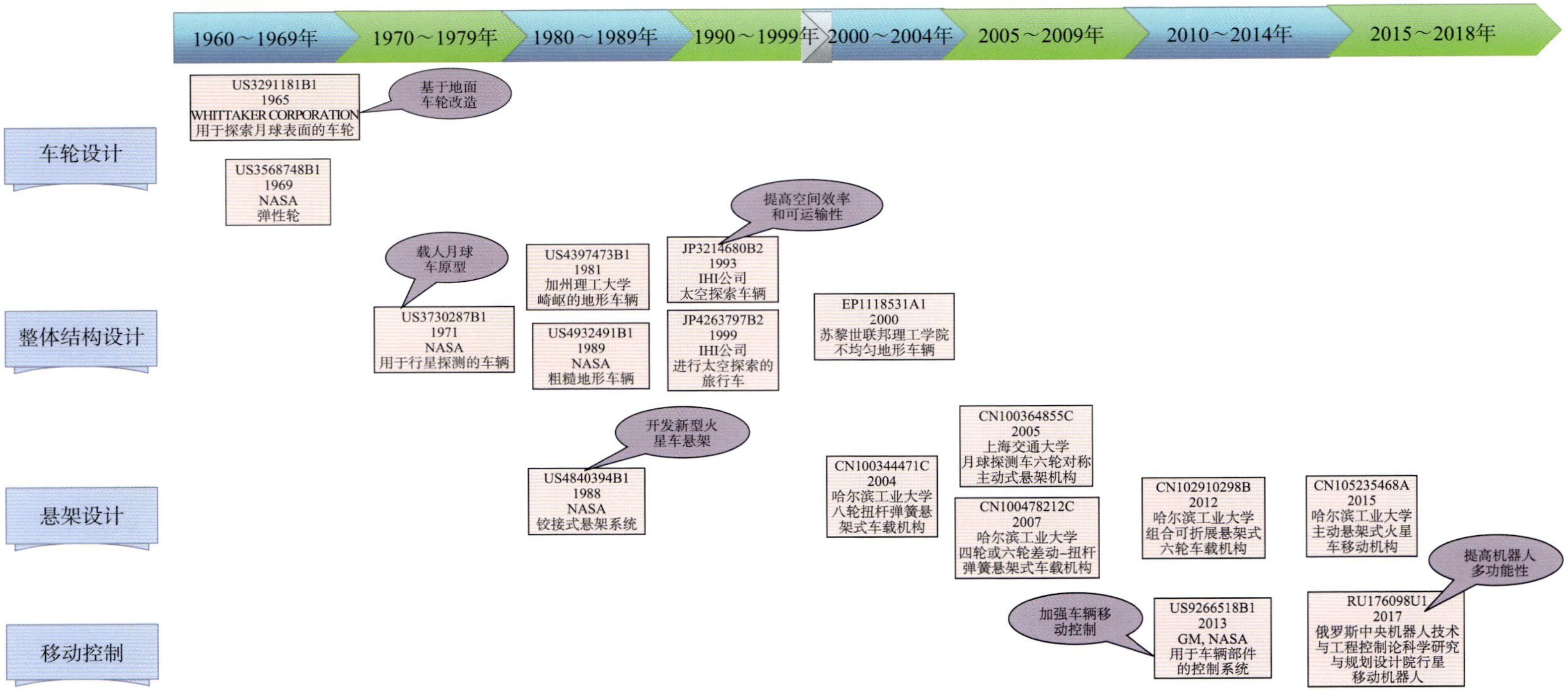

图3-5-1 轮式移动机器人专利技术发展路线

（正文说明见第52页）

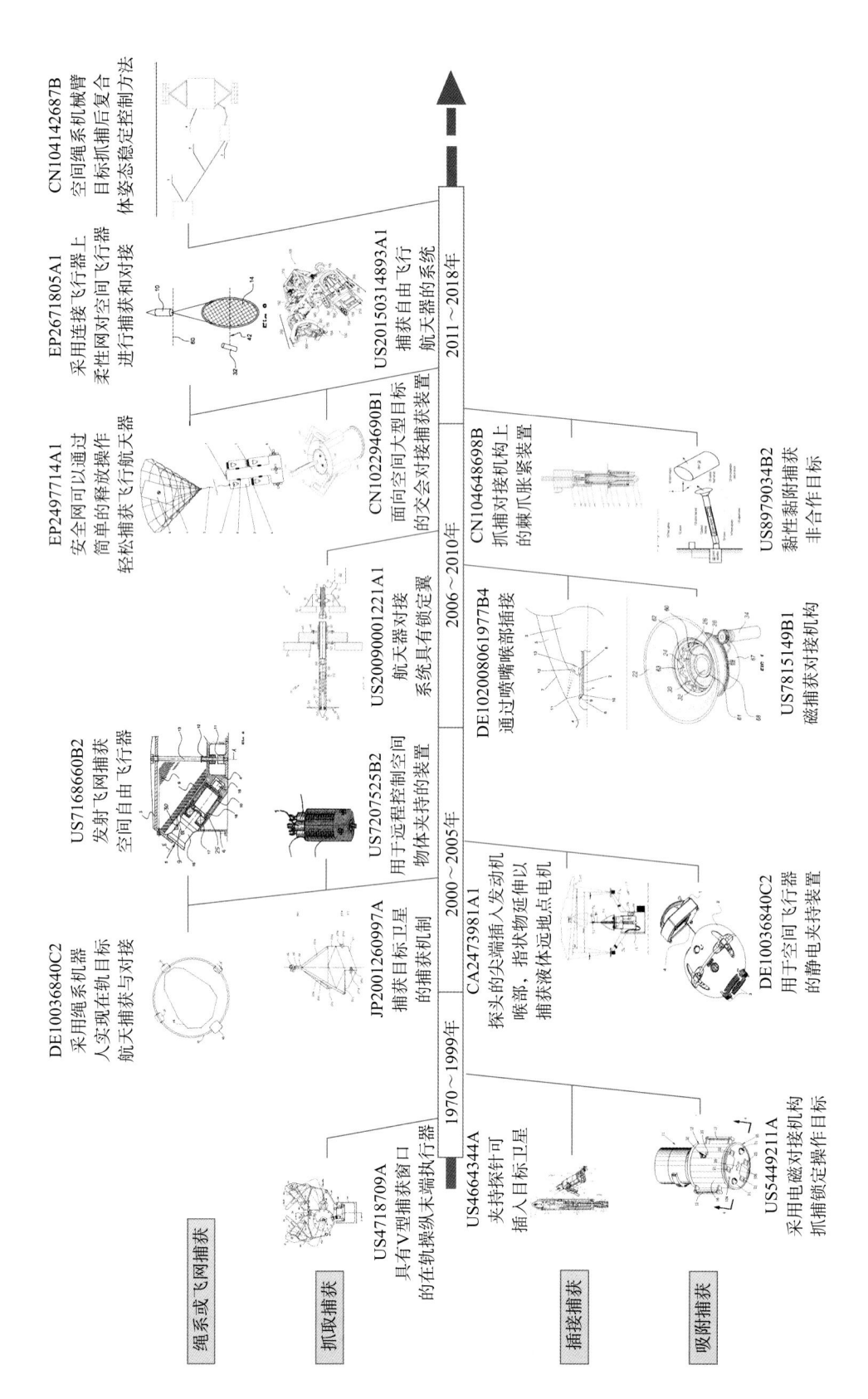

图5-5-1 空间目标捕获与对接专利技术发展历程

（正文说明见第91页）

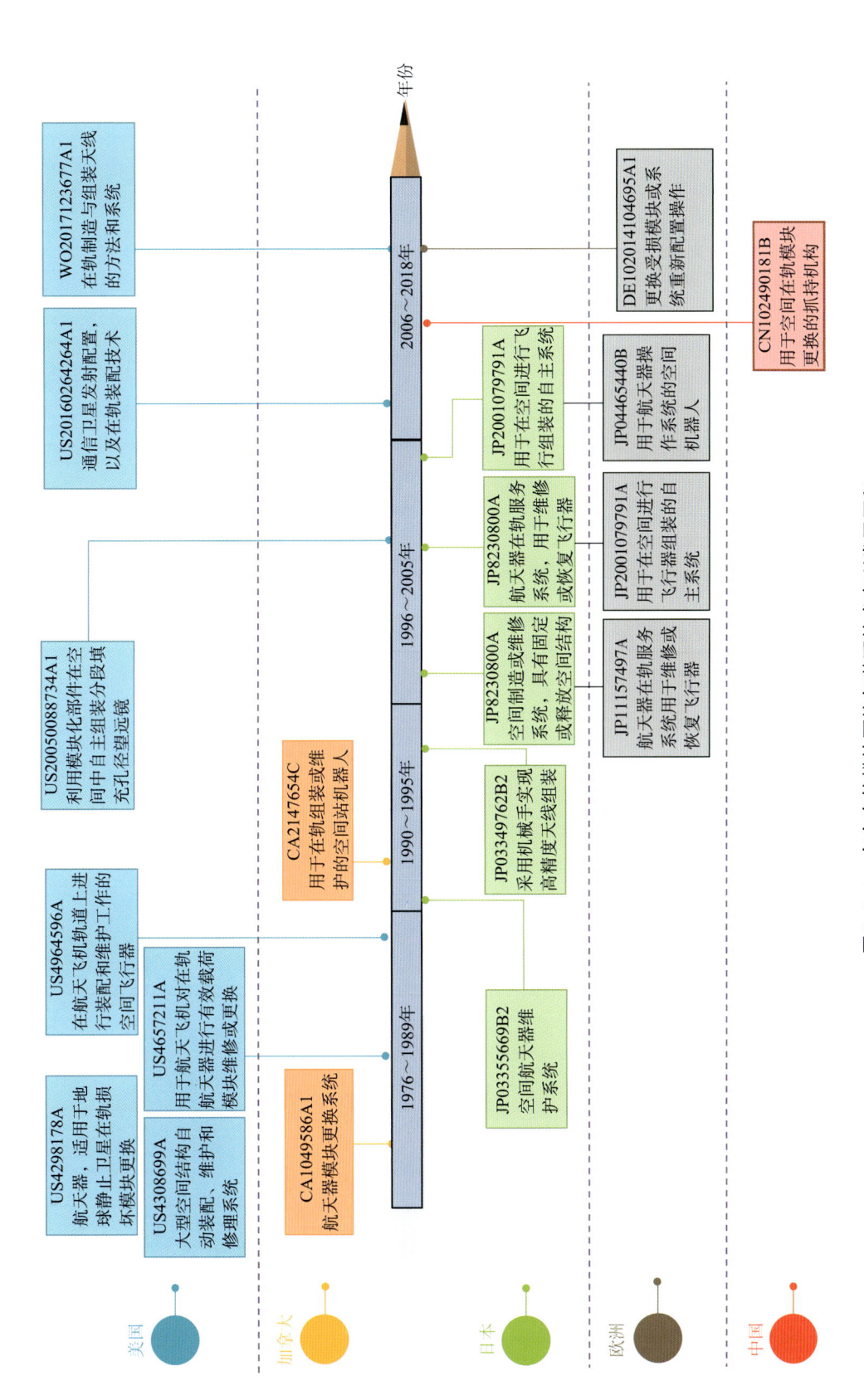

图6-5-1 自主在轨模块更换与装配技术专利发展历程

（正文说明见第120页）

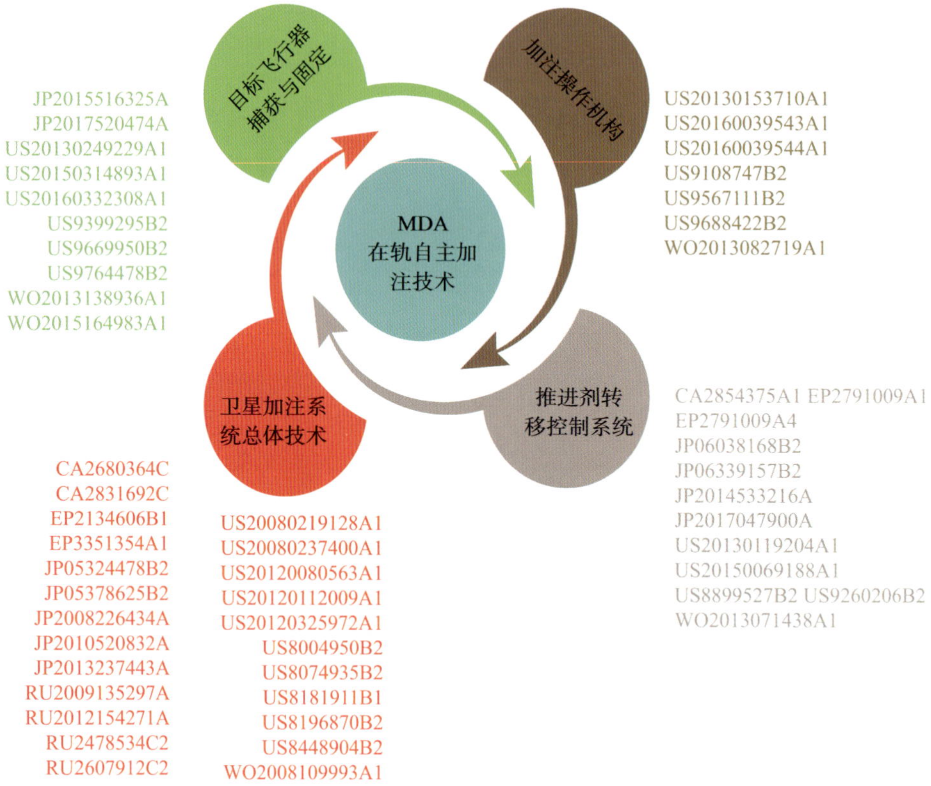

JP2015516325A
JP2017520474A
US20130249229A1
US20150314893A1
US20160332308A1
US9399295B2
US9669950B2
US9764478B2
WO2013138936A1
WO2015164983A1

目标飞行器捕获与固定

加注操作机构

US20130153710A1
US20160039543A1
US20160039544A1
US9108747B2
US9567111B2
US9688422B2
WO2013082719A1

MDA在轨自主加注技术

卫星加注系统总体技术

推进剂转移控制系统

CA2680364C
CA2831692C
EP2134606B1
EP3351354A1
JP05324478B2
JP05378625B2
JP2008226434A
JP2010520832A
JP2013237443A
RU2009135297A
RU2012154271A
RU2478534C2
RU2607912C2

US20080219128A1
US20080237400A1
US20120080563A1
US20120112009A1
US20120325972A1
US8004950B2
US8074935B2
US8181911B1
US8196870B2
US8448904B2
WO2008109993A1

CA2854375A1 EP2791009A1
EP2791009A4
JP06038168B2
JP06339157B2
JP2014533216A
JP2017047900A
US20130119204A1
US20150069188A1
US8899527B2 US9260206B2
WO2013071438A1

图6-6-0　MDA在轨自主加注技术专利布局

（此图为示意图，相关内容见第6.6节）

编委会

主　任：贺　化

副主任：郑慧芬　雷春海

编　委：夏国红　白剑锋　刘　稚　于坤山

　　　　　郁惠民　杨春颖　张小凤　孙　琨

前 言

2018年是我国改革开放40周年，也是《国家知识产权战略纲要》实施10周年。在习近平新时代中国特色社会主义思想的引领下，为全面贯彻习近平总书记关于知识产权工作的重要指示和党中央、国务院决策部署，努力提升专利创造质量、保护效果、运用效益和管理水平，国家知识产权局继续组织开展专利分析普及推广项目，围绕国家重点产业的核心需求开展研究，为推动产业高质量发展提供有力支撑。

十年历程，项目在力践"普及方法、培育市场、服务创新"宗旨的道路上铸就品牌的广泛影响力。为了秉承"源于产业、依靠产业、推动产业"的工作原则，更好地服务产业创新发展，2018年项目再求新突破，首次对外公开申报，引导和鼓励具备相应研究能力的社会力量承担研究工作，得到了社会各界力量的积极支持与响应。经过严格的立项审批程序，最终选定13个产业开展研究，来自这些产业领域的企业、科研院所、产业联盟等25家单位或单独或联合承担了具体研究工作。组织近200名研究人员，历时6个月，圆满完成了各项研究任务，形成一批高价值的研究成果。项目以示范引领为导向，最终择优选取6项课题报告继续以《产业专利分析报告》（第65~70册）系列丛书的形式出版。这6项报告所涉及的产业包括新一代人工智能、区块链、第三代半导体、人工智能关键技术之计算机视觉和自然语言处理、高技术船舶、空间机器人，均属于我国科技创新和经济转型的核心产业。

方法创新是项目的生命力所在，2018年项目在加强方法创新的基础上，进一步深化了关键技术专利布局策略、专利申请人特点、专利产品保护特点、专利地图等多个方面的研究。例如，新一代人工智能课题组首次将数学建模和大数据分析方式引入专利分析，构建了动态的地域－技术热度混合专利地图；第三代半导体课题组对英飞凌公司的专利布局及运用策略进行了深入分析；区块链课题组尝试了以应用场景为切入点对涉及的关键技术进行了全面梳理。

项目持续稳定的发展离不开社会各界的大力支持。2018年来自社会各界的近百名行业技术专家多次指导课题工作，为课题顺利开展作出了贡献。各省知识产权局、各行业协会、产业联盟等在课题开展过程中给予了极大的支持。《产业专利分析报告》（第65～70册）凝聚社会各界智慧，旨在服务产业发展。希望各地方政府、各相关行业、相关企业以及科研院所能够充分发掘《产业专利分析报告》的应用价值，为专利信息利用提供工作指引，为行业政策研究提供有益参考，为行业技术创新提供有效支撑。

由于《产业专利分析报告》中专利文献的数据采集范围和专利分析工具的限制，加之研究人员水平有限，其中的数据、结论和建议仅供社会各界借鉴研究。

《产业专利分析报告》丛书编委会
2019年5月

项目联系人

  孙　琨：62086193/13811628852/sunkun@cnipa.gov.cn

空间机器人技术专利分析课题研究团队

一、项目指导

国家知识产权局：贺 化 郑慧芬 雷春海

二、项目管理

国家知识产权局专利局：张小凤 孙 琨 王 涛

三、课题组

承 担 单 位：中国航天系统科学与工程研究院

课题负责人：杨春颖

课题组组长：褚鹏蛟

统 稿 人：王永芳 褚鹏蛟

主要执笔人：王永芳 李明泽 范晓毅 陈 鹏 褚鹏蛟 孙红俊
徐晓艳

课题组成员：何 伟 王卫军 王永芳 李明泽 陈 鹏 范晓毅
庞 静 徐晓艳 马全亮 孙红俊 刘秀祥 朱庆松
徐 辉

四、研究分工

数据检索：王永芳 李明泽 刘秀祥 马全亮 庞 静 范晓毅

数据清理：徐晓艳 马全亮 刘秀祥

数据标引：陈 鹏 范晓毅 庞 静 刘秀祥 徐 辉 徐晓艳
马全亮

图表制作：徐 辉 李明泽 庞 静 范晓毅

报告执笔：王永芳 李明泽 褚鹏蛟 范晓毅 陈 鹏 孙红俊
徐晓艳

报告统稿：王永芳 褚鹏蛟

报告编辑：刘秀祥 朱庆松

报告审校：何 伟 杨春颖 王卫军

五、报告撰稿

王永芳：主要执笔第2章第2.1节、第2.2节，第4章，第5章，第6

章，参与执笔第7章第7.1节、第7.2节、第7.3节，第8章第8.1节，第9章

李明泽：主要执笔第2章第2.3节，第3章，参与执笔第7章第7.5节、第7.6节，第8章第8.2节，第9章

褚鹏蛟：主要执笔第9章，参与执笔第2章第2.1节，第4章第4.1节，第5章第5.1节，第6章6.1节，第8章

范晓毅：主要执笔第7章第7.1节、第7.2节，参与执笔第5章

陈　鹏：主要执笔第7章第7.3~7.6节，参与执笔第6章

孙红俊：主要执笔第1章，参与执笔第9章

徐晓艳：主要执笔第8章，参与执笔第4章

六、指导专家

行业专家（按姓氏音序排序）

李　志　钱学森空间技术实验室

王耀兵　北京空间飞行器总体设计部
　　　　空间智能机器人系统技术与应用北京市重点实验室

技术专家（按姓氏音序排序）

黄剑斌　钱学森空间技术实验室

李　文　北京控制工程研究所

王　捷　北京空间飞行器总体设计部

张志民　钱学森空间技术实验室

专利分析专家（按姓氏音序排序）

陈　洁　上海航天技术研究院

董小燕　北京航天控制仪器研究所

及　莉　中国空间技术研究院

于晓乐　中国空间技术研究院西安分院

於晓榛　北京空间飞行器总体设计部

朱晓杰　北京空间机电研究所

七、合作单位（排序不分先后）

中国空间技术研究院　上海航天技术研究院　钱学森空间技术实验室
北京空间飞行器总体设计部　北京控制工程研究所　北京空间机电研究所
北京航天控制仪器研究所

目　录

第1章　研究概况 / 1
　　1.1　研究背景 / 1
　　1.2　国内外技术发展现状 / 2
　　　1.2.1　国外技术发展情况 / 2
　　　1.2.2　国内技术发展情况 / 9
　　　1.2.3　全球技术发展特点与趋势 / 9
　　1.3　研究方法和对象 / 10
　　　1.3.1　空间机器人技术分解 / 10
　　　1.3.2　数据检索和处理 / 11
　　　1.3.3　相关术语或现象说明 / 13

第2章　全球专利总览 / 15
　　2.1　全球专利申请状况分析 / 15
　　　2.1.1　全球专利申请发展趋势 / 15
　　　2.1.2　全球专利申请区域分布 / 16
　　2.2　在轨服务机器人全球专利分析 / 18
　　　2.2.1　专利申请趋势分析 / 18
　　　2.2.2　专利技术构成分析 / 21
　　　2.2.3　专利申请区域分析 / 24
　　　2.2.4　专利申请人分析 / 27
　　2.3　星表移动机器人全球专利分析 / 30
　　　2.3.1　专利申请趋势分析 / 30
　　　2.3.2　专利技术分布分析 / 32
　　　2.3.3　专利申请区域分析 / 34
　　　2.3.4　专利申请人分布分析 / 36
　　　2.3.5　技术发展路线分析 / 39
　　2.4　小结 / 41

第3章　轮式移动机器人关键技术专利分析 / 44
　　3.1　技术概况 / 44

3.2　专利申请趋势分析 / 47
3.3　专利申请区域分析 / 49
3.4　专利申请人分析 / 51
3.5　技术发展路线分析 / 52
3.6　技术功效分析 / 56
3.7　小结 / 58

第4章　空间机械臂关键技术专利分析 / 59
4.1　技术概况 / 59
4.1.1　关键技术 / 59
4.1.2　国内外技术发展情况 / 62
4.2　专利申请趋势 / 63
4.3　专利区域分布 / 64
4.3.1　技术来源国家或地区的申请量占比分析 / 64
4.3.2　主要申请国家或地区的技术构成分析 / 66
4.3.3　技术流向分析 / 67
4.4　技术分支专利分析 / 69
4.5　主要申请人 / 70
4.5.1　申请人排名 / 70
4.5.2　重要申请人技术分析 / 72
4.6　小结 / 78

第5章　操作末端关键技术专利分析 / 80
5.1　技术概况 / 80
5.2　专利申请趋势 / 82
5.2.1　萌芽期 / 83
5.2.2　发展期 / 83
5.2.3　快速发展期 / 83
5.3　专利区域分布 / 84
5.3.1　技术来源国或地区的申请量分析 / 85
5.3.2　主要申请国家或地区的技术构成分析 / 85
5.3.3　技术流向分析 / 87
5.4　主要创新主体分析 / 89
5.5　关键技术发展历程 / 91
5.6　国外重点项目与专利申请 / 92
5.6.1　第二代机器人宇航员（Robonaut 2）项目专利分析 / 93
5.6.2　加拿大Dextre灵巧操作工具专利申请 / 98
5.6.3　国际空间站SARAH机械手专利申请 / 101
5.7　我国专利技术情况 / 105

5.8 小结 / 107

第6章 自主操作关键技术专利分析 / 109
  6.1 技术概况 / 109
  6.2 专利申请趋势 / 111
    6.2.1 萌芽期 / 112
    6.2.2 发展期 / 112
  6.3 专利区域分布分析 / 114
    6.3.1 技术来源国或地区的申请量分析 / 114
    6.3.2 主要申请国家或地区的技术构成分析 / 115
    6.3.3 技术流向分析 / 116
  6.4 主要创新主体分析 / 118
  6.5 关键技术发展历程 / 120
    6.5.1 自主在轨模块更换与装配技术的发展历程 / 120
    6.5.2 自主在轨加注技术的发展历程 / 121
    6.5.3 空间碎片清理技术发展历程 / 123
  6.6 国外重点项目与专利申请情况 / 125
    6.6.1 MDA公司自主加注产品专利分析 / 125
    6.6.2 美国在轨自主加注和空间制造项目专利分析 / 130
    6.6.3 德国IBOSS在轨服务与组装项目专利分析 / 135
    6.6.4 欧美日空间碎片清理任务专利分析 / 137
  6.7 我国的专利技术情况 / 145
  6.8 小结 / 149

第7章 重要申请人分析 / 151
  7.1 MDA公司 / 151
    7.1.1 MDA公司的总体发展情况 / 151
    7.1.2 主要子公司情况 / 153
    7.1.3 专利申请情况 / 154
    7.1.4 小结 / 161
  7.2 NASA / 161
    7.2.1 NASA的空间机器人研究计划 / 161
    7.2.2 NASA的专利申请情况 / 164
    7.2.3 小结 / 181
  7.3 欧洲宇航防务集团 / 181
  7.4 波音公司 / 183
  7.5 哈尔滨工业大学 / 185
    7.5.1 哈尔滨工业大学技术简介 / 186
    7.5.2 哈尔滨工业大学的专利申请情况 / 186

　　　　7.6　波士顿动力公司 / 188
　　　　　　7.6.1　波士顿动力公司的多足机器人研制情况 / 188
　　　　　　7.6.2　波士顿动力公司专利情况 / 189
第8章　技术转移分析 / 196
　　　　8.1　在轨服务机器人技术转移可行性分析 / 196
　　　　　　8.1.1　国外在轨服务机器人技术转移案例分析 / 196
　　　　　　8.1.2　国内在轨服务机器人技术转移可行性分析 / 202
　　　　8.2　星表移动机器人技术转移可行性分析 / 206
　　　　　　8.2.1　国外星表移动机器人技术转移案例分析 / 206
　　　　　　8.2.2　国内星表移动机器人技术转移可行性分析 / 211
第9章　结论与建议 / 214
　　　　9.1　专利分析结论 / 214
　　　　　　9.1.1　全球专利申请格局 / 214
　　　　　　9.1.2　在轨服务机器人 / 215
　　　　　　9.1.3　星表移动机器人 / 217
　　　　　　9.1.4　重要申请人 / 218
　　　　9.2　技术发展建议 / 219
　　　　　　9.2.1　在轨服务机器人技术突破建议 / 219
　　　　　　9.2.2　星表移动机器人技术发展建议 / 221
　　　　9.3　专利布局建议 / 222
　　　　9.4　技术转移建议 / 222
附表1　主要申请人名称约定表 / 225
附表2　第二代宇航员 Robonaut 2 相关专利 / 233
图索引 / 236
表索引 / 240

第 1 章　研究概况

1.1　研究背景

空间机器人是在太空中执行空间站建造与运营、卫星组装与服务、行星表面探测与实验等任务的一类特种机器人，是一种自主无人系统，是人工智能的重要应用领域之一。随着科学技术的进步，人类空间活动越来越频繁，空间机器人逐渐成为航天领域的研究热点之一。各航天大国投入了大量的物力和人力开展针对空间机器人的理论研究、地面验证和在轨试验，进一步推进了空间机器人技术的发展。美国航空航天局探索小组（NASA exploration team，NEXT）按其执行的任务，将空间机器人分为在轨服务机器人和星表移动机器人两类，前者包括在轨组装、维护、检查和辅助航天员活动等空间机器人，后者包括巡视移动、样品采集、科学测量和辅助航天员探测等各类机器人。[1] 空间机器人具有重要的民用经济效益和军事应用价值，成为世界航天大国竞相发展的热点领域。基于全球空间机器人的发展态势，我国开展空间机器人技术研究的必要性，主要体现在以下两个方面：

一是我国向航天强国发展有迫切需求。加快推进我国空间机器人发展，是落实习近平总书记关于"机器人和智能制造已成为国家科技创新的优先重点领域"的指示精神[2]，实施"国家创新驱动发展战略"和"中国制造 2025 战略"的重大举措，是国务院发布《"十三五"国家科技创新规划》和《新一代人工智能发展规划》的重点发展方向。大力发展空间机器人对提升我国科技创新实力，维护空间安全，增强空间探测能力，带动产业发展，支撑我国由航天大国向航天强国转变，具有重要战略意义。

二是我国空间机器人发展与国外相比存在明显不足与差距。在国家"863 计划"、民用航天计划、空间碎片和预研等项目支持下，我国重点围绕空间机器人在轨服务与维护、空间碎片清除等开展多项技术攻关，围绕轨道拖船、地球静止轨道卫星轨道救援、空间燃料站等开展了基础研究，形成了一定的技术储备。但是，我国在空间机器人精细化操作、自主性和环境适应能力方面，与国外相比仍存在一定差距，尤其是智能机械结构、空间自主操作等关键技术方面仍有很大差距。

总之，以空间机器人中的代表性关键技术为研究目标，开展相关研究，有利于提升我国空间机器人的整体研制水平，进而推动我国航天技术快速发展，可以极大地带动相

---

[1] Pedersen L, Kortenkamp D, Wettergreen D, et al. NASA exploration team (NEXT) space robotics technology assessment report [M]. Moffett Field: Ames Research Center, 2002.

[2] 习近平. 致二○一五世界机器人大会的贺信 [N]. 人民日报，2015－11－24.

关行业的技术进步和产业发展，成为国家重大科技工程对国家科技进步和经济发展起辐射带动作用的表率，对推动"国家创新驱动发展战略""中国智能制造2025""'十三五'国家科技创新规划"和"新一代人工智能发展规划"的顺利实施起到推波助澜的作用。

1.2 国内外技术发展现状

空间机器人已经在国际空间站、飞船、卫星等飞行器的在轨维护、空间装配、月球探测和火星探测等任务中得到广泛的应用。采用空间机器人代替或协助航天员执行空间任务，不仅是未来空间任务之必需，而且在成本、效率等方面也具有突出的优势。进入21世纪，全球空间机器人技术获得快速发展，除空间站和星体表面着陆/巡视器机械臂得到成熟应用外，当前空间机器人发展总体处于开发研制、试验验证和应用探索阶段，预计2020～2030年将快速进入大量应用的新阶段。❶

1.2.1 国外技术发展情况

1.2.1.1 国外在轨服务机器人的发展历程

在轨服务机器人主要用于对在轨的航天器、空间站附属舱和空间运载器进行运行保护、状态维护和功能维持。一方面，在轨服务机器人可以对出现故障的航天器进行在轨维修、在轨加注燃料或进行接管控制，从而延长航天器的寿命，降低空间系统的成本与风险；另一方面，利用在轨服务机器人可以实现航天器在轨装配和性能模块更换，实现航天器在轨组装和性能升级。此外，在空间轨道资源受限条件下，在轨服务机器人还可以对废弃卫星、空间碎片等空间垃圾进行清理，以达到对有限轨道资源的充分利用，并减缓空间垃圾对运行中的航天器的威胁。

早在20世纪80年代，主要航天大国的研究机构就开始研究基于空间机器人的在轨服务技术的可行性，这些研究工作代表着空间机器人技术发展的方向，国外进行空间机器人技术研究的国家或地区主要有美国、加拿大、欧洲和日本等。❷❸❹ 表1-2-1对各个国家空间机器人相关研究项目进行了梳理。

表1-2-1 全球在轨服务机器人研制项目与计划发展历程

项目/机器人系统名称	启动年份	研究国家/机构	简要描述
遥控机械臂系统（SRMS）❺	1981	加拿大	世界上第一套空间机械臂，安装在航天飞机上

---

❶ 林益明，李大明，王耀兵，等. 空间机器人发展现状与思考［J］. 航天器工程，2015，24（5）：1-7.
❷ 李岩，党常平. 空间在轨服务技术进展［J］. 兵工自动化，2012（5）：79-82.
❸ 张文辉，叶晓平，季晓明，等. 国内外空间机器人技术发展综述［J］. 飞行力学，2013，31（3）：198-202.
❹ 刘宏，蒋再男，刘业超. 空间机械臂技术发展综述［J］. 载人航天，2015，21（5）：435-443.
❺ The Shuttle Remote Manipulator System - The Canadarm［EB/OL］. https://www.ieee.ca/millennium/canadarm/canadarm_technical.html.

续表

项目/机器人系统名称	启动年份	研究国家/机构	简要描述
FTS 系统❶	1986	美国	类人机器人,由两个机械臂及一个定位腿组成
ROTEX 系统❷	1988	德国	小型六轴机器人系统,世界上第一个具有地面遥操作能力的空间机器人系统
地球静止轨道服务飞行器(GSV)❸	1990	欧空局	将空间机械臂作为执行机构,提出单机械臂和双机械臂的配置方案,对地球静止轨道卫星进行服务
Ranger TFX 系统	1992	美国	灵巧空间机器人系统,具有自由飞行能力,满足哈勃望远镜机器人服务的要求
ESS 项目	1994	德国	为地球静止轨道航天器进行在轨服务提出的试验项目,旨在利用试验卫星上的机械臂对地球静止轨道上的非合作目标进行在轨服务
自动运输飞行器(ATV)	1995	欧空局	可与国际空间站自主交会对接,并提供货物、饮用水、食物、空气以及推进剂的补给
机械臂飞行演示项目(MFD)	1997	日本	日本第一个空间机械臂实验项目
工程技术试验卫星项目(ETS–VII)	1997	日本	世界上第一个真正的自由飞行空间机器人系统
移动服务系统(MSS)	1998	加拿大	由活动基座系统 MBS、空间站遥控机械臂系统 SSRMS、专用灵巧臂 SPDM 组成
轨道快车计划(OE)	1999	美国	研究在轨补给、重构与修复技术,实验修复卫星
机器人航天员(Robonaut)	1999	美国	类人机器人,减少宇航员舱外活动,并协助宇航员工作。设计有灵巧上肢,可用现有 EVA 工具执行维护、维修和装配等工作
欧洲机械臂(ERA)	1999	欧空局	可重定位的、完全对称的 7 关节机械臂

---

❶ 刘宏,蒋再男,刘业超. 空间机械臂技术发展综述 [J]. 载人航天,2015,21 (5): 435 – 443.
❷ 陈小前,袁建平,姚雯,赵勇. 航天在轨服务技术 [M]. 北京: 中国宇航出版社,2009.
❸ The Geostationary servicing Vehicle (GSV) [EB/OL]. https://www.esa.int/ Our_Activities/Space_Engineering_Technology/Automation_and_Robotics/The_Geostationary_Servicing_Vehicle_GSV.

续表

项目/机器人 系统名称	启动年份	研究国家/ 机构	简要描述
试验卫星服务系统 （XSS）	2000	美国	演示在轨服务对接技术和对接完成后的服务操作等关键技术，主要包括模块更换和燃料加注等；研究和验证低轨道空间合作目标交会、绕飞以及接近巡视技术，提高空间攻防能力
自主交会技术验证卫星 （DART）	2001	美国	验证的自主交会对接技术，可实现美国航天器之间的全自动对接，有助于美国未来航天系统的在轨组装、维修或进行其他自主交会操作，还可使美国防部对敌方卫星进行近距离侦察
日本实验舱机械臂 （JEMRMS）	2001	日本	用于空间操作的机器人系统，由主臂和小臂SFA串联组成
地球静止轨道清理机器人 （ROGER）	2002	欧空局	该系统面向大尺寸空间碎片（废弃卫星）设计了2种捕捉装置：绳系飞网和系绳飞爪
空间系统演示验证技术卫星 （TECSAS）	2003	德国	对空间设备维修及服务系统中比较关键的技术进行实验验证
国际空间站机器人 组件验证项目 （ROKVISS）	2005	德国	德国的地面控制中心和空间站内的电脑可实时操纵机械臂，在空间站外部进行一些危险、繁重的安装和维修工作
轨道寿命延长飞行器 （OLEV）	2005	德国	通过与目标星对接，接管目标星的姿态和轨道控制，同时为目标星加注燃料，用于挽救在轨道定位操作中搁浅的卫星，以延长卫星寿命
在轨维修系统（OMS）	2005	日本	对通信卫星进行在轨监测、维护以及离轨等操作，同时也可用于处理空间碎片
微小卫星技术试验 （MiTEx）	2006	美国	用于CxEC卫星的精细编目、近距离监视等军事用途
空间碎片清理者 （SDMR）	2006	日本	验证电力绳系系统移除空间碎片的关键技术及对大尺寸空间碎片进行捕获和离轨操作的可行性
前端机器人使能 近期演示验证 （FREND）	2006	美国	面向非合作目标的自主交会、逼近、抓捕并实施在轨服务的演示任务，重点对航天器视觉、机械臂、自主控制方法等关键技术进行验证，并验证了自主交会对接、抓捕未来卫星各种不同类型接口的服务操作能力

续表

项目/机器人 系统名称	启动年份	研究国家/ 机构	简要描述
德国在轨服务任务 （DEO）	2007	德国	验证对处于低地轨道上的失控翻滚非合作目标航天器进行捕获，并使航天器组合体在可控状态下脱离运行轨道
凤凰计划（Phoenix）	2011	美国	建立起一个面向重复利用的在轨服务支援体系
机器人航天员2 （Robonaut 2）	2011	美国	类人机器人，拥有类似人类的灵巧手指，可以帮助人类完成枯燥、重复或者危险的任务
机器人燃料加注任务 （RRM）	2011	美国	使用空间遥控机械臂及专用灵巧机械臂及相关程序，为在役卫星的推进剂燃料箱加注了推进剂燃料
蜻蜓项目（Dragonfly）❶	2015	美国	是"凤凰"计划在2015年的衍生项目之一，实现尺寸更大、能力更强、目前无法在组装完成后装入标准运载器整流罩发射的通信卫星，验证卫星自带的机械臂系统为其安装天线反射器的过程
多功能太空机器人精密制造与装配系统❷	2016	美国	配备有一个机器人臂的含3D打印机集成的航天器系统，实现发展在轨"即需即造即装配"技术，以解决当前大型太空结构必须有人在轨装配的难题
地球同步轨道卫星机器人服务（RSGS）❸	2016	美国	演示验证高分辨率检视、修正机械异常（展开故障）、辅助变轨、安装附加有效载荷等
模块化航天器 （IBOSS）❹	2017	德国	对航天器的结构模块化设计展开研究，在构型上提出了适用于以电子载荷为主的小型卫星的"搭积木"模式和适用于多载荷、高精度的大卫星的"蜂巢"模式

---

❶ NASA's Dragonfly Project Demonstrates Robotic Satellite Assembly Critical to Future Space Infrastructure Development [EB/OL]. [2017-09-13]. https://www.nasa.gov/mission_pages/tdm/irma/nasas-dragonfly-project-demonstrates-robotic-satellite-assembly-critical-to-future-space.html.

❷ Orbital Manufacturing and Construction Technologies [EB/OL]. [2018-10-09]. http://www.tethers.com/SpiderFab.html.

❸ Robotic Servicing of Geosynchronous Satellites (RSGS) [EB/OL]. [2018-08-17]. https://www.darpa.mil/news-events/2018-08-17.

❹ Thomas A. Schervan, Martin Kortmann, Prof. Kai-Uwe Schröderc, Joerg Kreiseld. iBOSS Modular Plug & Play – Standardized Building Block Solutions for Future Space Systems Enhancing Capabilities and Flexibility, Design, Architecture and Operations [C]. 68th International Astronautical Congress (IAC), Adelaide, Australia, 25-29 September 2017.

通过对上述各国家的在轨服务机器人技术发展调研情况来看,在轨服务机器人的发展总体经过了三个主要阶段:

一是关键技术研发验证阶段。从 20 世纪 80 年代开始,美国、加拿大、德国、欧空局均开展了空间机械臂、类人空间机器人、空间目标对接等关键技术的验证项目,如加拿大的 SRMS、美国的 FTS 系统、德国的 ROTEX 系统。基于上述这些项目,国外实现了在轨服务机器人关键技术可行性验证。

二是针对低轨合作目标的任务演示验证阶段。从 21 世纪初期开始,各航天强国开始针对低轨合作目标的在轨服务,进行在轨飞行演示验证。例如,美国的试验卫星服务系统(XSS)研究和验证低轨道目标交会、绕飞以及接近巡视技术;自主交会技术验证卫星(DART)演示验证了航天系统的在轨组装、维修或进行其他自主交会操作的可行性;德国的轨道寿命延长飞行器(OLEV)在轨验证了低轨道卫星在轨燃料加注的延寿操作。

三是针对高轨非合作目标的研发试验与创新发展阶段。从近些年美国和德国的在轨服务项目研究计划来看,主要侧重于高轨目标或非合作目标的自主操作技术研发。例如,德国在轨服务任务(DEO)主要针对失控翻滚非合作目标航天器进行捕获,并使航天器组合体在可控状态下脱离运行轨道;美国在 2016 年启动的地球同步轨道卫星机器人服务(RSGS)演示验证项目,主要针对高轨目标的在轨服务技术进行研发试验,包括高轨目标的高分辨率检视、修正机械异常(展开故障)、辅助变轨、安装附加有效载荷等操作。

总之,从目前的在轨服务机器人的发展情况来看,针对低轨合作目标操作的空间机器人处于在轨验证与初步应用阶段,而针对高轨非合作目标的在轨操作已引起高度关注,开始进入关键技术在轨飞行试验阶段。

1.2.1.2 国外星表移动机器人的发展历程

星表移动机器人主要是指在行星表面执行巡视移动、样品采集、科学测量和辅助航天员探测等任务的一类特种机器人,❶ 目前主要是指月球探测机器人和火星探测机器人。这些机器人按照移动机构的特点,主要包括轮式、腿式、组合式三种类型。❷ 开展星表移动机器人研制的国家或地区主要包括俄罗斯(包括苏联)、美国、欧洲和日本等,下面分别对这些国家或地区的技术发展历程作一简要介绍。

(1)俄罗斯(包括苏联)

苏联在 20 世纪 50 年代末决定向深空探测进军。1963 年 9 月,苏共中央形成决议,确定开展月球探测车项目的研究。1965 年 2 月,苏联军事工业委员会正式将设计制造月球车的任务交由全俄运输车辆研究所(VNIITRANSMASH)负责。1970 年 11 月 17 日,VNIITRANSMASH 研制的无人驾驶月球车 1 号(Lunokhod – 1)由月球 17 号(Luna 17)探测器送上月面,这是人类航天史上第一辆登上月球的无人驾驶月球车。1973 年

---

❶ 林益明,李大明,王耀兵,等. 空间机器人发展现状与思考[J]. 航天器工程,2015,24(5):1-7.
❷ 丁希仑,田娜. 一种新型的变结构轮腿式探测机器人的研究[C]. 中国宇航学会深空探测技术专业委员会第二届学术会议论文集,2005.

1月8日苏联发射的月球21号携带更为先进的月球车2号（Lunokhod–2）在月面又进行了一次科学考察，取得了更多成果。在经历了前两次成功的探月活动后，苏联再也没有开展过类似的探月计划，而实际上第三辆月球车已经制作完毕，由于种种原因，苏联并没有发射它。❶

苏联对于火星车的研制也始于20世纪60年代。1971年，苏联研制的火星探测车"PROP–M"跟随自动考察站"火星3"和"火星6"探测器登上火星，遗憾的是，在登陆火星之后，自动考察站便失去了与地球的联系，从此它们的命运不得而知。20世纪80年代末，苏联又向火卫一发射了一个质量40kg的"跳跃者"（Hopper）火星车，但也在着陆时失败。❷ 20世纪90年代苏联解体，俄罗斯独立，此后俄罗斯尚未成功开展过月球和行星探测活动，在技术上尚未突破苏联时期取得的成就。

（2）美国

1961年，美国总统肯尼迪发表了声明，提出在十年内把宇航员送上月球并安全返回地面，即阿波罗计划。1971年7月30日，由美国阿波罗15号飞船携带的载人月球车（lunar rover vehicle，LRV）登陆月球，成为世界上最早实现空间应用的载人月球车，此后的1972年4月27日和1972年12月7日，美国的阿波罗16号和17号同样携带与上述基本相同的折叠式载人月球车LRV成功登陆月球。此后三十多年，美国没有再实施登月计划。直到小布什总统执政期间，美国为了重返月球，提出了星座计划，并研制了密封式月球车，奥巴马上台后星座计划被取消。但相关的科学研究并未中止，代表性的是由喷气动力实验室（JPL）为首，NASA、斯坦福大学、波音公司等科研单位参与的一种新型的六轮腿机器人ATHLETE，用于在月球表面运送人员和货物，旨在打造移动的月球基地。❸ 2017年特朗普上任后再次提出将探索重点重新聚焦于月球。

对于火星探测，美国的脚步走得比苏联稳健。从20世纪90年代起，美国火星车研制开始取得一系列成功。由于火星登陆计划要求车辆的尺寸和质量都不大，之前的三段式LRV车辆不宜于在小尺寸空间中安置控制系统、电缆、科学仪器等，JPL的工程师重新设计了一种摇臂悬架式底盘方案，并制作了最早的基于摇臂悬架的模型，被称为Rocky。在后续的开发中，JPL制作了以Rocky为代号的Rocky3、Rocky4、Rocky7、Rocky8等一系列模型。1997年7月6日"火星探测者"（Mars Pathfinder）航天器撞击火星并释放JPL研制的自主式机器人车辆——Sojourner漫游车，首次开展火星表面行走探测，Sojourner是在原Rocky系列漫游车的基础上经改进设计研制的。❹ 此后，作为第二代火星车"勇气号"（Spirit）和"机遇号"（Opportunity）先后在2003年成功登

---

❶ 江磊，姚其昌，何亚丽，等. 星球车行走系统和它的研制者们——俄罗斯篇 [J]. 机器人技术与应用，2008（3）：17–19.

❷ 吴爽，张扬眉. 国外地外天体漫游车发展状况研究 [J]. 国际太空，2012（8）：1–14.

❸ Brian H Wilcox. ATHLETE: lunar cargo handling for international lunar exploration [C]. AIAA SPACE 2010 Conference & Exposition, Washington D.C.: AIAA, 2010: 1–7.

❹ 张扬眉，卢波. 国外月球车和火星车发展状况研究 [C]. 第二十五届全国空间探测学术研讨会摘要集. 2012.

陆火星，在继承了 Sojourner 火星车总体设计思路的基础上，Spirit/Opportunity 号火星车在总体性能指标方面有了大幅度的提高。❶ 此后，美国继续开展火星探测的相关研制工作，2011 年成功发射"火星科学实验室"（MSL），该探测器于 2012 年 8 月 6 日在火星表面的盖尔环形山着陆，随后释放了其上搭载的 Curiocity 号火星车。该火星车是目前实现成功登陆的最先进的星表移动机器人，除了车体性能进一步改进之外，还采用了反推火箭在上车体在下的"反推火箭 + 空中吊车"的全新着陆方式。从 NASA 官网公开的信息可知，美国计划于 2020 年发射"Mars 2020"火星车。与以往的火星探测任务不同，"Mars 2020"是一款核动力火星车，其主要任务是收集岩石样品，并将样品用密封罐储存起来，放置于火星表面，以便被未来任务的航天器带回地球。❷ 目前，在火星探测领域，美国全面领先，已全方位掌握了星表移动机器人的着陆与巡视、采样与返回等关键技术并得到实际工程应用。

（3）欧洲

欧洲的月球探测活动晚于美国和苏联，但技术起点高，正在与俄罗斯等国家开展深入的技术合作。在星表移动机器人的研制方面，瑞士联邦工学院和瑞士自动化系统实验室研制了六轮连杆式行星车 Shrimp，欧洲太空局（ESA）与俄罗斯联合研制了 RCL Concept – C 六轮漫游车。❸ 此外，欧洲计划于 2021 年将"外空生物火星"（Exo-Mars）巡视器登陆到火星表面，用于寻找生命迹象，并执行科学任务。❹

（4）日本

日本的月球探测晚于美国、俄罗斯和欧洲。除了"月亮女神"月球轨道器任务，日本也开展了月球着陆器、月面巡视器等相关技术的研发，在星球车的设计方面，日本宇宙开发事业团（NASDA）和东京工业大学联合开发了三腿移动系统 Tri – star2 漫游车，NASDA 和日本空间科学研究所（ISAS）等设计研制了一种体积小、质量轻、能耗低的五轮漫游车 Micro – 5。此外 ISAS 还开发了可在月球和其他行星上长距离行走观测的行星车，由子车和母车组成，需要时，子车、母车分离，在特殊地形附近执行探测任务。❺ 日本宇宙航空研究开发机构（JAXA）宣布拟于 2019 下半年发射首个无人登月探测器 SLIM 并实施月面软着陆。

从全球的研究趋势和热点来看，深空探测正从月球、火星向其他地外天体扩展，对于星表移动机器人来说，一方面需要适应特殊多样的行星环境，进一步提升自身的综合性能，如工作更长的时间、行驶更长的距离、适应更复杂的环境等方面发展，并具有质量和尺寸最小化、有效利用和传输能源、机动能力更强、航天员安全性更高、应用范围更广、成本更低等。另一方面，为了适应探测、采样等多种科学任务，多功

---

❶ 刘兴杰，江磊，杨树岭，等. 星球车行走系统和它的研制者们——美国篇［J］. 机器人技术与应用，2008（3）：13 – 16.

❷ Mars 2020 Rover［EB/OL］. https：//www.nasa.gov/mars2020.

❸ 邓宗全，张朋，胡明，et al. 轮式行星探测车移动系统研究状况综述及发展态势［J］. 机械设计，2008，25（1）：1 – 5.

❹ ExoMars［EB/OL］. https：//en.wikipedia.org/wiki/ExoMars.

❺ 杨飞. 轮式星球漫游车移动机构折展构型综合与分析［D］. 哈尔滨：哈尔滨工业大学，2014.

能一体化、多设备支持能力也是当前星表移动机器人的重要发展方向。

1.2.2 国内技术发展情况

我国空间机器人技术研究开始于20世纪90年代，多年来中国航天科技集团有限公司、哈尔滨工业大学、国防科技大学、北京航空航天大学、北京邮电大学和中科院合肥智能所等单位针对空间机器人开展了大量研究，并取得了初步的成绩。面向我国空间站建造与运营、月球探测、火星探测等工程任务需求，我国自行研制了多套空间机器人系统，部分产品已经实现了空间应用，多项关键技术获得验证。

在在轨服务机器人方面，我国的研究还是以低轨航天器为主，针对高轨卫星的研究较少，在自主性方面与国外仍存在一定差距，尤其是对非合作目标的在轨维护与服务，对自主在轨维护与服务过程中捕获、追踪、接近、抓捕、操作等步骤所需要掌握的如机械臂技术、操作末端技术以及自主操作技术等共性关键技术的研发与掌握还需要进一步加强。[1]

在星表移动机器人技术领域，我国自行研制的"嫦娥三号"巡视器首次完成了地外天体表面执行巡视探测任务，但目前仅能在较为平坦的区域进行巡视，地面适应性能还有待提高。目前探月工程正在扎实推进三期工程的实施，计划于2019年发射"嫦娥五号"探测器，完成采样返回任务。与此同时，我国正在开展火星探测的研制试验，计划在2020年实现火星探测的第一次飞行试验，完成绕飞和着陆巡视探测任务。

目前，我国正处于开展空间机器人空间演示试验的攻坚阶段，在各技术领域取得了一些技术突破，但是，我国在空间机器人精细化操作、自主性和环境适应能力方面，与国外相比仍存在一定差距，尤其是智能机械结构、空间自主操作等关键技术方面仍有很大差距。

1.2.3 全球技术发展特点与趋势

当前，全球空间机器人研发试验活动高度活跃，呈现出一系列发展特点和趋势。

一是空间机器人成为全球航天快速发展的热点技术领域。当前，美、欧、俄、日、加等国家或地区均制定了多项空间机器人计划，确定开发重点，持续开展研制试验和应用，抢占空间机器人技术发展制高点，呈现出美国领先、多国竞争、研发试验活跃的发展态势。美国在在轨服务与维护系统、月球车、火星探测车、空间制造等应用方面已处于领先地位；欧洲在多感知模块化关节、遥操作技术方面处于领先水平；日本在仿人机器人、空间碎片清理方面具有较高水平；加拿大在空间机械臂和操作执行器技术研发和工程研制方面处于领先水平。

二是技术创新与方案创新层出不穷，智能化水平不断提升。当前全球空间机器人发展总体处于开发研制、试验验证和初步应用阶段；面向各类应用需求，空间机器人新技术、新方案、新系统层出不穷，呈现信息化、智能化水平不断提高的态势；近些

---

[1] 陈小前，袁建平，姚雯，赵勇. 航天在轨服务技术［M］. 北京：中国宇航出版社，2009.

年人工智能技术的快速发展也推动了空间机器人领域的原始创新和集成创新速度。例如，美国密集推出"地球静止轨道通信卫星在轨机器人装配""多功能空间机器人精密制造与装配系统""大型空间结构系统空间装配""蜘蛛制造"等一系列空间装配与制造机器人创新方案和系统。

三是空间应用领域不断扩展。面向空间应用需求，空间机器人研发试验活动已从早期空间站和深空探测器机械臂，发展到覆盖在轨维修、在轨加注、在轨制造与组装、航天器在轨重构、空间碎片清除等广泛领域；各国根据国情和应用需要，重点突破核心技术和有重大应用前景的应用系统。

四是寓军于民，协同发展。空间机器人是典型的军民两用系统，大量相关技术可用于军事航天特别是空间对抗系统，美国国家航空航天局（NASA）、国防先期研究计划局（DARPA）和美空军均实施相关计划并开展合作，在民用项目掩盖下开发有军用前景的关键技术，如军事卫星监视、抓捕、变轨、核心部件拆卸，甚至将其收归己有等。同时，国家机器人工业基础是空间机器人发展的强大保障，吸引商业力量、进行产学研结合，成为美、欧空间机器人发展的有效途径。

1.3 研究方法和对象

1.3.1 空间机器人技术分解

针对空间机器人技术，课题组开展了全面的行业调研，主要基于文献调研、专家咨询、核心项目跟踪和重要研究机构调查等调研手段，收集了涉及空间机器人行业发展的文献资料；针对我国空间机器人发展需求咨询了中国空间技术研究院钱学森空间技术实验室、北京空间飞行器总体设计部和北京控制工程研究所的空间机器人领域专家；并针对空间机器人技术进行初步专利检索，以对该技术领域的专利申请量进行初步评估。

基于上述工作，课题组确定了空间机器人边界设定和关键技术分解的基本方法：①确定研究总边界为空间机器人，即空间机器人是在太空中执行空间站建造与运营支持、卫星组装与服务、行星表面探测与实验等任务的特种机器人；②按照空间机器人的种类，确定空间机器人的研究包括在轨服务机器人和星表移动机器人两类；③按照在轨服务机器人的关键结构和核心技术，将空间机械臂、操作末端和在轨服务自主操作技术作为在轨服务机器人的关键技术，并按照星表移动机器人的种类，将星表移动机器人划分为轮式移动机器人、腿式行走机器人和轮腿组合式机器人；④根据每个二级技术涉及的相关结构和操控方法细化分解三级技术。另外，本课题根据行业发展需求确定了空间机械臂、操作末端技术、在轨服务自主操作技术和轮式移动机器人作为关键技术点来进行分析。

依据上述空间机器人边界设定和关键技术分解方法，形成如表1-3-1所示的空间机器人技术分解表，具体包括2个一级分支、6个二级分支和22个三级分支。

表 1-3-1 空间机器人技术分解

一级技术分支	二级技术分支	三级技术分支
在轨服务机器人	空间机械臂技术	空间冗余构型设计
		传动技术
		轨迹规划技术
		机械臂遥操作技术
		机械臂控制技术
		机械臂其他技术（包括地面测试、驱动、部件、锁定装置等）
	操作末端技术	空间仿人灵巧手技术
		灵巧操作工具
		空间目标对接技术
		操作末端跟踪测量技术
		操作末端传感与控制技术
		操作末端抓捕与锁定装置
	在轨服务自主操作技术	自主在轨加注技术
		在轨模块更换与装配技术
		空间碎片清理技术
星表移动机器人	轮式移动机器人	整体结构设计
		悬架设计技术
		车轮技术
		移动控制技术
	腿式行走机器人	腿部总体技术
		行走控制设计
	轮腿组合式机器人	轮腿组合式机器人

1.3.2 数据检索和处理

针对空间机器人的专利检索，主要利用德温特世界专利数据库和智慧芽专利数据库，能够满足检索美国、俄罗斯、欧洲、日本、印度等国家或地区以及中国申请专利的要求。检索截止时间为 2018 年 7 月 30 日。

针对空间机器人的专利检索需求，采用的检索策略如下：

（1）初步检索：初步检索是一个反复调整分类号、关键词和检索式的过程，首先初步选择关键词和分类号构成检索式对各技术分支进行试探性检索，对检索到的专利文献的分类号进行统计分析，抽样对部分专利文献进行人工阅读，扩充提炼关键词，再次调整关键词、分类号和检索式进行主题检索，循环往复，力图保证查全的同时将噪声控制在可接受的范围内。

（2）精确检索：经过初步检索阶段，最终选定精确关键词、扩展关键词、精确分类号和扩展分类号，确定最终检索式，充分利用截词符、邻近算符等运算符，进行全面而精确的检索。

（3）上级分支和下级分支分别检索汇总：上级分支检索层级较全面但针对性不强，容易造成重要专利遗漏，下级分支检索针对性更强，但难以兼顾全面；因而本课题采取上级分支和下级分支分别检索汇总形成总文献量的方式，从而保证主题检索的全面性和准确性。

（4）申请人检索：通过与企业沟通和申请人统计等手段获得主要申请人，以申请人为入口适当辅以关键词和分类号限定，将这部分检索结果补充到检索结果中，同时通过申请人检索结果与之前精确检索的重复程度，进一步验证检索的查全查准情况。

基于上述专利检索策略，获得初始专利源数据，之后进行数据筛选与标引。其中，由于空间机器人关键技术涉及的专业术语多，数据加工软件中一定规矩的简单处理难以适应复杂的数据源，所以本课题组织中国空间技术研究院总体部的技术人员，针对不同关键技术开展专利标引工作。标引主要的判定信息包括专利摘要、专利首页附图、专利优势、专利用途等多方面信息进行专利筛选与标引。

基于上述专利检索和数据标引策略，完成专利检索、去噪、筛选和标引后，获得1151项在轨服务机器人专利和515项星表移动机器人专利，具体检索结果如表1-3-2和表1-3-3所示。

表1-3-2 在轨服务机器人专利检索和筛选后结果　　　　　　　单位：项

二级分支	三级分支	检索结果	筛选后结果
机械臂	空间冗余构型设计	256	481
	传动技术	58	
	轨迹规划技术	106	
	机械臂遥操作技术	234	
	机械臂控制技术	100	
	机械其他技术（包括地面测试、驱动、部件、锁定装置等）	100	
操作末端	空间仿人灵巧手技术	102	421
	灵巧操作工具	67	
	空间目标对接技术	250	
	操作末端跟踪测量技术	36	
	操作末端传感与控制技术	46	
	操作末端抓捕与锁定装置	28	
	操作末端其他技术	90	

续表

二级分支	三级分支	检索结果	筛选后结果
在轨服务自主操作技术	自主在轨加注技术	167	249
	在轨模块更换与装配技术	230	
	空间碎片清理技术	350	
总计		2220	1151

表1-3-3 星表移动机器人专利检索和筛选后结果　　　单位：项

二级分支	三级分支	检索结果	筛选后结果
轮式移动机器人	整体结构设计	311	281
	悬架设计技术	157	
	车轮技术	164	
	移动控制技术	103	
腿式行走机器人	腿部总体技术	138	83
	行走控制设计	186	
轮腿组合式机器人	轮腿组合式机器人	305	151
总计		1364	515

1.3.3 相关术语或现象说明

（1）术语含义说明

同族专利：同一发明创造在多个国家申请专利而产生的一组内容相同或基本相同的专利文献出版物，称为一个专利族或同族专利。从技术角度来看，属于同一专利族的多件专利申请可视为同一项技术。在本报告中，针对技术和专利技术原创地进行分析时，对同族专利进行了合并统计；针对专利技术流向分析时，对各件专利进行了单独统计。

优先权日：专利申请人就其发明创造第一次在某国提出专利申请后，在法定期限内，又就相同主题的发明创造提出专利申请的，根据有关法律规定，其在后申请以第一次专利申请的日期作为其申请日，第一次提出申请的日期为优先权日。

有效：在本报告中，"有效"专利是指在检索截止日为止，专利权处于有效状态的专利申请。

在审：在本报告中，"在审"专利是指在检索截止日为止，专利申请还处于实质审查程序中。

专利来源国家或地区：本报告中的专利来源国家或地区是根据专利申请的首次申请优先权国别来确定，没有优先权的专利申请根据该项申请的最早申请国别确定。

多边申请：同一项发明可能在多个国家或地区提出专利申请。本报告中的"多边申请"是指同时在三个以上国家或地区提出申请的专利申请。

（2）关于专利申请量统计中的"项"和"件"的说明

项：同一项发明可能在多个国家或地区提出专利申请，WPI 数据将这些相关的多件申请作为一条记录收录。在进行专利申请数量统计时，对于数据库中以一族（这里的"族"指的是同族专利中的"族"）数据的形式出现的一系列专利文献，统计为"1项"。一般情况下，专利申请的项数对应于技术的数目。

件：在进行专利申请数量统计时，例如为了分析申请人在不同国家、地区或组织所提出的专利申请的分布情况，将同族专利申请分开进行统计，所得到的结果对应于申请的件数。1 项专利申请可能对应于 1 件或多件专利申请。

（3）近两年专利文献数据不完整导致申请量下降的原因

在本报告的专利分析所采集的数据中，由于下列多种原因导致 2016 年以后提出的专利申请的统计数量比实际的申请量要少。PCT 专利申请可能自申请日起 30 个月甚至更长时间后才进入国家阶段，从而导致与之相对应的国家公布时间更晚；中国发明专利申请通常自申请日起 18 个月（要求提前公布的申请除外）才能被公布。

第 2 章 全球专利总览

空间机器人是一种自主无人系统,是人工智能的重要应用领域之一,具备支撑和保障空间站建造与运营、卫星组装与服务、行星表面探测与实验等任务执行的能力,能够替代航天员执行部分空间任务,是智能机器人与航天应用两大领域的有机融合和跨界创新,具有创新技术多、研制难度大、基础要求高等诸多特点。空间机器人的军民两用潜力巨大,其研发与应用能力已成为衡量一个国家科技创新和高端制造水平的重要标志。

本章将全面分析空间机器人领域的全球专利概况,重点研究在轨服务机器人和星表移动机器人分支领域的专利申请趋势、技术构成、申请区域分布、主要申请人等。通过空间机器人领域全球专利概况的分析整理,可以帮助国内相关研究人员对该领域有一个总体了解,并进一步掌握在轨服务机器人和星表移动机器人分支领域的发展变化和研发重点。

2.1 全球专利申请状况分析

2.1.1 全球专利申请发展趋势

如图 2 - 1 - 1 所示,空间机器人领域的专利申请出现较早,全球专利申请量总体上呈现逐步上升的态势,总体发展趋势可以划分为三个阶段。

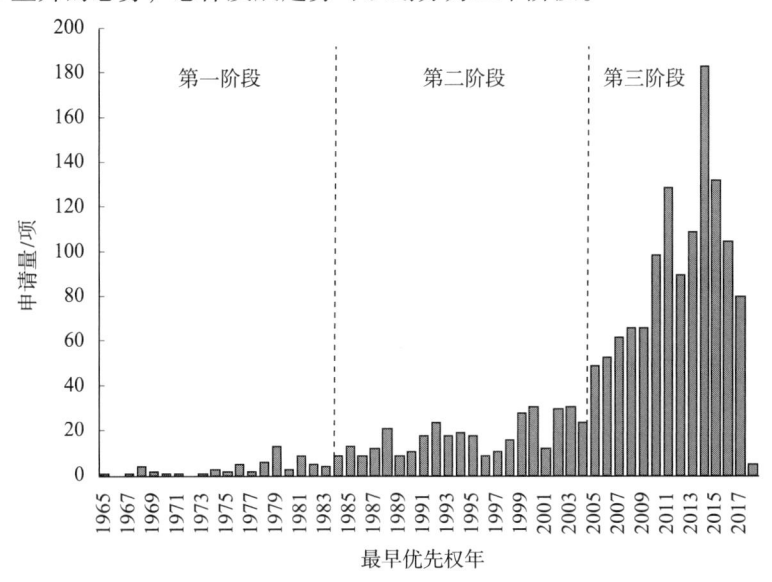

图 2 - 1 - 1 空间机器人全球专利申请趋势

第一阶段是1965~1983年。这一阶段全球空间机器人专利申请量相对较少。其中，从20世纪60年代开始，在美、苏冷战背景下，多个国家掀起了火星和月球探测研究的高潮，该阶段的专利申请也主要以美国、日本和苏联的星表移动机器人技术为主，主要涉及月球车、星球车的车轮和悬架设计。之后从20世纪70年代开始，美国、苏联、加拿大、日本等国开始制定在轨服务机器人相关发展规划，并加以实施。在这些发展规划的技术论证过程中，美国、苏联、日本、德国、法国和加拿大等国均出现了少量与在轨服务机械臂和操作末端相关的专利申请。在该阶段，全球空间机器人发展处于概念提出和可行性论证阶段，各国的技术研究主要侧重于理论论证和试验验证，相关技术创新相对较少。

第二阶段是1984~2004年。随着国内外星球探测和在轨服务项目的推进，以及全球航天技术的发展，该阶段的全球空间机器人专利申请量呈现小幅上升趋势。其中，从20世纪80年代开始，美国、德国、加拿大、日本和欧空局相继推出了多项空间在轨服务项目，主要涉及在轨服务机器人研制，即利用空间机器人在空间站上执行各种装配、维修以及协助视觉监视等任务的技术。在该阶段，加拿大针对航天飞行的在轨操作需求，研制并使用了加拿大臂。加拿大臂是成为世界上第一个实用的空间机械臂。另外，从20世纪90年代开始，美国针对火星探测开展了大规模的火星探测车研制工作，并相继实现了"火星探测者"航天器与"旅居者"漫游车的发射和星表行走探测，并于21世纪初期，完成了"勇气号"与"机遇号"美国火星探测车的发射与探测。基于上述这些星球探测和在轨服务项目的推进，美国、日本、加拿大、德国等航天强国在空间机器人技术领域的技术创新能力呈现稳步提升趋势。

第三阶段是2005年至今。在该阶段，全球在轨服务项目和星球探测项目开始进行大规模的飞行在轨验证，并促进了相关技术的不断优化创新。其中，美国、德国、日本、加拿大和欧空局的相关项目开始进入飞行试验验证阶段，同时开启了针对空间目标近距离检测、非合作目标逼近与抓捕、在轨飞行器维修与在轨重构、空间在轨加注等技术的在轨试验验证。故该阶段的全球空间机器人专利申请量出现了大幅度的提升。另外，在该阶段，我国建设航天强国战略目标的提出和推进，促进了我国高校和航天院所的技术创新发展，参与空间机器人研究的单位逐渐增多，中国专利申请量也开始逐年上涨。

总体而言，目前全球的空间机器人研制处于快速发展推进阶段，各项关键技术均进行了相应的在轨飞行验证，且针对在轨服务和星球探测任务的新需求，出现了较多创新性技术改进，促使空间机器人领域的全球专利申请量呈现了稳步上升趋势。

2.1.2 全球专利申请区域分布

对空间机器人领域全球专利申请的来源国/地区的分析，专利申请量的统计结果如图2-1-2所示。

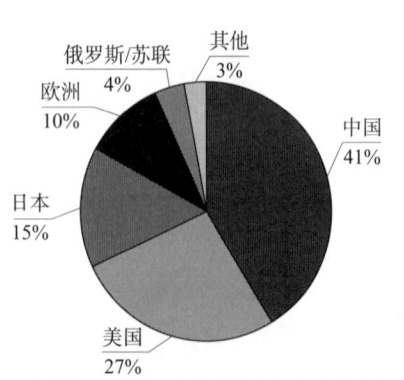

图2-1-2 空间机器人全球专利申请来源国/地区分布

中国 41%
美国 27%
日本 15%
欧洲 10%
俄罗斯/苏联 4%
其他 3%

从图 2-1-2 可以看出，空间机器人领域的全球专利申请主要来自于中国、美国、日本、欧洲和俄罗斯。其中，来自上述 5 个国家/地区的专利申请占全球总申请量的 97%。

中国的专利申请量排名第一，占全球专利申请量的 41%，成为空间机器人领域的专利量最大来源国。主要是由于近些年我国建设航天强国战略目标的提出和推进，参与技术创新的高校和研究院所逐步增多，促使我国相关技术发展迅猛，达到了一定量的技术储备。美国专利申请量排名第二，占比 27%，作为空间机器人项目开展最多的国家，其相关技术发展受到德国、日本、加拿大等国的协助，技术创新出现得早，且侧重于国际合作。日本的专利申请排名第三，占比 15%，因日本参与了美国早期空间在轨服务机器人项目的研制，而且近些年注重空间碎片清理等在轨操作技术的发展，故在空间机器人技术领域具有较强的技术实力。另外，俄罗斯、加拿大、德国、法国、英国等在空间机器人领域的专利申请也占有一定份额，这些国家均十分重视空间机器人的研制，同样具有不容小觑的技术实力。

从上述分析结果来看，空间机器人的全球专利申请在地域分布上比较集中，主要以推行在轨服务项目和星球探测项目的航天强国为主。针对中国、美国、日本、欧洲和俄罗斯（包括苏联）等主要国家或地区的专利申请及授权等情况进行统计，结果如表 2-1-1 所示。

表 2-1-1 空间机器人主要国家或地区的专利申请情况统计　　单位：项

领域	统计量类别	中国	美国	日本	欧洲	俄罗斯（包括苏联）
在轨服务机器人	申请量	384	381	161	153	40
	授权量	260	275	85	97	31
	有效量	211	157	25	62	11
	多边申请量	50	141	44	77	6
星表移动机器人	申请量	305	69	92	20	24
	授权量	212	59	33	9	14
	有效量	103	35	17	4	2
	多边申请量	2	15	16	11	0

如表 2-1-1 所示，在在轨服务机器人领域，我国的专利授权率为 67.8%，专利有效率为 54.9%，多边申请有 50 项；美国的专利授权率为 72.2%，专利有效率为 41.2%，多边申请多达 141 项；日本的专利授权率为 52.8%，专利有效率为 15.5%，多边申请有 44 项；欧洲的专利授权率为 63.4%，专利有效率为 40.5%，多边申请多达 77 项；俄罗斯（包括苏联）的专利授权率为 77.5%，专利有效率为 27.5%，多边申请仅有 6 项。根据上述统计数据比较可以看出，在在轨服务机器人领域，美国和俄罗斯（包括苏联）的专利授权率最高，专利技术创新度较高，但相比较而言，俄罗斯（包括

苏联）目前的有效专利较低，这主要是因为其专利申请时间较早，目前大部分专利已经期满失效；欧洲和我国的专利授权率和专利有效率相近，均在该技术领域具有较高的技术创新活跃度，但相比较而言，欧洲的多边申请量高于中国，这与欧洲广泛推进国际技术合作的策略有关。日本也有较多的多边申请，但专利有效率较低，技术创新的法律稳定性不高。

在星表移动机器人领域，我国的专利授权率为69.5%，专利有效率为33.8%，多边申请仅有2项；美国的专利授权率为85.6%，专利有效率为50.7%，多边申请有15项；日本的专利授权率为35.9%，专利有效率为18.5%，多边申请有16项；欧洲的专利授权率为45%，专利有效率为20%，多边申请有11项；俄罗斯（包括苏联）的专利授权率为58.3%，专利有效率仅为8.3%，没有多边申请。根据上述统计数据比较可以看出，在星表移动机器人领域，美国的专利申请量排名第三，但专利授权率和有效率最高，其核心技术专利具有较高的创新性，法律稳定性较高；日本的专利申请量较高，但授权率和有效率较低，这说明日本在星表移动机器人领域的创新量较多，但技术创新程度和法律稳定性不高；俄罗斯（包括苏联）的专利有效率最低，这主要是因为其专利申请较早，大部分专利已经期满失效。相比较而言，我国在星表移动机器人领域的专利申请量最高，但目前有效专利较少，且缺少多边专利申请，专利布局主要限于国内。

2.2　在轨服务机器人全球专利分析

在轨服务机器人主要由基体及搭载在基体上的机械臂和操作末端组成，可以在太空中完成各种自主操作任务，其在军用和民用领域均有迫切的研究需求和广阔的应用前景。本节将以在轨服务机器人的专利申请为研究对象，重点研究在轨服务机器人技术在全球的专利申请趋势、专利技术构成、专利区域分布、专利申请人分布等，以了解在轨服务机器人技术的发展过程、技术研究热点，并帮助国内创新主体了解竞争对手情况。

2.2.1　专利申请趋势分析

截止检索日2018年7月30日，公开的涉及在轨服务机器人的全球申请量共1151项。对上述相关专利利用时序分析方法，研究专利申请量随时间逐年变化情况，从而分析技术发展趋势。图2-2-1为按照最早优先权年进行统计后得到的专利申请趋势。

如图2-2-1所示，在轨服务机器人技术的专利申请最早出现在20世纪70年代，发展趋势可以划分为萌芽期（1973~1983年）、发展期（1984~2007年）和快速发展期（2008年至今）。

（1）萌芽期

在萌芽期（1973~1983年），在轨服务机器人技术的专利申请量较少，年均申请量仅有7项。该阶段的专利申请主要来自美国、苏联、日本、德国、法国和加拿大等国家，主要涉及机械臂和操作末端技术。

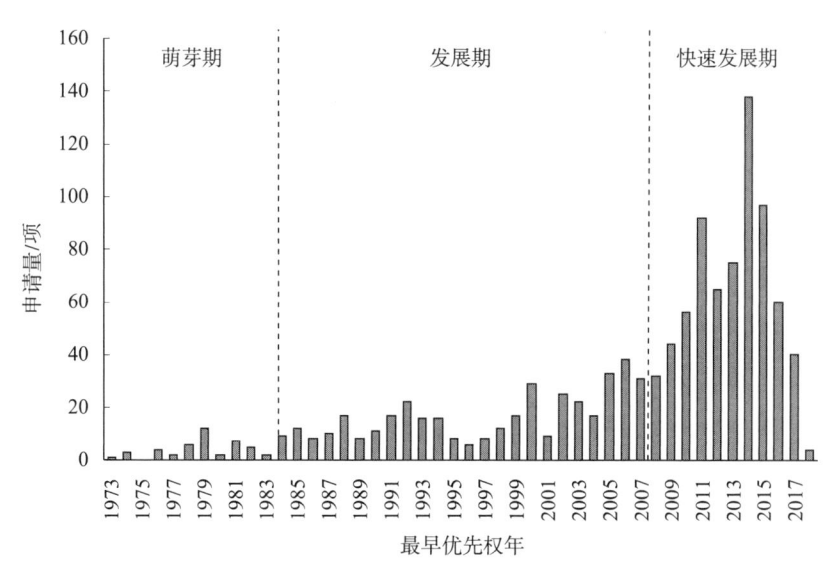

图 2-2-1 在轨服务机器人全球专利申请趋势

该阶段最早的专利申请来自美国国家航空航天局（National Aeronautics and Space Administration，NASA）和加拿大 SPAR 公司。NASA 在 20 世纪 70 年代申请了多项遥控机械臂专利。SPAR 公司在该时期则提出了多项在轨卫星模块更换系统的相关专利，主要是利用空间机械臂实现模块更换与任务升级，用于延长在轨飞行器寿命。之后，开始有越来越多的企业陆续提出相关专利申请，主要包括通用公司、德国航空航天技术公司、法国航空航天公司、TRW 公司、英国宇航系统公司、加拿大航天局、日本国家航空航天公司等。

（2）发展期

在发展期（1984～2007 年），在轨服务机器人技术的专利申请开始呈现逐年上升趋势，年申请量在 6～38 项，年均申请量达到 17 项。

在该时期内，美国、德国、加拿大、日本、欧空局均开展了自主在轨服务相关项目。其中，美国从 20 世纪 80 年代开始开展空间在轨服务项目，包括空间在轨服务机器人 FTS、DART 计划、XSS 计划、OE 计划等；德国从 1986 年开始启动 ROTEX 空间在轨服务机器人项目，之后相继开展了 ESS 计划、ROKVISS 机械臂项目、TECSAS 项目等；加拿大 SPAR 公司相继研制开发了航天飞机遥机械臂系统（SRMS）、空间站遥操作机械臂系统（SSRMS）和灵巧机械臂（SPDM）；日本在 1997 年开展了第一个空间机器人臂飞行试验，而且日本宇宙航空研发机构研制的机器人 ETS-VII 开始为国际空间站服务；欧空局从 1999 年开始实施 ERA 项目。

上述国外在轨服务机器人研制项目的开展推动了该技术领域的专利申请量逐步上升，主要的专利申请人包括 NASA、三菱公司、东芝公司、日立公司、通用公司、欧洲宇航防务集团、MDA 公司等，主要涉及空间机械臂、操作末端和自主在轨模块更换与装配技术。

（3）快速发展期

在快速发展期（2008~2018年），在轨服务机器人技术的专利申请量呈现快速上升趋势，年专利申请量在32~138项，年均专利申请量达到了64项。

在该阶段，美国、德国、日本、加拿大和欧空局的相关项目开始进入飞行试验验证阶段，并开启了针对空间目标近距离检测、非合作目标逼近与抓捕、在轨飞行器维修与在轨重构、空间在轨加注等技术相关的在轨服务项目，如美国的MiTEx项目、SUMO项目、FREND项目、MEV项目、凤凰计划和RSGS项目等，德国的DEOS项目、OLEV项目和CX-OLEV项目，以及日本的空间碎片清理者项目等。上述项目的开展和推进都促使在轨服务机器人技术的专利申请量出现快速提升。

其中，该阶段的专利申请主要涉及操作末端技术、空间目标捕获与跟踪技术和空间碎片清理技术等，主要申请人包括波音公司、MDA公司、NASA、欧洲宇航防务集团的Astrium公司、空中客车公司、IHI公司、日本Astroscale公司等。另外，该阶段的中国专利申请量也开始呈现快速上升趋势，主要的创新主体包括哈尔滨工业大学、西北工业大学、上海宇航系统工程研究所和北京控制工程研究所等。

（4）国内外专利申请趋势对比

图2-2-2将中国专利申请趋势与国外专利申请趋势进行了对比。从对比结果来看，国外的专利申请出现较早，同时年专利申请量呈现震荡式上升趋势，但自快速发展期阶段开始，国外专利申请量上升速度明显低于国内。

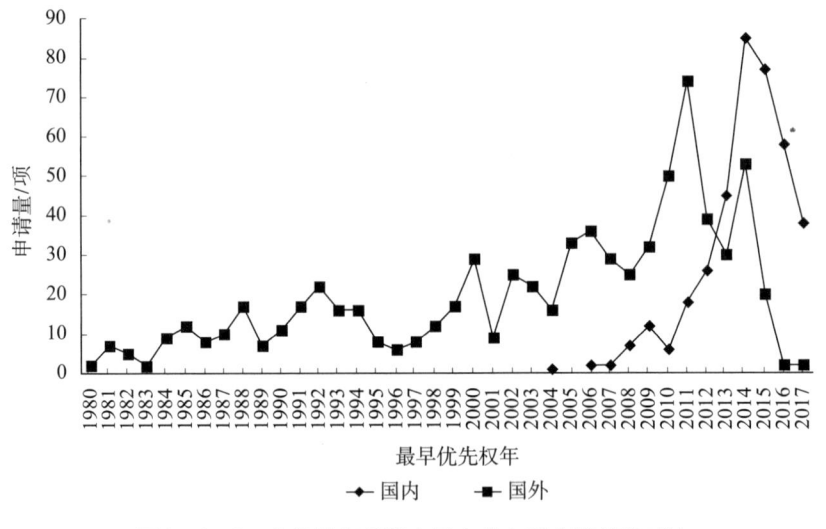

图2-2-2 在轨服务机器人国内外专利申请趋势对比

我国的相关专利出现较晚，在21世纪初期才开始出现相关专利申请，主要由上海交通大学、北京航空航天大学、哈尔滨工业大学提出。从2010年开始，我国的专利申请量呈现快速上升态势；在2013年，我国在在轨服务机器人技术领域的专利申请量超过国外；2014年的年专利申请量达到了85项。在该快速增长阶段，我国的专利申请主要来自国内高校和航天院所，具体包括哈尔滨工业大学、西北工业大学、上海宇航系统工程研究所、北京控制工程研究所、中国空间技术研究院和北京空间飞行器总体设计部等。在中国专利申请中,空间目标对接技术、空间机械臂轨迹规划技术的专利申请量最高。

2.2.2 专利技术构成分析

本节针对在轨服务机器人分支领域,重点检索了空间机械臂技术、操作末端技术和在轨服务自主操作技术等关键技术领域的专利申请。以下针对筛选后的1150项相关专利,对上述三个关键技术领域内的专利申请数据进行了统计和分析,以了解在轨服务机器人分支领域的研究热点。其中,各关键技术领域的专利申请量占比分析如图2-2-3所示。

2.2.2.1 空间机械臂专利申请特性分析

空间机械臂是目前空间机器人中应用最广和最成熟的领域。机械臂本身就是一个智能机器人,具备精确操作能力和视觉识别能力,故其可进行信息自主分析,同时也可以通过航天员进行遥控,是集机械、视觉、动力学、电子和控制等学科为一体的高端航天装备。如图2-2-4所示,在机械臂技术领域,相关专利主要涉及冗余构型设计技术、机械臂遥操作技术、轨迹规划技术、机械臂控制技术、传动技术和其他。

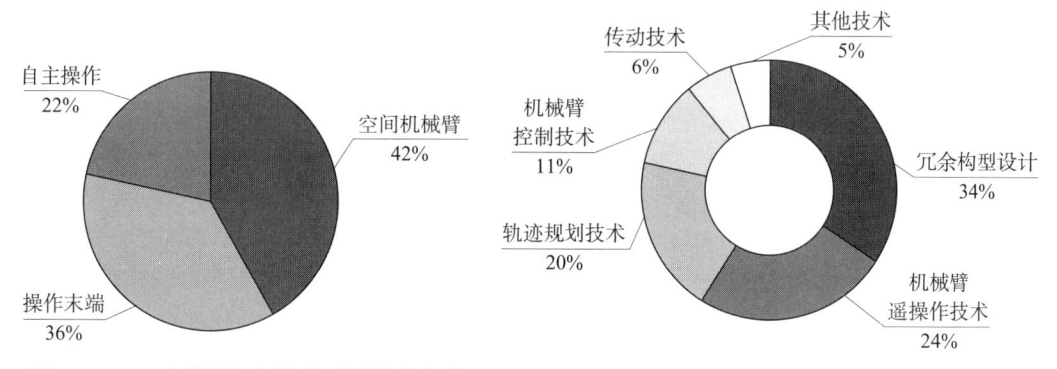

图2-2-3 在轨服务机器人关键技术全球专利申请量占比分析

图2-2-4 空间机械臂各关键技术领域全球专利申请量占比分析

其中,冗余构型设计技术的专利申请有164项,在机械臂技术领域占比最高,主要涉及多自由度机械臂构型或多机械臂结构技术。其中,冗余机械臂具有高度的灵活性、容错性与可靠性,且利用其自运动特性,冗余机械臂可以实现快速躲避障碍物、躲避奇异点、避关节限位和优化关节力矩等性能。该领域的专利技术主要涉及冗余机械臂轨迹规划和结构设计,创新主体主要包括NASA、MDA公司、通用公司和哈尔滨工业大学等。

机械臂遥操作控制技术方面有118项相关专利,申请量排名第二,主要来自通用公司、NASA、西北工业大学等。在空间机械臂遥操作技术中,最主要的问题是空间与控制端的时间延迟,该延迟会使连续遥操作的闭环反馈控制变得不稳定。因此,在机械臂遥操作控制技术专利中,存在较多降低时间延迟影响的专利技术,如CN103056872A、

CN103207566A 等。

轨迹规划技术的专利申请量排名第三，有94项相关专利，主要用于合理规划机械臂运动轨迹，使机械臂沿此轨迹运动时可以实现与航天器之间的协调运动，即在跟踪任务目标时对航天器姿态无干扰。根据本节的专利检索结果显示，有50项中国专利涉及空间机械臂轨迹规划技术，即机械臂轨迹规划技术的专利申请有近一半来自国内的航天院所和高校，具体包括北京控制工程研究所、哈尔滨工业大学、西北工业大学和上海宇航系统工程研究所等。目前，轨迹规划技术的专利主要针对关节轨迹、冗余空间机械臂轨迹、柔性机械臂轨迹、变构型机械臂轨迹进行规划，用于实现无碰撞、无奇异的机械臂抓捕操作，并达到避免扰动本体姿态稳定性的效果。

同时，在空间机械臂技术领域，还有28项传动技术相关的专利申请。对于大负载空间机械臂而言，大负载低自重传动机构不仅需要强度高、输出力大，还需具备大容差范围的捕获能力，以克服因视觉精度及大型机械臂自身柔性引起的定位位差。目前各方面公开的专利技术较少，属于未来我国空间机械臂技术自主研发方向之一。

另外，根据对空间机械臂专利标引发现，国内外在机械臂控制技术领域还有52项相关专利；在其他技术领域还有24项相关专利，主要涉及地面测试、驱动、部件、锁定装置等。

2.2.2.2 操作末端专利申请特性分析

操作末端是安装在空间机械臂末端的执行器，能够跟随机械臂接近被捕获目标，实现目标捕获、固定、转移和其他操作，是在轨服务机器人的关键技术之一。如图2-2-5所示，在操作末端技术领域，相关专利主要涉及空间仿人灵巧手技术、灵巧操作工具、空间目标对接技术、操作末端跟踪测量技术、操作末端传感与控制技术、操作末端抓捕与锁定装置以及其他。

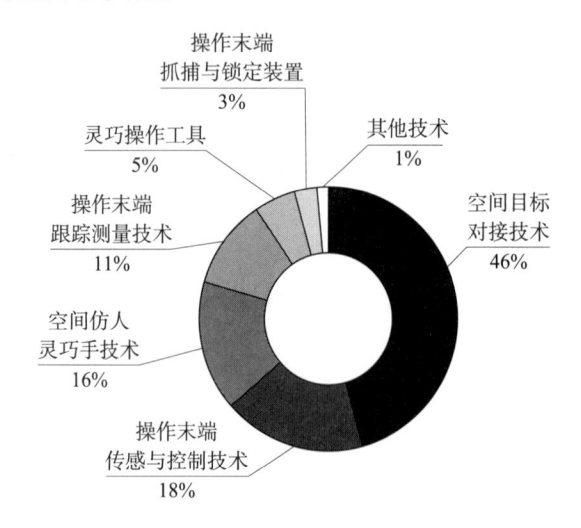

图2-2-5 操作末端各关键技术领域全球专利申请量占比分析

该领域中，空间目标对接技术的专利申请量排名第一，有192项相关专利，占操作末端技术专利申请总量的46%；操作末端传感与控制技术的专利申请量排名第二，有75项相关专利；空间仿人灵巧手技术的专利有67项；操作末端跟踪测量技术的专利有46项，灵巧操作工具和操作末端抓捕与锁定装置的专利申请量较少，分别为22项和12项。另外，从专利标引结果来看，在操作末端技术领域中，还有少许专利涉及地面试验、仿真系统设计等相关技术。

从上述操作末端技术专利的关键技术占比情况来看，空间目标对接技术的专利申请量最多，是该技术领域的研究热点。同时，近年来空间仿人灵巧手和灵巧操作工具在空间飞行器自主在轨服务与维护中的应用需求逐渐上升，但这两个关键技术领域的现有专利申请量较少，故属于未来需要重点突破的主要技术方向。

2.2.2.3 自主操作技术专利申请特性分析

在轨服务机器人的自主操作任务主要包括自主在轨加注、在轨模块更换与装配、空间碎片清理等。其中，各关键技术的专利申请量占比统计结果如图2-2-6所示。

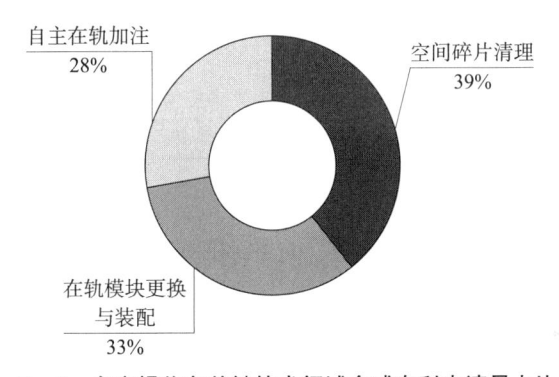

图2-2-6 自主操作各关键技术领域全球专利申请量占比分析

如图2-2-6所示，在自主操作关键技术领域：空间碎片清理技术的专利申请量排名第一，共有98项相关专利，占该领域专利申请总量的39%；在轨模块更换与装配技术的专利申请量排名第二，共有82项相关专利，占该领域专利申请总量的33%；自主在轨加注技术的专利申请量排名第三，共有69项专利，占该领域专利申请总量的28%。

同时，针对上述三个关键技术的专利申请量随时间的逐年变化情况，本节也进行了相关分析，具体如图2-2-7所示。

通过图2-2-7可看出，在轨服务机器人的自主操作技术领域内，自主在轨加注技术和在轨装配与维修技术的专利申请出现较早，但从21世纪以后才开始呈现申请量上升趋势。相比之下，空间碎片清理技术的专利申请出现较晚，20世纪末才开始出现，但近些年的申请量上升速度最快，这主要是由于近些年对空间碎片的清理需求较大，而且该技术在民用和军用方面都具有较大发展潜力，美国、欧洲、日本和中国都在积极推进相关技术的发展，属于近些年空间飞行器在轨服务与维护技术的研究热点方向。

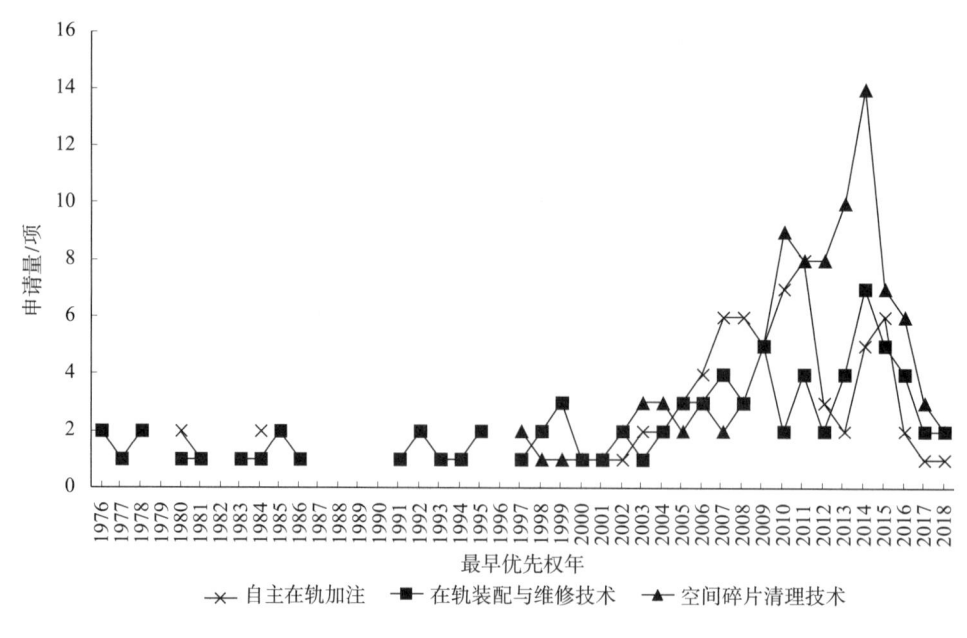

图 2-2-7　在轨服务自主操作技术各关键技术全球专利申请趋势对比

2.2.3　专利申请区域分析

以下小节通过技术来源分析了解不同国家或地区对专利技术的拥有量，以及主要技术来源国家的技术构成和申请趋势等，以判断各国家或地区间的技术实力和技术特点。

2.2.3.1　专利申请区域的申请量占比分析

本节针对已采集的专利样本数据，根据专利最早优先权国家或地区对专利申请量进行统计和分析，结果如图 2-2-8 所示。

如图 2-2-8 所示，在轨服务机器人关键技术领域，专利申请主要来自美国、中国、日本和欧洲。这四个国家或地区也是在轨服务机器人相关项目开展最多的国家。

美国的专利申请量排名第一，共有 384 项，占申请总量的 33%。美国从 20 世纪 80 年代初开始陆续开展了多个空间在轨服务机器人项目，目前已经对各种类型的在轨服务机器人进行了在轨飞行验证，其技术发展特点在于广泛集合了多方的国际合作，加拿大 MDA 公司、加拿大航天局、EADS 的 Astrium 公司和日本科学技术振兴机构等均参与过美国的在轨服务机器人相关研制项目，并在美国申请了相关专利，这样的国际技术合作大大促进了美国在轨服务机器人技术的快速发展，促使其专利申请量和技术实力始终处于

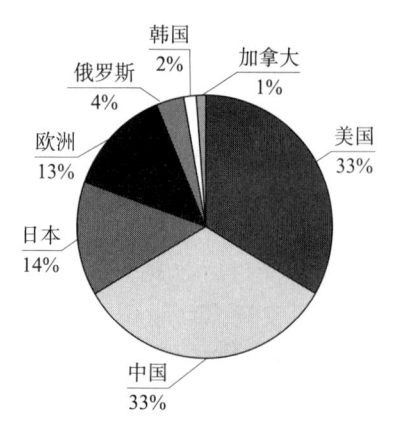

图 2-2-8　在轨服务机器人专利申请区域分析

国际领先地位。

中国的专利申请量排名第二，共有381项，同样约占申请总量的33%。近些年我国在空间站组建、舱外活动与试验、在轨卫星维护方面，对在轨服务机器人的需求日益上升，这大大促进了国内创新主体的技术研发速度，国内高校和航天院所在空间机械臂、操作末端和自主在轨操作技术方面取得了不少技术突破，虽然与国外还存在一定技术差距，但在技术创新成果数量上已呈现出较快的发展势头。

日本的专利申请量排名第三，共有162项，占申请总量的14%。这源于日本不仅具有本国的在轨服务机器人研制项目，其技术创新主体也参与了美国相关项目的研制，如三菱公司、日本科学技术振兴机构等。近些年，基于在轨服务机器人的军民两用效益，日本在民用技术试验验证的名义下也在不断地助力其军事航天能力的发展，例如其大力推进的太空碎片清理技术在轨验证，涉及的空间目标跟踪、捕获、对接等相关技术均可应用于军事领域的空间对抗。因此，日本在轨服务机器人的技术发展值得我国进行持续跟踪。

欧洲的专利申请量排名第四，共有153项，占申请总量的13%。欧洲的专利申请主要来自于德国、法国、英国等国家，具体包括德国专利83项、法国专利27项、英国专利17项，以及26项欧洲专利局申请。其中，德国的专利申请主要来自于欧洲宇航防务集团和德国宇航中心，而且部分德国高校也参与了相关项目研制和技术创新，如德国亚琛工业大学、柏林大学等。另外，源于与美国的国际合作创新，德国在在轨服务机器人领域具有较大的技术优势。

另外，在轨服务机器人相关专利申请还包括40项俄罗斯专利、14项加拿大专利和18项韩国专利。需要说明的是，加拿大的在轨服务机器人研制技术相对领先，但由于其主要创新主体参与了美国和欧洲的空间在轨服务项目研制，因此部分技术创新成果优先在美国或欧洲申请专利，从而造成本国申请量相对较少。

2.2.3.2 主要申请国家的技术构成分析

为了对主要申请国家的技术特点进行分析，以下对美国、中国、欧洲和日本的专利技术构成进行对比分析，结果如图2-2-9所示（见文前彩色插图第2页）。

在在轨服务机器人的三个关键技术领域内，美国均有相关专利申请，且申请量区别不大，具体包括空间机械臂专利136项，操作末端专利142项和自主操作技术专利106项。其中，在空间机械臂技术领域，美国的专利技术创新主要侧重于空间冗余构型设计和遥操作技术；在操作末端技术领域，美国则主要侧重于空间仿人灵巧手和空间目标对接技术方面的创新与突破；在自主操作技术领域，美国在自主在轨加注、在轨模块更换与装配和空间碎片清理方面的专利申请量均较高，且针对这三种自主操作技术均开展过在轨试验验证，并取得了较大技术突破。

与美国相比，我国的专利申请则主要集中在机械臂和操作末端技术领域，自主在轨操作技术的专利申请量相对较少。其中，在空间机械臂技术领域，我国申请了198项专利，技术创新主要侧重于轨迹规划和机械臂冗余构型设计，另外还有41项专利涉及机械臂地面测试、驱动和锁定装置等。在操作末端技术领域，我国申请了144项专利，且以空间目标对接技术为主，侧重于空间目标对接结构方面的技术改进。而在自主操作技术领域，我国仅有38项专利，相对美国而言，技术差距较大，且目前我国针对自主在轨加注、在轨装配和空间碎片的在轨试验验证较少，故该领域内的技术创新主要以高校的总体技术方案设计为主。

从日本的在轨服务机器人技术构成分空间析结果来看，日本在这三个关键技术领域均有较多的技术储备和创新。其中，日本在机械臂领域有80项专利，主要侧重于冗余构型设计和遥操作技术改进。在操作末端技术领域，日本的专利申请量相对较少，仅有33项，以空间目标对接技术为主，主要来自三菱公司、科学技术振兴机构等创新主体。在自主操作技术领域，日本有48项专利申请，以空间碎片清理技术创新为主。近些年日本在空间碎片清理技术方面取得了较大技术突破，IHI公司和Astroscale公司还参与了NASA的技术转移合作研发项目，技术方案侧重于鱼叉绳系机器人和电磁吸附抓捕。

从欧洲的在轨服务机器人的技术构成分析结果来看，其研究热点主要集中在操作末端技术领域，有81项相关专利申请。这些专利申请主要侧重于操作末端精细化操作，以及空间目标对接方面的技术改进。另外，在自主操作技术领域，欧洲有46项专利申请，主要涉及在轨模块更换与装配和空间碎片清理技术的创新，与之有关的国家研制计划包括德国的IBOSS模块化航天器研制计划、欧洲的E. Deorbit任务和"空间碎片清除"演示验证任务，其中的重要专利族具有较大的分析和借鉴价值。

通过对上述主要申请国家或地区的技术构成分析可以看出：美国在四个关键技术领域的专利申请均较高，技术优势明显；中国的技术创新主要集中在机械臂和操作末端技术领域，而自主操作技术方面的技术创新较少；欧洲和日本在三个关键技术领域均有一定量技术积累，对我国技术创新具有一定借鉴价值。

2.2.3.3 主要申请国家或地区的专利申请趋势

为进一步了解美国、中国、日本和欧洲的技术发展历程，以下对上述四个主要申请国家或地区的专利申请趋势进行对比分析，结果如图2-2-10所示。

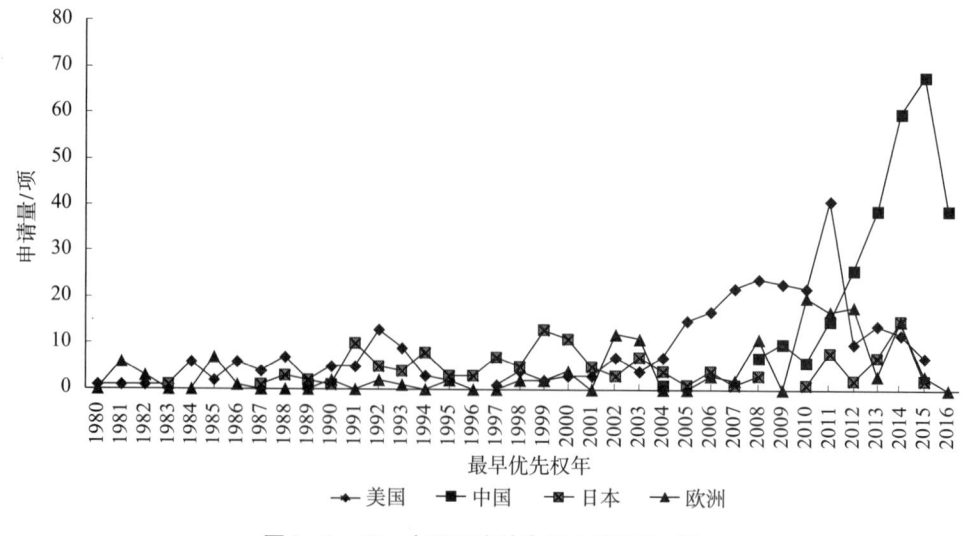

图2-2-10 主要国家的专利申请趋势对比

美国的专利申请量出现较早且连续性最好。美国从20世纪80年代末开始陆续提出空间飞行器自主在轨服务相关项目，初期主要涉及机械臂在空间站任务执行辅助试验；从2000年开始，美国推出的自主在轨服务项目和计划开始相继进行工程研制和飞行试验。与上述技术总体发展情况相对应，美国的专利申请趋势特点如下：在2004年以前，美国在空间飞行器自主在轨服务与维护技术领域的专利申请量在1～10项；在2004年以后，美国专利申请量快速上升，且近年来的专利申请量保持小幅波动的震荡稳定趋势，年均专利申请量为23项。

中国的专利申请出现较晚，但是在2008年以后专利申请量呈现快速上升趋势。这主要由于我国在自主在轨服务技术领域的研究起步较晚，但近些年随着我国航天事业的不断发展，航天研究院所和相关高校在在轨服务技术领域取得了较多研究成果，也促使该技术领域的专利申请量快速上升。

欧洲和日本的专利申请均出现较早，但比较而言，欧洲专利的持续性更好一些。其中，在20世纪90年代至21世纪初期，日本专利申请量呈现波动增长趋势，该阶段内日本与NASA合作进行了SFA机器人臂的功能和性能演示实验，并为国际空间站研制了机器人ETS-VII，用于完成空间目标抓捕、卫星模块更换等在轨操作技术。在经历了申请量降低的阶段后，近些年的日本专利申请又呈现了上升趋势，以空间碎片处理技术为主，大多数来自主要致力于卫星轨道清理技术研究的Astroscale公司。

2.2.4 专利申请人分析

图2-2-11统计了排名前26位申请人的专利申请量，其中包括：3个美国创新主体，分别为NASA、通用公司和波音公司；2个加拿大创新主体，为MDA公司和加拿大航天局（CSA）；4个欧洲创新主体，分别为欧洲宇航防务集团、德国宇航中心、法国Thales集团和德国亚琛大学；7个日本创新主体，包括三菱公司、东芝公司、IHI公司、日本国家空间发展局、Astroscale公司、川崎重工和日本科学技术振兴机构；还有10个中国创新主体，分别为哈尔滨工业大学、西北工业大学、上海宇航系统工程研究所、北京控制工程研究所、北京邮电大学、北京精密机电控制设备研究所、北京空间飞行器总体设计部、大连大学、北京航空航天大学和中国空间技术研究院。

NASA在在轨服务机器人技术领域的专利申请量排名第一，以空间机械臂和操作末端技术为主，共有97项相关专利申请。NASA作为美国在轨服务研制计划的主要负责单位，先后发起了DART计划、机器人航天员、机器人燃料加注任务等项目，并与DARPA联合管理轨道快车项目。另外，NASA还资助中小企业参与在轨服务技术创新计划，大大促进了在轨服务机器人的技术创新，并在全球申请布局了较多专利。

MDA公司是加拿大主要的技术创新主体，专利申请量排名第二，本节筛选获取了其88项与空间机械臂、操作末端和自主在轨操作技术相关的专利。MDA公司基于其先进的空间机器人技术，已成为美国空间飞行器自主在轨服务与维护项目的主要研制方之一，参与了美国的"轨道快车"计划、"凤凰"计划和"蜻蜓"项目，研制了可以在GEO上开展在轨加注任务的空间基础设施服务（SIS）航天器。从其专利技术方案分析

申请人	申请量/项
NASA（美国）	97
MDA公司（加拿大）	88
哈尔滨工业大学（中国）	72
欧洲宇航防务集团（欧洲）	57
通用公司（美国）	55
波音公司（美国）	43
西北工业大学（中国）	40
上海宇航系统工程研究所（中国）	29
三菱公司（日本）	27
东芝公司（日本）	24
北京控制工程研究所（中国）	20
北京邮电大学（中国）	16
北京精密机电控制设备研究所（中国）	15
北京空间飞行器总体设计部（中国）	14
IHI公司（日本）	14
德国宇航中心（德国）	12
Thales公司（法国）	12
大连大学（中国）	12
日本国家空间发展局（日本）	11
北京航空航天大学（中国）	10
中国空间技术研究院（中国）	10
Astroscale公司（日本）	9
川崎重工有限公司（日本）	9
日本科学技术振兴机构（日本）	7
德国亚琛工业大学（德国）	7
加拿大航天局（加拿大）	6

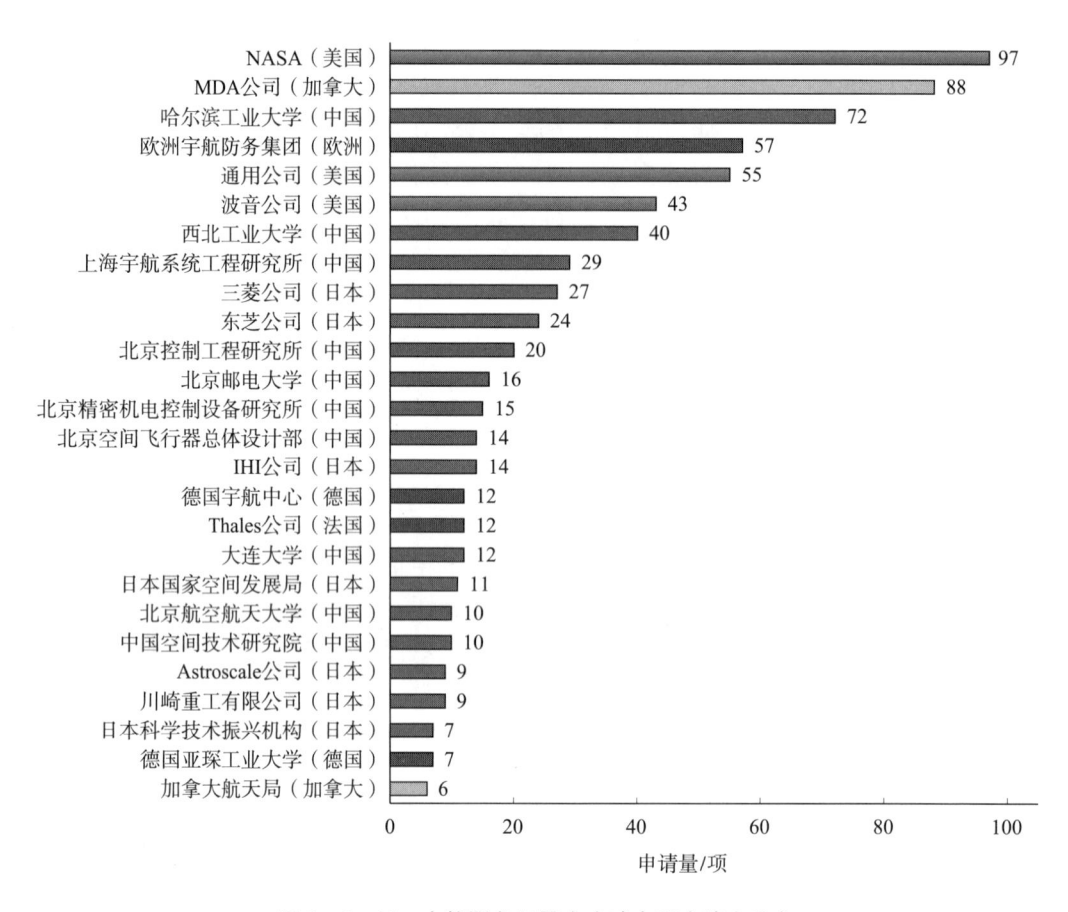

图 2-2-11　在轨服务机器人全球专利申请人排名

情况来看，其在 2007~2011 年申请了 28 项自主加注技术相关专利，具体涉及卫星燃料加注系统、控制工具、推进剂转移等技术方面，对我国自主在轨加注、空间目标对接等方面的技术改进具有较大的技术借鉴价值。

哈尔滨工业大学作为我国在轨服务机器人的主要创新主体，专利申请量排名第三，在 2008~2017 年共申请了 72 项相关专利。从我国的"十五"计划（2001~2005 年）开始，哈尔滨工业大学机器人技术与系统国家重点实验室刘宏教授、刘伊威副教授等，面向机械手在空间维修维护中的潜在应用，开展了灵巧手、机械臂、柔顺控制、人机协同及遥操作等前沿方向的创新性研究，实现了人机协同操作中安全性、灵巧性、交互性等关键技术的突破。2016 年，哈尔滨工业大学研制的空间机械手成功完成了"天宫二号"人机协同在轨维修科学实验，展示了该校在空间飞行器自主在轨服务与维护技术领域的技术先进性。与上述研究团队的研制情况相对应，本报告共检索获得了 20 多项刘宏教授、刘伊威副教授的专利，主要涉及空间大型机械臂及末端执行器、大容差柔性捕获机构、轨迹规划方法、交会对接和轨道工作更换器等相关技术。

欧洲宇航防务集团是继波音公司之后世界上第二大航空航天公司。该公司在在轨服务机器人技术领域的专利申请量排名第四，在 1980~2012 年申请了 57 项相关专利。其中，上述专利申请大多来自其控股的 Astrium 公司和空中客车公司，主要涉及操作末端和空间碎片清理技术。

通用公司的在轨服务机器人的专利申请量排名第五，有 55 项相关专利，主要涉及空间机械臂技术和自主操作技术，具体包括 32 项空间机械臂专利、15 项自主操作技术专利和 8 项操作末端专利。2010 年，通用公司与约翰逊航天中心机器人系统技术部联合开发了机器人航天员 2（Robonaut2），可与人协同工作，用于代替航天员进行舱外作业，以及从事其他太空研究和探索工作。在 NASA 资助合同 SAA-AT-07-003 下，NASA 和通用公司在 2008~2015 年联合申请了 42 项与 Robonaut2 相关的专利。

波音公司的在轨服务机器人的专利申请量排名第六，该公司在 1986~2016 年申请了 43 项相关专利，主要涉及操作末端和自主在轨操作技术。波音公司作为美国国防高级研究计划局（DARPA）"轨道快车"计划的主要承研单位，提供了作为维修卫星的"自主空间传送机器人轨道器"（Autonomous Space Transport Robotic Orbiter，ASTRO），并进行了在轨卫星自动服务演示。根据本报告的检索结果分析，在"轨道快车"计划研制过程中，波音公司在 2000~2006 年申请了 20 多项相关专利，主要涉及在轨加注技术和空间目标捕获与跟踪技术中的多卫星与服务飞行器对接技术、推进剂转移技术、在轨服务飞行器系统等。

西北工业大学的专利申请量排名第七，有 40 项相关专利，主要涉及机械臂和空间目标捕获与跟踪技术。近些年，西北工业大学在自主在轨服务技术领域取得了较多技术突破，申请了多项空间绳系机器人相关专利。上述专利可以用于抓捕非合作目标或挠性目标卫星。2017 年 4 月，西北工业大学与国防科学技术大学、北京控制工程研究所和上海航天控制技术研究所共同承担的国家自然科学基金重大项目"空间翻滚目标捕获过程中的航天器控制理论与方法"正式启动，主要研究空间翻滚目标捕获过程中的位姿、形态测量、估计与模型、空间非合作目标交会的多约束智能自主规划与控制、空间非合作翻滚目标的超近距离航天器位姿跟踪和空间非合作目标组合体的快速稳定控制，同时开展空间翻滚目标捕获航天器控制方法的地面及空间实验验证。

三菱公司和东芝公司作为日本的主要创新主体，分别以 27 项和 24 项的相关专利申请量排名第九和第十。同时，同为日本重要航天研制单位的 IHI 公司和 Astroscale 公司虽然排名稍显靠后，但在空间碎片清理技术方面，是日本的主要创新主体。德国宇航中心作为欧洲的另一个主要创新主体，有 12 项相关专利。

另外，上海宇航系统工程研究所、北京控制工程研究所、北京精密机电控制设备研究所、北京空间飞行器总体设计部和中国空间技术研究院作为中国航天科技集团的研究院所，近些年在自主在轨服务技术领域取得了较大技术突破，共申请了 88 项相关专利。另外，由于中国航天科研院所研究项目的涉密程度较高，还有部分技术创新采用了国防专利形式进行权利保护，故上述科研院所的总体专利申请量比图中所示还要更多一些。

2.3 星表移动机器人全球专利分析

星表移动机器人主要是指在行星表面执行巡视移动、样品采集、科学测量和辅助航天员探测等任务的一类特种机器人。根据移动方式的不同，星表移动机器人主要包括了轮式移动机器人、腿式行走机器人和轮腿组合式移动机器人等类型，它们各有相应的特点和适用性对象。其中轮式移动机器人是目前大部分星表移动机器人所采用的形式，具有运行速度快、控制简单、技术相对成熟的特点，但其越过沟壑台阶的能力较弱；腿式行走机器人地形适应能力强，能越过大的沟壑和台阶，但运行速度和效率较低；相比之下，轮腿组合式移动机器人充分利用了腿式结构的地形适应能力和轮式结构的高速高效性能，是当前技术研发的热点方向。

下面针对星表移动机器人的专利文献进行分析，主要从专利申请趋势、专利技术分布、专利申请区域、专利申请人和技术发展路线等多个方面进行研究，以了解星表移动机器人技术的发展过程和技术研究热点。

2.3.1 专利申请趋势分析

从图2-3-1可以看出，关于星表移动机器人技术的专利申请从20世纪50年代后期开始出现，根据专利申请总量的发展趋势，将整个专利申请时段划分为三个阶段，分别为萌芽期（1959~1994年）、发展期（1995~2006年）和快速发展期（2007年至今）。

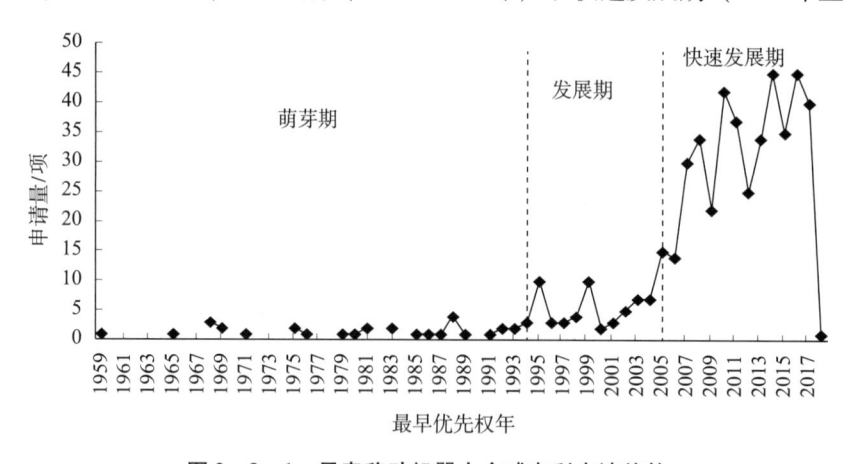

图2-3-1 星表移动机器人全球专利申请趋势

在萌芽期（1959~1994年），星表移动机器人关键技术领域的专利申请较少，年平均申请量在5项以下。此阶段的专利申请主要来自美国、日本和苏联，主要申请人包括NASA、卡耐基梅隆大学、IHI公司、苏联KUZMIN MIKHAIL M和POLYAKOV LEV N等。最早的申请是1959年美国贝尔实验室申请的名为"太空卫星车"的专利US3116484，此后WHITTAKER公司、NASA和格鲁曼航空航天公司等先后申请了关于月球车轮、车辆悬架方面的专利，代表性的专利是BLAW-KNOX公司（2007年被沃尔沃公司收购）在 1968 年申请的名为"BOGIE 悬架系统"的专利 US3584547 和 NASA 在 1969 年申请的名为"弹性轮"的专利 US3568748。1971 年 NASA 申请的专利 US3730287 最早公开了一种载人星球车的模型，之后在 1988 年申请的 US4840394 中又公开了一种铰接式悬架系统，该系统是此后各种类型火星车上普遍采用的摇臂式悬架（rocker-bogie）的原型。这一时期还先后出现了轮腿组合式机器人和腿式行走机器人的申请，如 1985 年三菱公司申请的 JP1987043370A 公开了一种腿轮式机器人的控制方法，卡耐基梅隆大学 1991 年申请的 US5127484 公开了一种正交腿式步行机器人。日本的 IHI 公司也在 90 年代初开始，申请了多项太空探测机器人方面的专利。

在发展期（1995~2006 年），星表移动机器人关键技术领域的专利申请量出现小幅振荡式增长，年均申请量在 10 项左右。该阶段日本的申请量超过美国，成为专利申请最多的国家，包括 IHI、NISSAN、SUMITOMO、NEC、精工、东芝在内的多个公司均参与了星球车的设计和研制。而美国这一时期的专利申请比较分散，包括卡耐基梅隆大学、波音、洛马和霍尼韦尔公司等在内的申请人均是仅有 1~2 项的零星申请。此外，中国专利申请中，北京航空航天大学、洛马公司、NISSAN 和上海交通大学的申请量相对较多，主要涉及整体结构、车轮机构、悬架-机构等技术。中国的专利申请从 1998 年开始，此后申请量逐步增多，说明国内开始重视星表移动机器人领域的技术研发，并有了一定的成果产出。但国内的申请人仍以高校为主，而国外则是以公司为主，说明此阶段国内仍处于基础理论研究阶段，而国外已处于试验和工程应用阶段。

在快速发展期（2007 年至今），星表移动机器人关键技术领域的专利申请呈现出了阶跃式快速增长，年均申请量达到 35 项。这一时期中国的专利申请量远超过美国和日本，成为排名第一的国家，另外，这一时期国内的主要申请人除了哈尔滨工业大学、北京航空航天大学、湖南大学、吉林大学和北京交通大学等高校之外，还出现了上海宇航系统工程研究所、上海卫星工程研究所、北京控制工程研究所、北京航天飞行控制中心、北京空间飞行器总体设计部等大型军工企业旗下的科研院所。这一方面是由于国家知识产权战略的实施与推广，促使国内越来越多创新主体的自主知识产权保护意识提升；另一方面也与国家嫦娥三期工程和火星探测等重大专项的部署和实施有关，它们极大地推动了国内整个航天领域的科研创新进程，产出了不少的技术成果。相比而言，美国和日本这一时期的专利申请比之前稳中有降，这说明它们对于领域内的大部分核心技术已经比较成熟，当前更多的是在原有技术和功能基础上进一步完善和增强。

需要说明的是，由于发明专利申请自申请日起 18 个月公布，而 PCT 专利申请可能自申请日起 30 个月才进入国家阶段，其对应的国家公布时间就更晚，因此，检索结果中包含的 2016~2018 年的专利申请量比真实的申请量要少，这一部分数据不能代表实际情况。但从 2016 年和 2017 年已经公开的数据已经分别有 45 项和 40 项的申请势头来看，该技术领域的相关专利申请仍处于快速增长阶段，并在可预见的未来仍将保持较快发展趋势。

进一步地，图 2-3-2 将中国专利申请趋势与国外专利申请趋势进行了对比。

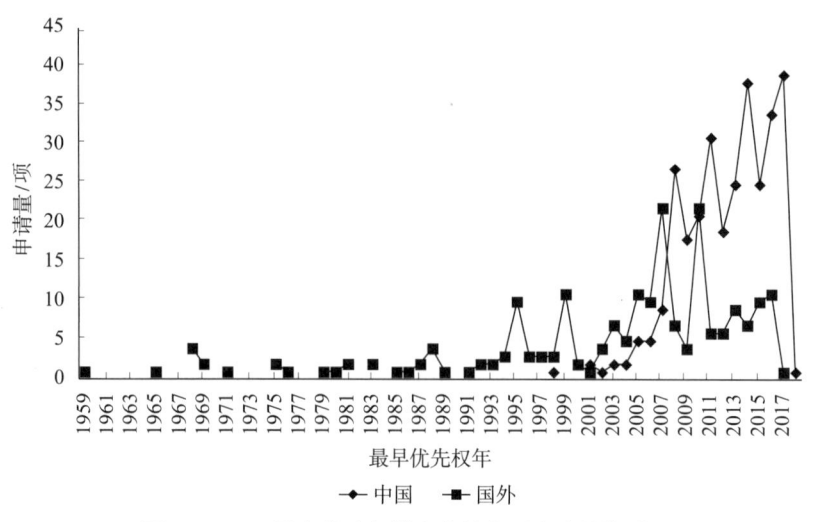

图 2-3-2 星表移动机器人中外专利申请趋势对比

从对比结果来看，国外的专利申请早在20世纪50年代末就已经出现，90年代中后期经历了一次申请高峰，2007~2010年又出现了一次申请高峰，近五年内专利申请量保持稳定，年均有10项左右。我国的相关专利出现较晚，20世纪末才开始出现相关专利申请，早期的申请主要由上海大学、上海交通大学和哈尔滨工业大学等高校提出，后来北京航空航天大学、湖南大学、吉林大学和北京交通大学等高校，以及上海航天技术研究院、北京控制工程研究所、中国空间技术研究院和北京空间飞行器总体设计部等科研院所也加入了月球车和火星车的研发行列。尤其是2008年以后，我国专利申请量明显增多，此后呈现出振荡式上升趋势，虽然2016~2018年的专利申请量因部分公开的原因统计不全，但目前已经公开的2017年的专利申请量已经有39项。可以预见，未来一段时间该领域的专利申请量仍将保持在较高的水平。

2.3.2 专利技术分布分析

图 2-3-3 示出了星表移动机器人一级技术分支的专利分布，从中可以看出，轮式移动机器人的专利申请量最多，有281项，占全部申请的55%；其次是轮腿组合式移动机器人，专利申请量为145项，占总申请量的29%；腿式行走机器人的专利申请量相对最少，有81项，占总申请量的16%。

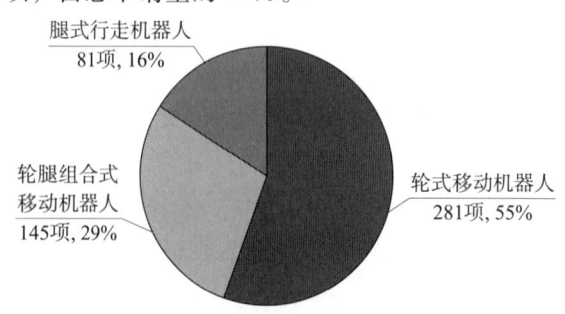

图 2-3-3 星表移动机器人一级技术分支专利分布

图 2-3-4 示出了星表移动机器人二级技术分支的专利分布。结合该图可知，在轮式移动机器人中，整体结构设计、车轮设计、移动控制技术和悬架设计的专利申请量分别有 122 项、70 项、55 项和 34 项，占该分支的 43%、25%、20% 和 12%，即整体结构设计的相关申请最多，其次为车轮设计和移动控制方面的专利申请，悬架设计方面的专利申请相对最少。而对于腿式行走机器人，其二级分支中腿部总体设计和行走控制的专利申请量分别有 47 项和 34 项，各占腿式行走机器人总申请量的 58% 和 42%。

（a）轮式移动机器人　　　　（b）腿式行走机器人

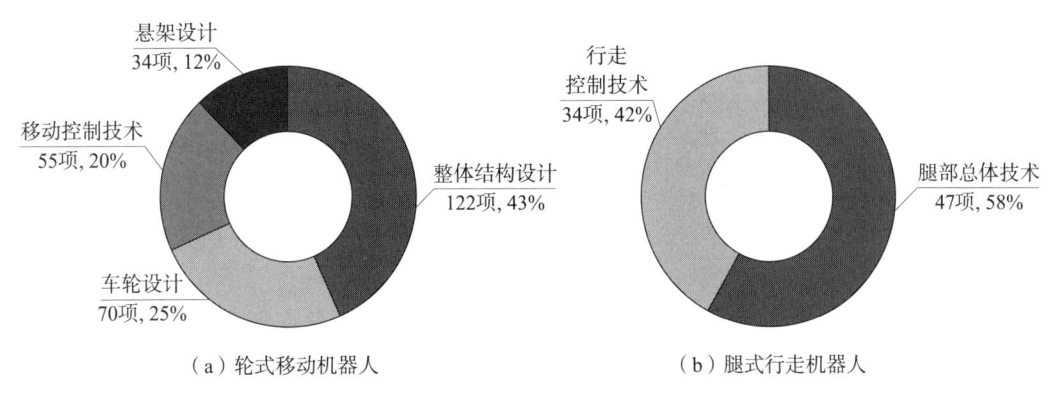

图 2-3-4　星表移动机器人二级技术分支专利分布

图 2-3-5 示出了三个一级分支的专利申请趋势。结合该图可以看出：在三种主流形式的星表移动机器人技术中，轮式移动机器人的专利申请出现最早，在 20 世纪 50 年代末期即开始出现；其次为腿式行走机器人，其相关申请从 20 世纪 80 年代后期开始出现；轮腿组合式移动机器人的申请则集中出现于 21 世纪之初。从图中还可以看出，进入 21 世纪之后，轮式移动机器人的相关申请经历了 2008~2010 年的申请高峰之后，近几年的申请量有所回落；而腿式行走机器人在 2010 年以后的申请量呈现快速增长的势头，这说明当前对于该类机器人的相关研究比较热门，但多集中在工业应用领域；

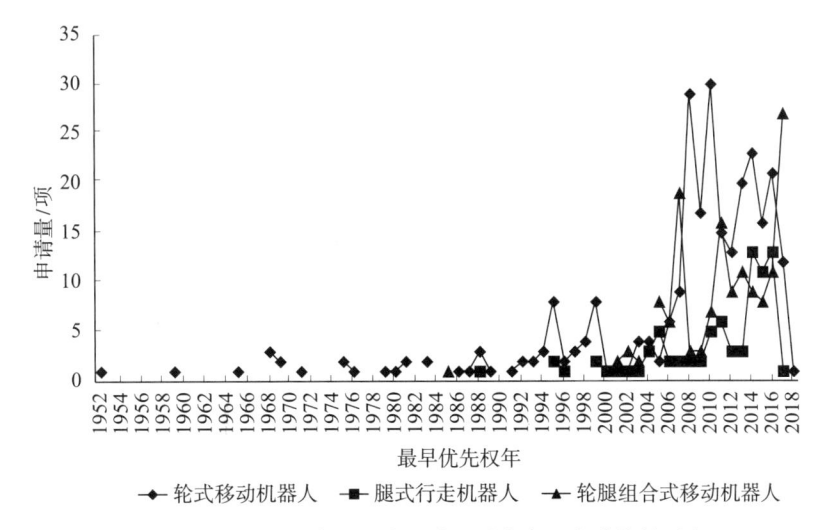

图 2-3-5　三种类型星表移动机器人专利申请趋势对比

轮腿组合式移动机器人在2007年达到申请高峰后,随后的几年申请量明显回落,但在近几年又逐渐增长起来,主要是因为该类技术方案在提出的早期有较多的技术瓶颈需要突破,随后因其结合了轮式移动机器人和腿式行走机器人各自的优点,代表了未来的发展方向,随着研究的深入和技术难题的攻破,出现了较多的创新成果,因此专利申请量也随之呈现出了振荡式增长的趋势。

2.3.3 专利申请区域分析

图2-3-6为星表移动机器人全球专利的技术来源国家或地区分布,从中可以看出,来自中国的专利申请量排名第一,有305项相关申请,占总申请量59.22%。日本的专利申请量排名第二,有92项相关申请,占总申请量的17.86%。美国的申请量排名第三,有69项相关申请,占总申请量的13.40%。俄罗斯(包括苏联)共有24项相关专利申请,其中苏联有2项,俄罗斯有22项。欧洲共有20项相关申请,分别为来自德国的6项、来自法国的6项、来自英国的4项、来自意大利的1项、来自匈牙利的1项,还有2项属于向欧洲专利局提出的申请。此外,韩国也在星表移动机器人领域布局了5项专利。

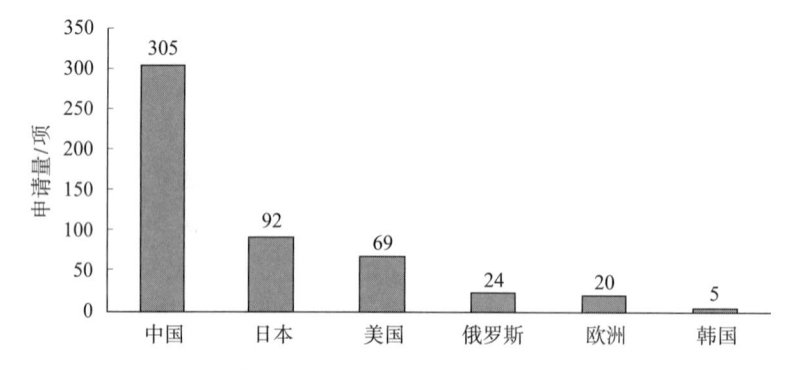

图2-3-6 星表移动机器人全球专利技术来源国家或地区分布

结合表2-3-1可知,中国的305项专利申请中,涉及轮式移动机器人的相关专利技术分布为:整体结构设计66项、车轮设计32项、悬架设计22项、移动控制技术44项;涉及腿式行走机器人的相关专利技术分布为:腿部总体技术32项、行走控制技术5项;另外还有涉及轮腿组合式移动机器人的相关技术104项。

表2-3-1 星表移动机器人主要技术来源国全球专利技术分布　　　单位:项

国家	整体结构设计	车轮设计	悬架设计	移动控制技术	腿部总体技术	行走控制技术	轮腿式
中国	66	32	22	44	32	5	104
日本	29	6	2	4	2	6	43
美国	14	9	7	3	11	23	2
俄罗斯(包括苏联)	6	16	0	2	0	0	0

日本在机器人研究领域一直处于世界领先地位,其92项专利申请中,轮式移动机

器人有41项，腿式行走机器人有8项，轮腿组合式移动机器人有43项。其中，轮式移动机器人中申请量最多的是整体结构设计，有29项；而在腿式行走机器人中，布局重点是行走控制技术，有6项相关申请。

对于美国，在69项相关专利申请中，有33项涉及轮式移动机器人，34项涉及腿式行走机器人，另有2项涉及轮腿式移动机器人。美国是目前成功开展星表行走机器人次数最多的国家，但可检到的专利申请量并不太多，而且大部分处于失效的状态，推测可能的原因是其对相关专利申请进行了保密。而其中腿式行走机器人的申请量相对较多的原因是该类机器人在民用市场有较多的应用场景，而且有谷歌公司等商业巨头的大力参与和推动。

俄罗斯基于苏联星球探索的经验积累，近些年也加大了在星表移动机器人关键技术上的专利布局，主要集中在轮式移动机器人上，尤其是车轮设计和整体结构设计方面。

表2-3-2示出了上述四个主要技术来源国专利申请的法律状态分布情况，从中可以看出，日本虽然申请了较多的专利，但其中有很大一部分已处于无效状态，占到其全部申请的70.65%。俄罗斯也有62.50%的专利已经失效。相比而言，中国和美国的专利有效率较高，中国有效专利和审查中专利的占比为55.08%，美国有效专利和审查中专利的占比为63.77%。

表2-3-2 星表移动机器人主要技术来源国专利法律状态分布　　单位：项

法律状态	中国	日本	美国	苏联/俄罗斯
审查中	54	2	8	0
失效	137	65	25	15
有效	114	24	36	9

进一步地，表2-3-3示出了上述四个主要技术来源国的专利流向分布情况。从表中可以看出，四个主要技术来源国的申请人都在本国寻求最大的专利保护，同时还可以发现，美国和日本都非常重视专利的全球布局，其中，欧洲是美国最重视的布局区域，而美国则是日本最重视的布局区域。此外，日本和美国均比较重视中国和韩国市场，美国还在中国台湾地区也布局了专利。与日本和美国相比，中国的申请人目前还主要是在国内申请专利，只有极少数的申请人申请了国际专利。苏联/俄罗斯目前也主要是在本国进行专利布局。

表2-3-3 星表移动机器人主要技术来源国的专利流向分布

首次申请国家/地区（申请量/项）	流向国家/地区（申请量/件）							
	国际申请	中国	美国	日本	苏联/俄罗斯	欧洲	韩国	中国台湾	其他
中国（305）	2	743	0	0	0	0	0	0	0
日本（92）	11	3	23	203	0	21	4	0	4
美国（69）	23	5	250	15	0	40	4	4	15
俄罗斯（包括苏联）（24）	0	0	0	0	56	0	0	0	0

2.3.4 专利申请人分布分析

图 2-3-7 为星表移动机器人技术领域排名前十位的全球专利申请人排名。从中可以看出，中国的申请人有 6 家，依次是排名第一位的哈尔滨工业大学、排名第二位的北京航空航天大学、排名第六位的吉林大学、排名第八位的上海宇航系统工程研究所、排名第九位的湖南大学、排名第十位的上海交通大学。日本的申请人有 2 家，分别为排名第三位的精工株式会社、排名第五位的 IHI 公司。美国的申请人有 1 家，为波士顿动力公司，排名第七。俄罗斯的申请人有 1 家，为排名第四位的 GULTJAEV ALEKSANDR MIKHAJLOVICH 公司。

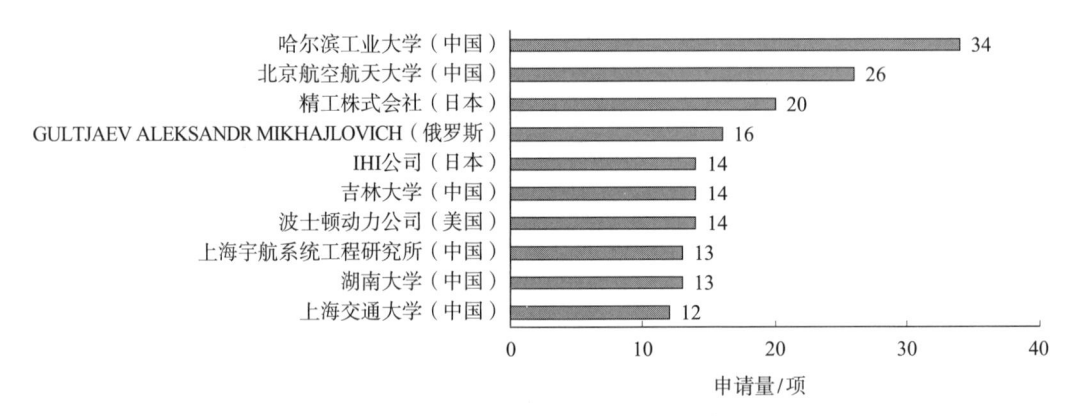

图 2-3-7 星表移动机器人全球专利申请人排名

上述十位全球专利申请人的专利技术分布具体如表 2-3-4 所示。

表 2-3-4 星表移动机器人全球主要申请人的技术分布　　　单位：项

申请人	车轮设计	悬架设计	移动控制技术	整体结构设计	腿部总体技术	行走控制技术	轮腿式	总计
哈尔滨工业大学	7	13	0	9	2	0	3	34
北京航空航天大学	2	0	3	1	3	1	16	26
精工株式会社	0	0	0	0	0	0	20	20
GULTJAEV ALEKSANDR MIKHAJLOVICH	14	0	0	2	0	0	0	16
IHI 公司	0	0	0	9	0	0	5	14
吉林大学	9	0	0	1	0	0	4	14
波士顿动力公司	0	0	0	0	1	13	0	14
上海宇航系统工程研究所	3	2	0	6	2	0	0	13
湖南大学	1	0	0	12	0	0	0	13
上海交通大学	1	1	3	1	1	0	5	12

结合表2-3-4可以看出，排名第一位的哈尔滨工业大学共申请了34项相关专利，其中有13项针对悬架设计，9项针对整体结构设计，7项关于车轮设计，2项关于腿部总体技术，3项关于轮腿式移动机器人。最早的申请为2002年的一项涉及双轮并列式月球车的实用新型CN2565708Y。此后，哈尔滨工业大学围绕月球车的整体结构、悬架、车轮等重要部件开展了广泛的探索和研究，研制出了多种月球车原理样机，包括两轮并列式月球车、行星轮式月球车、摇臂-转向架月球车和六圆柱-圆锥轮型月球车，其中摇臂-转向架月球车参考了Sojounrer火星车相关技术，六圆柱-圆锥轮型月球车参考了Marsokhod火星车地面样机相关技术。由此，哈尔滨工业大学在星球车悬架机构、月球车车轮、车载机构等方面形成了多项创新成果，包括2004年申请的"八轮扭杆弹簧悬架式车载机构"、2007年申请的"四轮或六轮差动-扭杆弹簧悬架式车载机构"和2008年申请的"六轮星球探测车可伸缩悬架机构"等专利。随后，相关小组在轮式移动机器人的基础上开始了腿式行走机器人和轮腿组合式移动机器人方面的研究，并于2013年申请了腿式行走机器人的相关专利"一种用于六足机器人的集成模块化腿部系统"，2014年申请了轮腿组合式移动机器人的相关专利"轮式、足式和轮足复合式行走为一体的机器人步行腿机构"。2015年左右，该校基于前期对月球车研制积累的丰富经验，开始了对火星车构型和悬架方面的研究，并申请了多项专利，包括名为"主动悬架式火星车主摇臂长短段张角调节机构"的专利CN105150789A和名为"主动悬架式火星车移动机构"的专利CN105235468A等。由此可见，哈尔滨工业大学在星表移动机器人方面积累了丰富的理论和实践经验，其技术实力在国内颇为靠前。

排名第二位的北京航空航天大学共有26项专利申请，其中涉及轮腿组合式移动机器人方面的申请最多，有16项，此外，还有针对轮式移动机器人的6项和腿式行走机器人的4项专利。与哈尔滨工业大学不同，北京航空航天大学最先开始研究的是轮腿组合式移动机器人，早在2003年就申请了涉及"变结构腿轮式探测机器人"的实用新型和发明专利，此后围绕各种构型的轮腿机器人开展了广泛而深入的研究，取得了不少的创新成果，例如2007年申请的"六轮/腿半球形外壳探测机器人"、2012年申请的"一种可用于星球表面勘探的轮腿式探测器"和2014年申请的"一种多功能腿轮复合移动机器人"等专利。此外，相关研究小组还在球形检测机器人、多足仿生机器人和轮爪式行星探测车轮等方面进行了探索，并申请了相关专利。

日本精工株式会社在2006~2013年集中布局了20项轮腿组合式移动机器人方面的专利申请，但大部分已经失效，仅有2项目前处于授权后保护的状态，分别为2009年申请的专利JP5418029B2（涉及轮腿式机器人的原点位置设定装置和方法）和2010年申请的专利JP5510081B2（涉及轮腿式机器人的避障方法）。从目前公开的数据来看，该公司2013年以后再没有申请轮腿组合式移动机器人方面的专利，说明公司的业务有所调整，可能不再从事这方面的研究和开发工作。

俄罗斯的GULTJAEV ALEKSANDR MIKHAJLOVICH共申请了16项轮式移动机器人方面的专利，其中14项涉及车轮设计、2项涉及整体结构设计，该公司在宇宙航行飞行器方面拥有较强的实力，还申请了很多关于火箭、宇宙飞船和空间站方面的专利，其综合技术实力不容小觑。

波士顿动力公司是由马克·莱伯特于1992年在麻省理工学院的Leg Lab实验室里创办的，该公司一直致力于研究人工智能仿真和具有高机动性、灵活性和移动速度的多腿移动机器人。该公司善于利用传感器的控制和算法来解决具有一定复杂性的机械使用问题，目前已经对外发布的明星产品包括了与JPL联合开发的Big Dog，被Google收购后研发的双足机器人Atlas、软银接手Google之后研发的SpotMINI以及轮腿式机器人Handle。从目前已经公开的专利来看，波士顿动力公司自2004年起围绕腿式行走机器人的构型设计、步态控制和路径规划等方面申请了十多项专利，代表性的专利有2004年申请的"机器人和机器人腿机制"，2011年申请的"跳跃机器人"和2016年申请的"在腿式机器人中实现目标步态行为"等。

吉林大学共有14项星表移动机器人方面的专利，其中9项涉及轮式移动机器人的车轮设计，1项涉及整体结构设计，另有4项涉及轮腿组合式移动机器人。在车轮设计方面，先后提出了复式步行轮、月球车车轮仿生轮刺、仿生金属柔性车轮、仿生减阻火星车轮等多种方案。其中，复式步行轮机构，在车辆陷入沙地时能够利用车轮伸出的叶片提高对地面的附着力，使牵引力增大，故而可以有效地增强车辆在沙地等松软环境下的作业能力；月球车车轮仿生轮刺，以现有普通轮刺式月球车车轮结构为设计原型，从轮刺构型着手来解决月球车车轮在月壤上行驶的牵引通过性难题；仿生金属柔性车轮，其轮毂为管状结构，若干轮片以固定间隔排列固定在轮毂上，上述多个轮片构成了具有缓冲减震能力的轮面结构，既可以很好地完成缓冲减震，又保证了承载能力的要求，从而能够根据月壤和轮的相互作用自适应地调节轮片的入土深度；而仿生减阻火星车轮，则是模仿土壤动物体表的防黏脱土功能和体表性质，通过将其应用到探测车车轮上，使探测车车轮具有防黏脱土功能。

日本IHI公司申请了14项相关申请，其中9项涉及轮式移动机器人的整体结构设计，5项涉及轮腿组合式移动机器人。从申请年代来看，20世纪90年代该公司的申请主要围绕轮式移动机器人，21世纪以后转向了轮腿组合式移动机器人。在轮式移动机器人方面，IHI公司主要在星球车的优化结构、减轻重量和热控方面申请有专利；在轮腿组合式移动机器人方面，则主要围绕行走性能的提高和姿态控制等方面进行布局。

湖南大学有13项专利申请，其中2008年集中申请了12项，均涉及月球车移动系统，这些专利描述了主动摇臂式可变菱形、被动摇臂式菱形和主被动结合的摇臂式菱形四轮月球车等多种构型。这些样机均基于"四轮三轴"的设计思想，即当一个车轮离地时，其余三个车轮仍能保持车辆的稳定行驶。2015年，该校肖万伸等人还申请了1项关于适应多种地形的探测车车轮和弹性筛网月球车车轮方面的专利。

上海宇航系统工程研究所共有13项专利申请，主要涉及整体结构设计、车轮设计、悬架设计和高适应性腿部总体机构，其中，整体结构设计包括半封闭分体式载人月球车、主动式/主被动结合式载人月球车的悬架机构等，车轮设计包括高性能筛网车轮、高强度一体化轻质轮和耐磨高抓地力车轮棘爪等，其最近的一件申请是 2016 年 11 月 23 日公开的专利 CN104943875B，其中公开了一种可行走的月球软着陆机构，包括均匀安装在一着陆器侧壁的若干着陆缓冲腿。上述每一个着陆缓冲腿都包括主缓冲支柱组件、对称安装在主缓冲支柱组件两侧的两辅助缓冲支柱组件、足垫以及连接板，旨在解决现有着陆器软着陆机构机动性不足，不能在着陆区域有效移动的问题。

上海交通大学在星表移动机器人方面共有 12 项相关专利，其中轮腿式结构有 5 项，月球车移动控制有 3 项，月球车车轮设计、悬架设计、整体结构设计和高适应性腿部总体设计各有 1 项。其最早的专利申请出现在 2001 年，主要涉及翻滚型和管道型轮腿式移动机器人技术。2005 年申请了关于月球探测车的六轮对称主动式悬架机构和驱动转向一体化车轮两个专利，2009 年申请了关于月球车行走折叠系统和月球车远程遥操作的专利。2012 年开始申请轮腿组合式移动机器人的相关专利，包括涉及轮足结合全地形行驶机器人行驶装置和拉杆式悬挂的机器人轮腿行走机构等，2015 年申请的专利涉及直线驱动的步行机器人腿部构型及并联四足步行机器人和月球车轮速控制方法。

2.3.5　技术发展路线分析

本节通过对申请日期、被引证频率、同族专利情况以及技术内容等综合考虑，确定各个时间阶段的重点专利，结合重点专利信息对星表移动机器人技术的发展路线进行详细分析，以反映该领域的技术演进情况和技术发展脉络，为企业技术开发提供知识、信息基础，为政府提供决策依据，具体如图 2-3-8 所示（见文前彩色插图第 2 页）。

20 世纪 60 年代初，在冷战的大背景下，苏联和美国先后提出月球探索计划，开始了对于航天飞行器和月球登陆机器人的研究。苏联参与月球车研制的单位主要是特种车辆研究所 VNII-100（1949 年成立，后改名为全俄运输车辆研究所，VNITRANSMASH），美国则是 NASA 以及 GM、Grumman 和 Bendix 等公司开展月球车构型方面的探索。这一时期对于轮式移动机器人的研究基本上是在地面车辆的基础上进行改造，从专利申请来看，60 年代中期出现了月球车车轮方面的相关申请，如美国 WHITTAKER 公司申请的专利 US3291181B1 和 NASA 申请的专利 US3568748B1。

20 世纪 70 年代，美国和苏联在月球探测领域你追我赶，先后将多辆无人和有人星球探测车送上月球。1970 年 11 月 17 日，苏联率先将月球车 1 号（Lunokhod-1）送上月面，成为航天史上第一辆登上月球的无人驾驶月球车。美国不甘落后，加紧对于载人月球车的研制，1971 年 5 月 17 日，NASA 申请了一件涉及载人行星探测车的整体结构设计的专利 US3730287B1。随后的 7 月 30 日，以该专利技术为原型的载人月球车 LRV 经由阿波罗 15 号飞船成功登陆月球，成为世界上最早实现空间应用的载人月球车。此后的 1972 年 4 月 27 日和 1972 年 12 月 7 日，美国的阿波罗 16 号和 17 号同样携带与上述基本相同的折叠式载人月球车 LRV 登陆了月球。1973 年 1 月 8 日，苏联发射了更为先进的月球车 2 号（Lunokhod 2），在月面又进行了一次科学考察，取得了更多的成果。

20世纪80年代，美国不再实施登月计划，而是将目光转向了火星探测，开展了大规模的火星探测车研制。由于火星登陆计划要求车辆的尺寸和质量都不大，因此之前的三段式月球车不宜于在小尺寸空间中安置控制系统、电缆、科学仪器等，JPL的工程师重新设计了一种摇臂悬架式底盘方案，并制作了Rocky系列模型，并于1988年申请了专利US4840394B1，采用这一悬架的底盘可以获得足够大的灵活性并且机构最为简单。1997年7月6日，自主式机器人车辆——"旅居者，又称索杰纳（Sojourner）"漫游车成功登陆火星并开展表面行走探测，证明了Rocky行走系统的有效性。

20世纪90年代开始，美国的盟国日本也开始进行轮式星表移动机器人方面的研究。1993年IHI公司申请了一项专利JP3214680B2，提供了一种具有良好跟随性，且重量轻、体积小的太空探索用移动车辆；此后该公司还开展了星球车折展结构的研究，以期提高空间效率和可运输性。NISSAN公司则是针对太空探索车的整体结构和电子设备的温控等方面开展了相关研究。此外，以美国卡耐基梅隆大学为代表的部分高校则是针对腿式步行机器人的腿部机构和行走控制等关键技术开展研究，并取得了一定的成果，如1991年申请的专利US5127484B1。

进入21世纪之后，美国先后成功发射了Spirit和Opportunity号火星车，作为第二代火星车，Spirit/Opportunity号火星车的总体设计思路继承了Sojourner火星车，但在总体性能指标方面有了大幅度的提高。此时，欧洲和中国开始在深空探测领域加大研究力度。瑞士的苏黎世联邦理工学院于2000年申请了一项不均匀地形车辆的专利EP1118531A1，中国的哈尔滨工业大学、上海交通大学和北京航空航天大学等高校也开始申请相关专利，如2007年申请的专利CN100478212C。与此同时，卡耐基梅隆大学、麻省理工学院Leg Lab实验室和专注于足式机器人研究的波士顿动力公司继续在腿式行走机器人领域深入耕耘，代表性的专利技术如2000年申请的专利US7270589B1。美国NASA这一时期也开始了对于太空环境腿式机器人的相关研究，并于2007年申请了专利US7996112B1。值得注意的是，为了实现轮式机构和腿式机构的优势互补，21世纪初还出现了轮腿组合式移动机器人的设计思想，如日本IHI公司2002年申请的专利JP3705207B2。

2010年，美国的火星科学实验室（MSL）成功发射，用于在火星表面采集岩石、土壤和空气样品进行各种类型的科学实验，MSL于2012年8月6日在火星表面的盖尔环形山着陆，随后释放了其上搭载的Curiosity号火星车，这是目前实现成功登陆的最先进的星表移动机器人，标志着美国在轮式移动机器人领域已处于技术成熟且世界领先的地位。随着"探月"和"探火"重大专项的实施，中国的相关技术成果也明显增多，其中，哈尔滨工业大学基于轮式移动机器人领域积累的优势，围绕火星车和载人月球车积极开展相关研究，申请了不少专利。在腿式行走机器人领域，虽然在星表探测方面尚未有实际应用，但在军事和工业领域应用需求较大，因此相关的研究仍在持续，如北京航空航天大学和北京交通大学申请的专利CN101948011B和CN103979034A。而对于轮腿组合式移动机器人，如何实现不同环境下轮式运动和足式运动的姿态变换以达到良好运动灵活性和较高移动速度的统一，是其研究的核心和关键技术。对此，日本精工株式会社持续开展相关研究并产生了一定的成果,如其 2013 年和 2014 年申请的专利 JP2014161991A 和 CN104159553A。

近年来,俄罗斯的中央机器人技术与工程控制论科学研究与规划设计院在 2017 年申请了一项名为"行星移动机器人"的专利 RU176098U1,旨在提高行星探测车的多功能性和降低太空任务的物流成本。波士顿动力公司 2013 年被谷歌收购后继续围绕机器人腿部运行机制、结构设计以及行走控制等方面深入推进并开展专利布局,如 2016 年申请的专利 US10017218 和 US20180162469A1。在轮腿组合式机器人方面,北京航空航天大学围绕腿部结构设计、运动路径规划方法、实验平台等方面申请了相关专利 CN105109572A。河北工业大学等从仿生的角度出发,对轮腿式机器人进行结构设计,使其可以在跨越障碍物、沟壑、楼梯等不规则地形时保持机体平稳和运动的效率。哈尔滨工业大学也研制了两款轮腿组合式移动机器人,即 HIT–HYBTOR 和 HITAN–I,它们的移动系统由四套轮腿组合式移动机构组成,四个车轮独立驱动,腿关节有三个自由度,此外还围绕轮腿式移动机器人的小型化和智能化开展研究。

综上所述,星表移动机器人领域的技术创新从 20 世纪 60 年代至今一直保持一定的热度,专利技术的出现与重要事件的发生相伴相生。90 年代以前,世界范围内主要围绕轮式移动机器人开展相关的技术研发和专利布局,90 年代以后腿式机器人的相关研究开始变得活跃,进入 21 世纪后,将轮式移动机构的高速高效性能和腿式移动机构的地形适应能力相结合的轮腿组合式移动机器人越来越受到业内的重视,全球范围的相关研究如火如荼地开展,但由于轮腿机器人结构和控制均更为复杂,还有大量的科学问题、内蕴机理和基本特性的认识尚需突破,真正的实际应用还需一定的时日。

2.4 小　结

本章主要分析了解了全球空间机器人领域的专利概况,重点对在轨服务机器人和星表移动机器人领域的专利情况进行了梳理。

(1) 在轨服务机器人全球专利分析总结

本章针对在轨服务机器人技术的相关专利文献数据,进行了专利宏观分析,具体包括专利申请趋势分析、专利技术构成分析、专利申请区域分析和专利申请人分析等内容。

在专利申请趋势分析中,将在轨服务机器人技术发展趋势划分为萌芽期(1973~1983 年)、发展期(1984~2007 年)和快速发展期(2008 年至今)三个阶段。其中,在萌芽期的专利申请量较少,主要来自美国、苏联、日本、德国、法国和加拿大等国家,主要涉及机械臂和操作末端技术。在发展期,随着美国、德国、加拿大、日本、欧空局的空间在轨服务机器人研制项目的开展,推动了专利申请量的逐步上升,其间主要专利申请人包括 NASA、三菱公司、东芝公司、日立公司、通用公司、EADS、MDA 公司等,专利创新主要涉及空间机械臂、操作末端和自主在轨模块更换与装配技术。在快速发展期阶段,在轨服务机器人技术的专利申请量呈现快速上升趋势,该阶段的中国专利申请量也开始增量迅猛,主要的创新主体包括哈尔滨工业大学、西北工业大学、上海宇航系统工程研究所和北京控制工程研究所等。

在专利技术构成分析中,对三个关键技术领域的专利申请占比,以及各关键技术的专利申请特点进行了分析。其中,空间机械臂的研究热点领域包括冗余构型设计、机械臂遥操作技术和轨迹规划技术,技术空白点主要集中在传动技术和机械臂控制技术方面;操作末端的技术研究热点主要集中在空间目标对接技术方面,空间仿人灵巧手和灵巧操作工具的专利申请量较少,属于未来技术突破的重点方向;在自主操作技术方面,空间碎片清理技术的专利申请量上升速度最快,属于近些年空间飞行器在轨服务与维护技术的研究热点方向。

在专利申请区域中,对各国/地区的专利申请量占比、主要申请国家的技术构成和主要申请国家/地区的专利申请趋势进行了对比分析。其中,在轨服务机器人关键技术领域,专利申请主要来自美国、中国、日本和欧洲;其中,美国的专利申请量出现较早且连续性好,在四个关键技术领域的专利申请均较高,技术优势明显;中国的专利申请出现较晚,但近十年的专利申请量上升速度快,技术创新主要集中在机械臂和操作末端技术领域,自主操作技术方面的技术创新较少;欧洲和日本的专利申请也均出现较早,且都在三个关键技术领域进行了技术储备,对我国技术创新具有一定借鉴价值。

在专利申请人分析中,对在轨服务机器人领域内的创新主体申请量进行了排名对比,其中,以中国、美国、欧洲、日本和加拿大的创新主体为主。在申请量排名前26位的申请人中,包括美国创新主体3个,分别为NASA、通用公司和波音公司;加拿大创新主体2个,为MDA公司和加拿大航天局;欧洲的创新主体4个,分别为欧洲宇航防务集团、德国宇航中心、法国Thales集团和德国亚琛大学;日本创新主体7个,包括三菱公司、东芝公司、IHI公司、日本国家空间发展局、Astroscale公司、川崎重工和日本科学技术振兴机构;中国创新主体10个,分别为哈尔滨工业大学、西北工业大学、上海宇航系统工程研究所、北京控制工程研究所、北京邮电大学、北京精密机电控制设备研究所、北京空间飞行器总体设计部、大连大学、北京航空航天大学和中国空间技术研究院。

(2) 星表移动机器人全球专利分析总结

在星表移动机器人全球专利分析中,从申请趋势来看,全球关于星表移动机器人的专利申请从20世纪50年代后期开始出现,先后经历了萌芽期(1959~1994年)、发展期(1995~2006年)和快速发展期(2007年至今)。前期的专利申请以美国、日本等国家为主,2007年以后中国的专利申请量超过美国和日本,成为排名第一的国家,由此带动了整个技术领域的专利申请呈现阶跃式快速增长状态。

从技术分布来看,轮式移动机器人是主要技术形式,相关专利申请量最多,占全部申请的一半,腿式行走机器人和轮腿组合式移动机器人相比,轮式移动机器人出现较晚,但近几年前景看好,因此申请量增长较快,但总量上还没有轮式移动机器人多。

在轮式移动机器人中，整体结构设计和车轮设计方面的专利相对较多，移动控制技术和悬架设计相对较少；而在腿式行走机器人中，高适应性腿部总体设计和行走控制技术的申请量相差不大，均是申请热门的方向。

从申请区域来看，中国的专利申请量最多，占全球总申请量59%，日本和美国的申请量略有区别，分别占总申请量的19%和12%。中国的申请在轮式、腿式和轮腿式各个分支均有分布，而日本的腿式总体设计、行走控制和轮腿式为技术优势方向，美国虽在星表移动机器人方面研制实力最强，但检到的公开资料比较有限，公开的申请主要涉及轮式和腿式，轮腿式的相关专利不多。

从申请人的角度来看，中国的专利申请人主要是高校和科研院所，尤其是哈尔滨工业大学、北京航空航天大学等具有军工背景的高校，日本主要是精工、IHI等大型工业企业，美国除了NASA及其支撑企业、科研院所之外，还有波士顿动力公司和谷歌等商业公司。

在中国的申请人中，哈尔滨工业大学实力最强，主要针对轮式星球车开展研究，在星球车的悬架机构、车轮机构和差动机构等方面均拥有自己的核心技术和专利布局。另外，湖南大学也是针对轮式星球车开展研究，设计了菱形可变形的四轮月球车和仿骆蹄车轮结构。吉林大学针对轮式星球车的车轮设计了多款仿生柔性车轮。上海宇航系统工程研究所主要针对载人月球车的需求开展相应的悬架和整体结构设计。北京航空航天大学、上海交通大学和重庆大学则是偏重腿式机器人和轮腿组合式机器人的移动系统设计。

总之，通过上述分析内容，了解了在轨服务机器人和星表移动机器人技术的技术发展过程、技术优势国家、技术研究热点，并帮助国内创新主体了解主要技术竞争对手的技术发展和专利布局情况。

第3章 轮式移动机器人关键技术专利分析

3.1 技术概况

轮式移动机器人，也叫星球车，因技术相对成熟而得以广泛应用，是目前成功登陆月球和火星的表面探测器采用的结构形式。按照探测方式分为两类：一类是无人驾驶的星球探测车，一般由轮式底盘和仪器舱组成，载有多种科学探测设备，用太阳能电池、蓄电池和核电池联合供电，它是靠地面遥控指令或自主控制在星球表面进行巡视探测；另一类是有人驾驶的星球车，主要作为航天员在星球表面活动的交通工具，用于扩大航天员的活动范围和减小体力消耗，并随时存放航天员收集的岩石和土壤标本。苏联1970年的月球车1号Lunokhod-1和1973年的月球车2号Lunokhod-2、美国1997年的第一辆火星表面探测车Sojourner，2003年的第二代火星漫游车Spirit、Opportunity号以及2011年的Curiosity号火星车均为无人驾驶的星球车，美国1971年先后发射的阿波罗15号、16号和17号上搭载的月球车（Lunar Rover Vehicle，LRV）则为有人驾驶的星球车。

在星球车结构中，车辆整体的结构设计、悬架机构、车轮机构和移动控制是决定机器人能否顺利通过行星表面和完成指定任务的关键技术和重要因素，下面分别对这些关键技术进行介绍。

（1）整体结构设计

星球车的整体结构设计中，车体的设计和选择至关重要，一般分为整体式车体和节式车体两类。其中，整体式车体又可分为刚性车体、弹性车体和差速车体三种类型。节式车体可分纵向节式和横向节式两种类型。[1]

在整体式车体中，刚性车体与车架固定后，左右车架不能相对车体运动，自由度为零。弹性车体采用扭杆弹簧，扭杆弹簧中间部件与车体固定，两端可相对车体转动，与车架固定后，左右车架克服扭杆弹簧的作用，可相对车体运动，且具有减震作用。差速车体中两个差速齿轮分别与左右车架固联，但可相对车体转动，行星轮与车体铰接，可相对车体转动，因此，车体、两个差速齿轮和行星轮共同构成差速器。工作时，左右车架作为输入，由于差速轮系的作用，车体的俯仰为左右车架俯仰的一半，起到良好的均化作用。

---

[1] 尚建忠，罗自荣，张新访，等．基于构型的轮式空间探测机器人创新设计与优化［J］．中国机械工程，2007，18（4）：414-418．

在节式车体中，纵向节式车体与车架固定后，左右两节可相对自由转动，具有一个自由度。横向节式车体前后两节可相对正交的两根轴分别做旋转运动，具有两个自由度。

（2）悬架机构

悬架机构是星球车移动系统的重要组成部分，其主要作用是连接车轮和车体，传递作用在车轮和车体间的力和力矩，缓和行星表面传给车体的冲击载荷，衰减由此引起的系统振动，具有一定的辅助越障、适应地形和增加车体平稳性等作用。可以说，悬架机构的形式和性能在一定程度上决定了轮式移动机器人的运动能力，而且关乎系统性能。

按结构形式来看，星球车的悬架可以分为独立悬架和非独立悬架。[1] 早期的月球车主要采用独立悬架形式，这种悬架通常包含弹性部件，具有减震效果好、保持载荷平台平稳等优点，适用于速度较高的大型探测车，但地形适应能力和辅助越障能力较弱，弹性元件可靠性和使用寿命较低。随着星球车的小型化发展趋势，目前独立悬架形式已经很少被采用。非独立悬架具有较强的地形适应能力和辅助越障能力，适用于低速、小型/微型星球车。早期的非独立悬架星球车的越障高度和车轮半径相同。1990年，美国喷气推进实验室（JPL）提出了著名的 Rocker – Bogie 主副摇臂式悬架结构，这种结构可使星球车的越障能力达3倍的车轮半径。

按工作方式来看，悬架分为主动悬架和被动悬架（也叫自适应悬架）。主动悬架需要额外的驱动装置改变悬架的状态，从而实现对地形的适应和穿越障碍，但驱动装置增加了悬架的质量和复杂程度，并且悬架状态的控制技术也有待进一步发展，这些问题制约了主动悬架在星球车上的应用。被动悬架能够根据地形变化自动改变悬架状态，具有对地形的自适应能力，又分为弹性悬架和摇臂式悬架等多种形式，其中摇臂式悬架已经成为星球车悬架机构的主流和研究热点。[2]

国外典型星球车的悬架类型如下：[3] Lunokhod – 1 和 Lunokhod – 2 采用杠杆纵向摆动的扭力式独立悬架；阿波罗15号、16号和17号任务中使用的 LRV 月球车采用的是杠杆横向摆动的扭力式独立悬架；美国 NASA 将摇臂式悬架应用于 Sojourner、Spirit、Opportunity、Curiosity 等火星探测车上；欧洲 ESA 和俄罗斯 Rover 科技有限公司（RCL）联合研制出了 RCL Concept 系列样车悬架；瑞士洛桑联邦理工学院（EPFL）研制出了 Shrimp、CRAB、DoubleSpring 系列样车悬架；日本空间科学研究所（ISAS）、梅基大学（Meiji University）等联合研制出了 PEGASUS 悬架。这些悬架机构在一定程度上提高了星球车移动系统的移动能力。

（3）车轮机构

车轮机构是决定星球车稳定性和机动性，特别是越障能力的重要因素。由于月球

---

[1] 陈百超. 月球车新型移动系统设计［D］. 吉林：吉林大学，2009.
[2] 吕洪森. 摇臂式悬架月球车平顺性优化分析［D］. 大连：大连理工大学，2015.
[3] 范雪兵. 载人月球车悬架与车轮结构设计及性能研究［D］. 哈尔滨：哈尔滨工业大学，2015.

和火星土壤的多样性，不同特性的土壤对车轮的要求也不同，因此传统地面车轮往往存在通过性、平顺性和能耗之间的矛盾。例如月球土壤偏摩擦性，黏性不高，提高车轮牵引性能的主要途径是减小车轮的滚动阻力，通常采取增加车轮轮缘与路面的接触面积加以实现。

无人星球车中应用较多的是刚性车轮，其轮毂、轮辐和轮缘等是固定在一起的，具有较高强度及承载能力，外形有圆柱形、柱锥结合、鼓形、五边形和行星轮等。❶ 刚性车轮外缘常采用多种轮刺形式以增大摩擦，如NASA为Sojounrner、Spirit、Opportunity火星车设计的刚性针状履刺轮和刚性槽状履刺轮。但对于刚性车轮而言，需要增加车轮直径来增大接触面积，但这会影响整车的稳定性，增加车轮转向阻力，降低转向灵活性。相比而言，柔性车轮能够增加车轮轮缘与路面的接触面积，能够发挥更好的牵引性能，但柔性车轮在越障时容易损坏，而且长期疲劳变形，工作寿命受限。苏联全俄运输车辆研究所（VNIITRANSMASH）为Lunokhod设计了多种弹性筛网轮，利用内部弹性元件可为弹性辐条、板条弹簧或弹簧环等吸收振动。美国固特异轮胎橡胶公司（GOODYEAR）为LRV设计的弹性金属轮胎，由镀锌钢琴丝编织而形成弹性车轮胎面。NASA采用的是鼓形火星车车轮，由弹性橙黄色泡沫填充的螺旋式轮辐。ESA也研制了多种星表探测车车轮，如瑞士、德国等相关部门开发的柔性车轮等。

（4）移动控制技术

星球车移动系统运动控制的主要作用：一是确保路径规划与导航的结果得以可靠、准确地实现；二是通过对各车轮的协调控制，防止车轮原地打滑、下限等失稳情况的发生，提高机器人在移动过程中的平稳性和安全性。目前对星表移动机器人运动控制的研究主要分为驱动控制和转向控制。驱动控制负责星球车的纵向运动，通过对所有驱动轮的协调控制，保障星球车按给定速度行驶。转向控制负责调整探测机器人的运动方向，通过对各转向轮的协调动作，保障探测机器人沿规划的路线行驶，同时也要保证转向过程的平稳性。❷

美国阿波罗系列月球车的控制方式采用电机独立驱动运行和宇航员手动控制并存的控制方式，通过向控制器发送控制命令以控制车体驱动轮和转向机构的运转。哈尔滨工业大学是国内较早开始研究月球车的高校之一，其研制出的两轮并列式月球车、行星轮式月球车、摇臂-转向架月球车和六圆柱-圆锥轮型月球车均采用了人机交互界面的控制方式。此外，哈尔滨工业大学还研制出两种不同悬架结构的八轮月球车控制系统采用了人机交互界面和无线遥控的控制方式。此外，中国空间技术研究院（CAST）与哈尔滨工业大学联合研发的月球车原理型样机的控制系统也是通过控制器实现协同控制驱动机构和转向机构运转。上海航天技术研究院（SAST）与哈尔滨工业大学联合研发的轮式月球车原理型样机则是采用上下位机的无线远程操作控制方式实现对月球车的控制。

---

❶ 范雪兵. 载人月球车悬架与车轮结构设计及性能研究 [D]. 哈尔滨：哈尔滨工业大学，2015.
❷ 李明，齐春子. 星球探测车及其运动控制概述 [C]. 中国宇航学会学术年会论文集，2010.

3.2 专利申请趋势分析

下面针对轮式移动机器人涉及的281项专利进行专利申请趋势分析。如图3-2-1所示，轮式移动机器人技术的专利申请从20世纪50年代末开始出现，在60年代末随着苏联和美国相继开展月球探测活动，专利申请量出现小幅增多。80年代，各国的探月活动基本停止，专利申请量也相应减少。90年代初，人类重新开始新的月球探索及火星探测活动，专利申请量再次出现局部申请高峰。21世纪以来，随着中国探月和探火活动的开展，中国创新主体对于月球车和火星车的研制和开发热情高涨，涌现出了较多相关专利，由此带动了2006年以后全球专利申请量呈现出快速增长的趋势，近五年年均申请量出现小幅回落，但整体还维持在20项上下的水平。

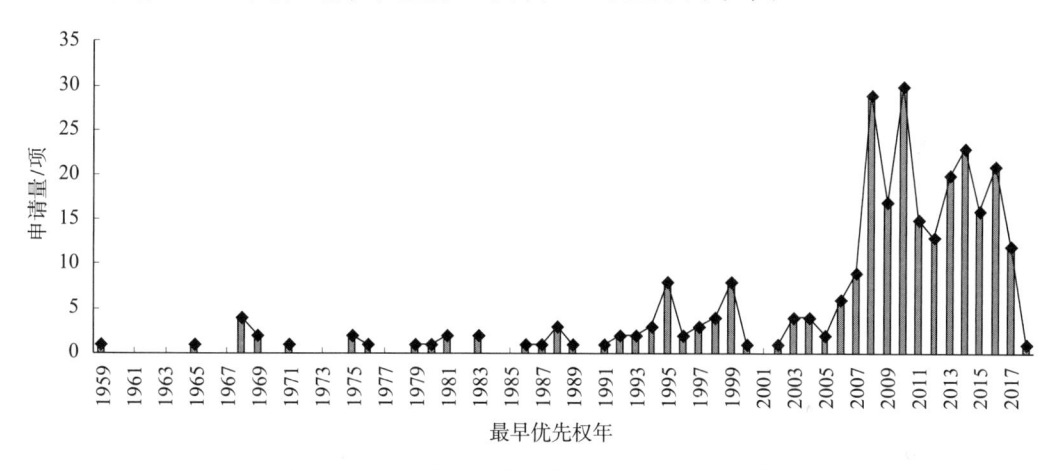

图3-2-1 轮式移动机器人全球专利申请趋势

结合表3-2-1可以看出，在轮式移动机器人领域，整体结构设计、车轮设计和悬架设计的相关专利申请比移动控制出现得早，即早期的申请更多地偏向结构和部件设计本身，90年代中后期开始针对移动控制等方面技术开展重点研究和专利布局。

表3-2-1 轮式移动机器人各二级分支全球专利申请年度分布　　单位：项

最早优先权年	车轮设计	悬架设计	移动控制技术	整体结构设计	总计
1959	0	0	0	1	1
1965	1	0	0	0	1
1968	0	4	0	0	4
1969	2	0	0	0	2
1971	0	0	0	1	1
1975	0	0	0	2	2
1976	0	1	0	0	1
1979	1	0	0	0	1

续表

最早优先权年	车轮设计	悬架设计	移动控制技术	整体结构设计	总计
1980	0	0	0	1	1
1981	0	1	0	1	2
1983	0	0	0	2	2
1986	0	0	0	1	1
1987	1	0	0	0	1
1988	1	1	0	1	3
1989	0	0	0	1	1
1991	0	0	0	1	1
1992	0	1	0	1	2
1993	0	0	0	2	2
1994	1	1	0	1	3
1995	1	0	2	5	8
1996	0	0	1	1	2
1997	0	1	1	1	3
1998	2	0	1	1	4
1999	0	0	1	7	8
2000	0	0	0	1	1
2002	0	0	0	1	1
2003	1	2	0	1	4
2004	1	1	1	1	4
2005	1	1	0	0	2
2006	3	0	1	2	6
2007	2	1	2	4	9
2008	6	4	5	14	29
2009	3	2	6	6	17
2010	16	2	5	7	30
2011	5	0	7	3	15
2012	5	3	1	4	13
2013	3	0	8	9	20
2014	5	4	4	10	23
2015	2	2	5	7	16
2016	5	2	3	11	21
2017	0	0	1	10	12
2018	1	0	0	0	1

3.3 专利申请区域分析

按照专利最早优先权国家或地区对专利申请量进行统计和分析，结果如图 3-3-1 所示。

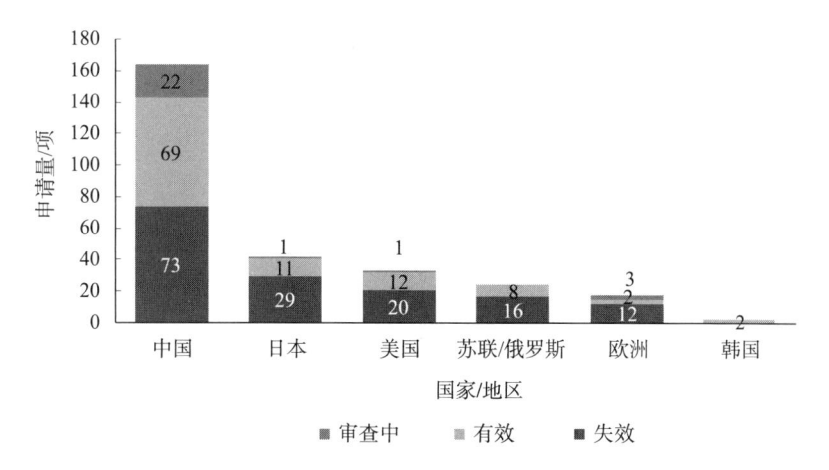

图 3-3-1 轮式移动机器人全球专利申请主要国家或地区分布

当前，在轮式移动机器人技术领域，中国的专利申请量排名第一，共有 164 项专利申请，占全球申请量的 58%，其中审查中的专利有 22 项，有效的专利有 69 项，另有 73 项失效专利。日本的专利申请量排名第二，共有 41 项专利申请，占全球申请量的 15%，其中有 1 项申请处于审查中的状态，11 项专利处于授权有效的状态，29 项专利已经失效。美国的专利申请排名第三，共有 33 项相关申请，占全球申请量的 12%，其中处于审查中状态的专利有 1 项，有效专利有 12 项，失效专利有 20 项。苏联/俄罗斯的专利申请量排名第四，共有 24 项相关申请，占全球申请量的 9%，其中有 8 项有效专利，16 项失效专利。欧洲的专利申请共有 17 项，包括 6 项法国专利申请、4 项英国专利申请、4 项德国专利申请、2 项向欧洲专利局提交的申请和 1 项匈牙利专利。在这 17 项专利申请中有 3 项处于审查中的状态，2 项处于授权有效的状态，有 12 项已经失效。另外，韩国的专利申请有 2 项，均处于授权有效的状态。

图 3-3-2 显示了中国、日本、美国和苏联/俄罗斯的专利申请趋势。从中可以看出，美国的专利申请量出现最早，在 1959～1976 年连续申请了一批专利技术，八九十年代专利申请较少，只有零星几项，21 世纪尤其是 2011 年以后专利申请有了复苏的迹象。日本的专利申请从 20 世纪 80 年代末开始出现，90 年代经历了一轮专利申请热潮，一直到 1999 年达到了 8 项的申请高峰，此后专利申请中断，2008 年以后相关专利申请重新开始出现。中国的轮式移动机器人相关专利申请从 90 年代末开始零星出现，2005 年以后专利申请量开始出现明显增长，到 2008 年达到了 25 项的申请高峰，此后几年申请量有所回落，2012 年以后申请量再次增多。俄罗斯继承了苏联在月球车和火星车方面的技术经验，2009 年以后专利申请开始活跃，2010 年集中申请了一批星球车车轮设

计和整体设计方面的专利,近几年又有几项整体设计方面的专利出现。

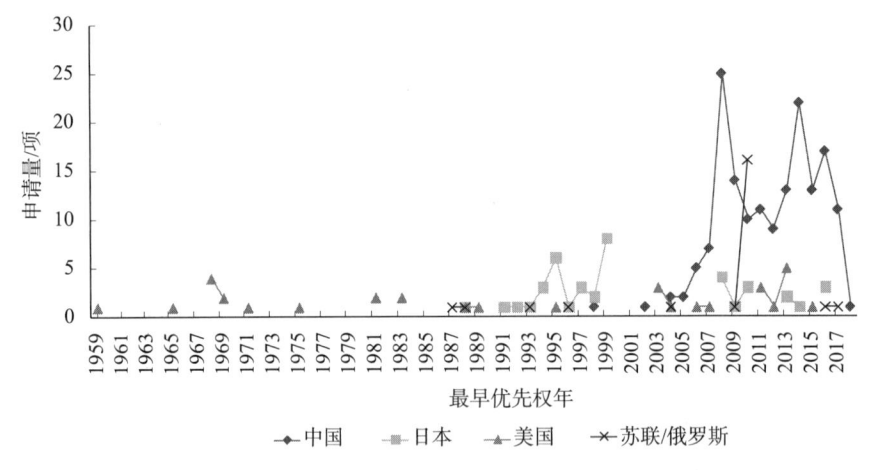

图 3-3-2　轮式移动机器人主要国家专利申请趋势

结合表 3-3-1 可知,中国轮式移动机器人的专利申请,在 4 个二级技术分支均有分布,其中,在整体结构设计领域申请了 66 项专利,在移动控制技术领域申请了 44 项专利,在车轮设计领域申请了 32 项专利,在悬架设计领域申请了 22 项专利。

表 3-3-1　轮式移动机器人主要申请国家专利技术分布　　　　单位:项

申请国家	车轮设计	悬架设计	移动控制技术	整体结构设计	总计
中国	32	22	44	66	164
日本	6	2	4	29	41
美国	9	7	3	14	33
苏联/俄罗斯	14	0	2	6	22

日本的轮式移动机器人专利申请,以整体结构设计专利为主,有 29 项相关申请,另有 6 项车轮设计相关专利,4 项移动控制技术专利,2 项悬架机构专利。

美国的轮式移动机器人专利申请,以整体结构设计和车轮设计为主,其中,在整体结构设计领域申请了 14 项专利,在车轮设计领域申请了 9 项专利,在悬架设计领域申请了 7 项专利,在移动控制技术领域申请了 3 项专利。

苏联/俄罗斯的轮式移动机器人专利申请以车轮设计专利为主,有 14 项相关申请,其次在整体结构设计领域有 6 项专利申请,在移动控制领域有 2 项专利申请。

值得说明的是,美国、日本和苏联/俄罗斯在轮式移动机器人的研制方面,充分利用了其地面移动车辆和机器人设计方面多年积累的技术优势,更多的是根据月球和火星等行星表面环境的不同进行适应性的改进。相对而言,中国缺乏技术基础,自从 2003 年启动"嫦娥工程"以来,在国家重点支持和投入下,集中产生了一批研究成果,而且,2008 年国家知识产权战略的推广实施,各研发主体增强了专利申请和成果保护意识,也导致专利申请量明显增多，但数量最多并不意味着实力最强，尤其是基础专利和核心专利数量，与美国和日本等国家还有较大的差距，相关技术仍有待进一步提高。

3.4 专利申请人分析

以下针对281项轮式移动机器人的专利进行申请人统计分析，统计结果如图3-4-1所示。

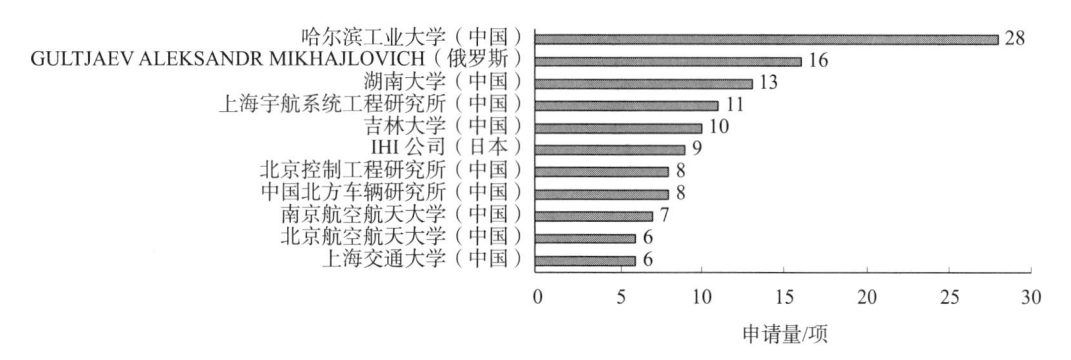

图3-4-1 轮式移动机器人全球主要申请人专利申请排名

在图3-4-1中，统计了排名前11名专利申请人的专利申请量，其中，中国申请人9位，分别为哈尔滨工业大学、湖南大学、上海宇航系统工程研究所、吉林大学、中国北方车辆研究所、北京控制工程研究所、南京航空航天大学、上海交通大学和北京航空航天大学；俄罗斯的申请人1位，为GULTJAEV ALEKSANDR MIKHAJLOVICH，日本的申请人1位，为IHI公司。

表3-4-1 轮式移动机器人全球主要申请人专利技术分布 单位：项

专利申请人	车轮设计	悬架设计	移动控制技术	整体结构设计	总计
哈尔滨工业大学	7	13	0	8	28
GULTJAEV ALEKSANDR MIKHAJLOVICH	14	0	0	2	16
湖南大学	1	0	0	12	13
上海宇航系统工程研究所	3	2	0	6	11
吉林大学	9	0	0	1	10
IHI公司	0	0	0	9	9
中国北方车辆研究所	1	2	2	3	8
北京控制工程研究所	1	0	7	0	8
南京航空航天大学	0	1	1	5	7
上海交通大学	1	1	3	1	6
北京航空航天大学	2	0	3	1	6

结合表 3-4-1 可知，在轮式移动机器人的车轮设计领域，哈尔滨工业大学和吉林大学、GULTJAEV ALEKSANDR MIKHAJLOVICH 申请了较多的专利；在悬架设计领域，哈尔滨工业大学布局了较多的专利；在移动控制领域，北京控制工程研究所的专利申请量最多；在整体结构设计领域，哈尔滨工业大学、湖南大学和日本的 IHI 公司拥有较多的专利技术。

3.5 技术发展路线分析

本节从申请人、申请日期、被引证频率、同族情况以及技术内容等角度进行综合考虑，确定出轮式移动机器人各关键技术分支的核心专利，通过对这些核心专利的技术信息进行分析，以期全面了解该领域的技术发展路线情况，具体如图 3-5-1 所示（见文前彩色插图第 3 页）。

20 世纪 60 年代初，苏联和美国先后提出了月球探索计划，开始了对于航天飞行器和月球登陆机器人的研究。前期对于月球车的研制主要是在地面车辆的基础上改造完成的，主要是研制适应月面地形和土壤条件的车轮，因此最早出现的是轮式移动机器人车轮设计相关的申请。如 1965 年，美国 WHITTAKER CORPORATION 申请的名为"用于探索月球表面的车轮"的专利 US3291181B1，公开了一种可折展的弹性车轮，能够在有尖锐岩石的地面行驶（参见图 3-5-2）。1969 年，美国 NASA 也申请了一项名为"弹性轮"的专利 US3568748B1，该弹性轮包括夹在锥形轮盘轮缘上的金属丝轮胎。金属丝轮胎的胎面表面具有胎面单元，该胎面单元包括夹在轮胎上并且以轮胎的胎面区域周围的人字形图案布置的磨料涂覆的条带。在金属丝轮胎内部提供相对刚性的环形框架，用于限制轮胎在负载下的偏转（参见图 3-5-3）。

20 世纪 70 年代初，NASA 申请了一项专利 US3730287B1，涉及一项适合于在恶劣地形条件下行走的载人行星探测车的整体结构设计（参见图 3-5-4）。其中的载人行星探测车属于一种自驱动车辆，其特征在于具有多个相互独立可操作的驱动单元，每个驱动单元包括与车辆框架连接的延伸支架，用于围绕与其横向相关的轴线旋转，并且所述支架由包含可操作车轮和环形履带组成的转向基座支撑。通过可选择性地操作一个动力传动组件，可以实现驱动所述延伸支架绕轴旋转和/或以车轮驱动和/或履带式负载的操作模式启动所述转向基座。

1971 年，由美国阿波罗 15 号飞船携带的载人月球车 LRV 登陆月球，成为世界上最早实现空间应用的载人月球车。1972 年，美国阿波罗 16 号和 17 号同样携带与上述基本相同的折叠式载人月球车 LRV 登陆了月球。这三个"阿波罗"月球车均为有人驾驶的月球车，有 4 个轮子，每个轮子各由 1 台发动机驱动，由蓄电池提供动力，轮胎在 -100℃ 低温下仍可保持弹性，航天员通过位于 2 个座位之间的 T 形手动控制器来控制漫游车，没有实现自主控制。航天员坐在里面驾驶着它在月球表面巡游，以车代步，爬越障碍，翻越沟壑，对山脉、峡谷和火山进行了考察。

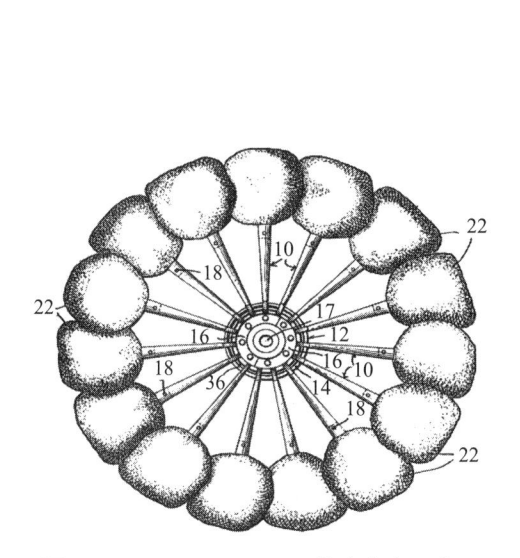

图 3-5-2　US3291181B1 技术方案示意图 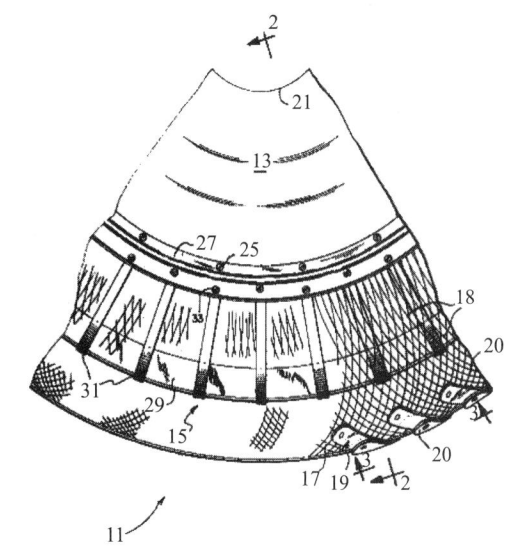　　图 3-5-3　US3568748B1 技术方案示意图

进入 20 世纪 80 年代之后，美国虽然不再实施登月计划，但包括加州理工学院和卡耐基梅隆大学在内的多个科研院所仍然从事星表移动机器人方面的研制工作，如 1981 年，加州理工学院申请了一项专利 US4397473B1，涉及一种崎岖地形车辆；卡耐基梅隆大学于 1983 年申请了两项分别涉及三轮可调节车辆和四轮可调节车辆的专利 US4526106B1 和 US4563954B1。1988 年，NASA 申请了一项名为"铰接式悬架系统"的专利 US4840394B1，其公开了一种用于六轮车辆的悬架系统（参见图 3-5-5），该悬架结构为美国后来的 Sojourner、Spirit 和 Opportunity 等火星车悬架系统都提供了一定的技术基础。

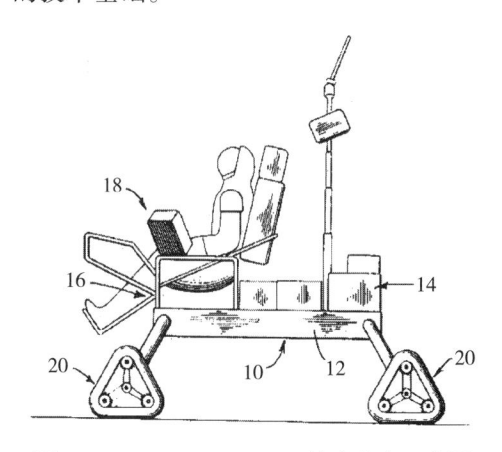

图 3-5-4　US3730287B1 技术方案示意图 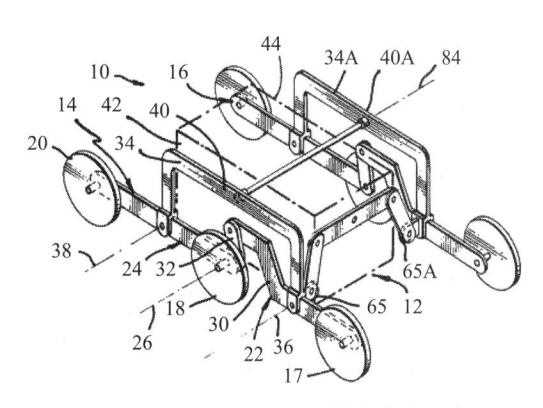　　图 3-5-5　US4840394B1 技术方案示意图

US4840394B1 中公开的六轮车辆包括位于底盘或车身的相对侧上的两个侧悬架。每个侧悬架包括在后轮和中轮之间延伸的转向架连杆，以及在前轮和中轮之间串联延伸的第二转向架连杆和偏置连杆。此外，车身连杆在转向架连杆之间延伸并且在接头处连接到车身一侧的中间。当任何车轮升高或降低时，连杆将其他车轮保持在地面上

并对每个人施加恒定负荷。主体的前部通过横向连杆连接到相对的侧悬架,横向连杆还包括三个枢转连接的连杆。上述悬架系统设计能够保持车轮载荷分布恒定且平均,使车身结构与刚性悬架一起使用,避免了采用柔软的弹簧悬架。

这一时期美国不断改进火星车的移动系统结构设计,1989 年,NASA 申请了一项名为"粗糙地形车辆"的专利 US4932491B1,其方案为通过辅助车轮的设计保证车辆在粗糙地形上稳定行走。该车辆包括一对前后主轮和一对辅助臂,所述辅助臂具有可枢转地安装在主前轮轴上的内端和承载辅助轮的外端。电动机可以转动所述辅助臂以使辅助轮从收起位置移动到前轮和后轮之间的中间位置并且从地上移动到抵靠地面的第二位置以使车辆稳定,还可以将所述辅助臂转动超过 180°,以便在前主轮前方移动辅助轮,以帮助车辆爬上路堤(参见图 3-5-6)。

20 世纪 90 年代开始,日本也开始进行星表移动机器人方面的研究。1993 年,IHI 公司申请了一项专利 JP3214680B2,提供了一种具有良好跟随性,且重量轻、体积小的太空探索用移动车辆;随后,IHI 公司在 1999 年申请的 JP4263797B2 提供了一种四轮星球车的折展结构,支撑四个车轮的悬架臂构造成能够弯曲成大致 V 形。在通过火箭发射时,悬架臂在中间断开,并且使用转向单元的自由度使每个车轮跟随圆柱形车身的外周表面进行折叠,从而减小体积,实现节省空间,达到提高空间效率和可运输性的技术效果(参见图 3-5-7)。同时,NISSAN 公司针对太空探索车的整体结构和电子设备的温控等也开展了相关研究,陆续申请了专利 JP2000198497A、JP1997142399A 和 JP1996310462A 等。

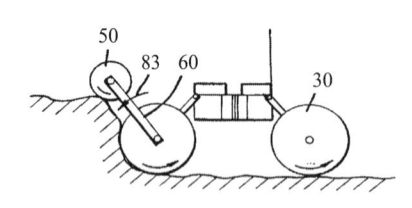

图 3-5-6 US4932491B1 技术方案示意图

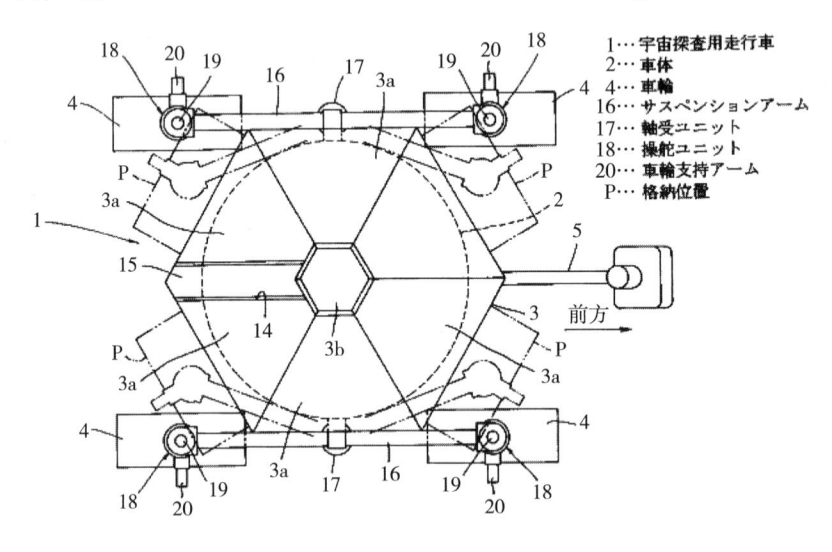

图 3-5-7 JP4263797B2 技术方案示意图

21 世纪初,美国先后成功发射了 Spirit 和 Opportunity 号火星车。在移动性能方面,Spirit 和 Opportunity 号均采用六轮驱动、摇臂-转向架式悬挂系统,该系统未使用任何弹簧，但它可以在接头处产生弯曲，这种构造使得火星车能够翻越比车轮直径（约26cm）更大的岩石，可承受45度的倾斜。火星车前轮和后轮的独立控制允许其在适当位置转弯，或者沿平缓的弧线行驶。此时，中国和欧洲也开始在星球车探索上加大研究力度，其中，中国的哈尔滨工业大学、上海交通大学和北京航空航天大学等高校申请了月球车悬架的相关专利，如专利CN100344471C（八轮扭杆弹簧悬架式车载机构）和CN100364855C（月球探测车六轮对称主动式悬架机构）。瑞士的苏黎世联邦理工学院于2000年申请了一项不均匀地形车辆的专利EP1118531A1，该车辆具有通过四边形连杆附接到底盘的前轮叉组件。四边形连杆由刚性连杆形成，其中一个横向的连杆固定在底盘上，另一个横向的连杆固定在转向架上。连杆枢轴平行于前轮的连杆枢轴。每个连杆可具有能量吸收弹簧。通过上述结构设置提高车辆的越障和地形适应性（参见图3-5-8）。

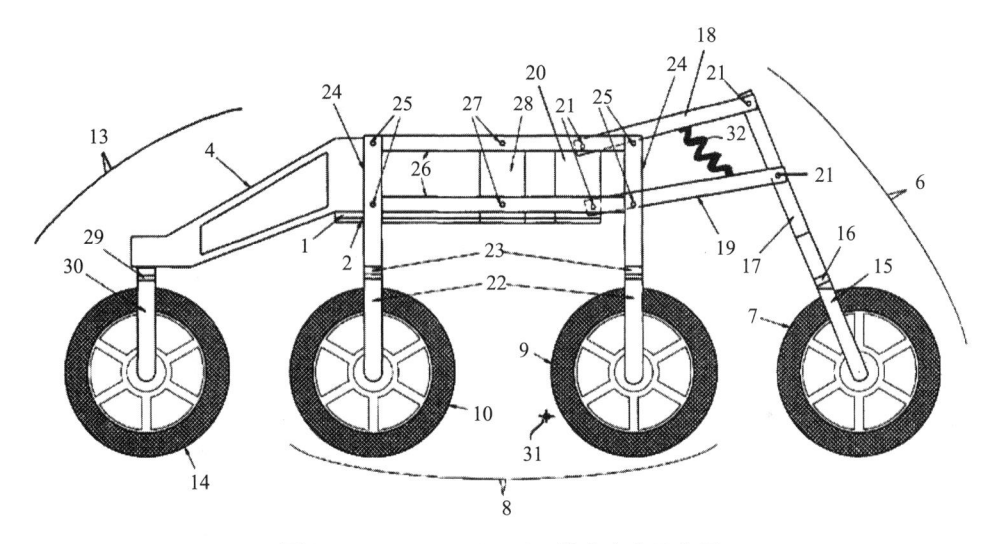

图 3-5-8 EP1118531A1 技术方案示意图

2010年开始，中国的相关技术成果明显增多，哈尔滨工业大学基于轮式移动机器人领域积累的优势，围绕火星车和载人月球车积极开展相关研究，申请了不少专利，代表性的专利如2012年申请的CN102910298B（组合可折展悬架式六轮车载机构）和2015年申请的CN105235468A（主动悬架式火星车移动机构）。美国NASA和通用公司2013年申请了两项关于车轮转向控制系统的专利US9266518B1和US9254866B1。其中US9254866B1提供了一种通过设定多个模块化电子转角组件的车轮角度来控制车辆转向的方法。该方法包括接收从模式选择菜单中选择的驱动模式，并在主控制器中确定转向输入装置的位置。当所确定的转向输入装置的位置接近中心时，在主控制器中确定车辆的速度。对应于所选择的驱动模式的驱动模式请求被发送到主控制器时，所述主控制器会根据所确定的转向输入装置的位置、车辆速度以及所选择的驱动模式来确定出每个电子转角组件的转向角（参见图3-5-9）。俄罗斯的中央机器人技术与工程控制论科学研究与规划设计院在2017年申请了一项名为"行星移动机器人"的专利

RU176098U1，该移动机器人漫游车既可以在自主配置中也可以在有人配置中运行，还在其上安装有操作工具，旨在提高行星探测车的多功能性和降低太空任务的物流成本（参见图3-5-10）。

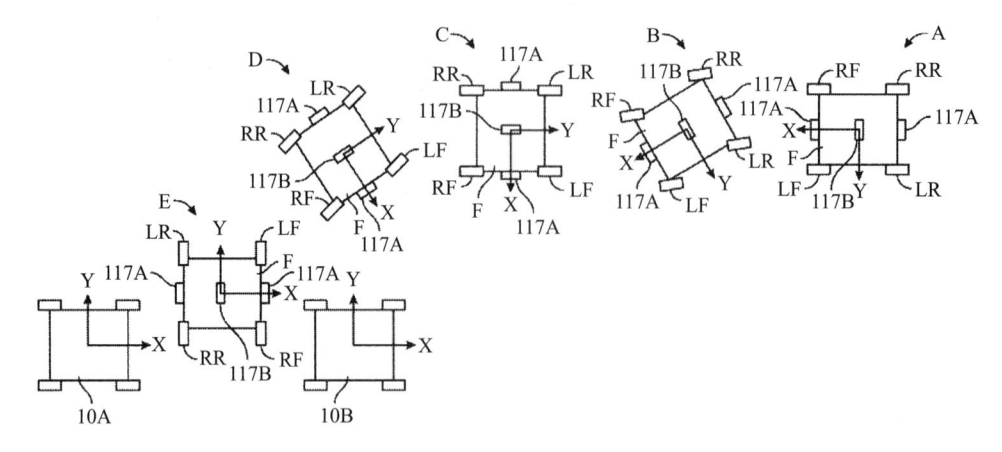

图3-5-9　US9254866B1技术方案示意图

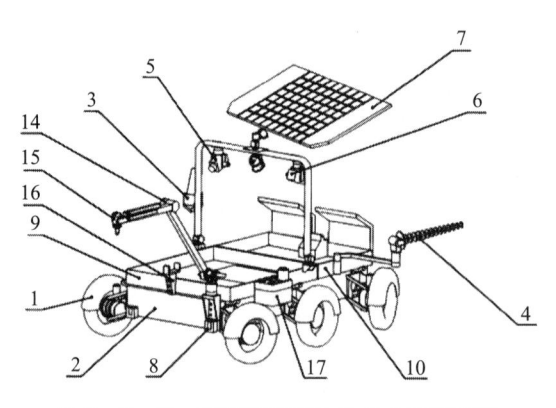

图3-5-10　RU176098U1技术方案示意图

结合上述分析可知，轮式移动机器人的专利技术发展大体经历了如下过程：20世纪60年代主要是基于地面车辆进行改造，尤其针对车轮结构展开设计和测试；60年代末到70年代初围绕车辆的悬架系统进行改进和优化；到了80年代，为了进一步适应火星探测的任务，研究开发新的悬架系统；进入90年代，对车辆的结构和功能进行优化设计，例如悬架的折展设计以提高星球车的可运输性；进入21世纪后，对于轮式移动机器人的移动控制和智能化方面的研究增多，近几年更是向着提高机器人多功能性的方向发展，以适应多样化的应用需求、提高空间运输和作业效率。

3.6　技术功效分析

本节围绕轮式机器人移动系统开展技术功效矩阵分析。对于轮式移动机器人而言，涉及其移动系统的主要技术手段包括整体结构设计、车轮设计、悬架设计和移动控制技术；对应的技术效果大致划分为增强地形适应和通过性、提高稳定性、提高空间可运输性、提高定姿定位能力、增强环境适应性、提高操控性、改进驱动性能、载人适应性设计、空间实验支持、降低能耗和提高转向性能共计 11 种。对于每一项专利选取其最主要的技术效果进行人工标引和统计，结果如图 3-6-1 所示，其中横坐标代表技术效果，纵坐标代表技术手段，圈中数字代表专利项数。

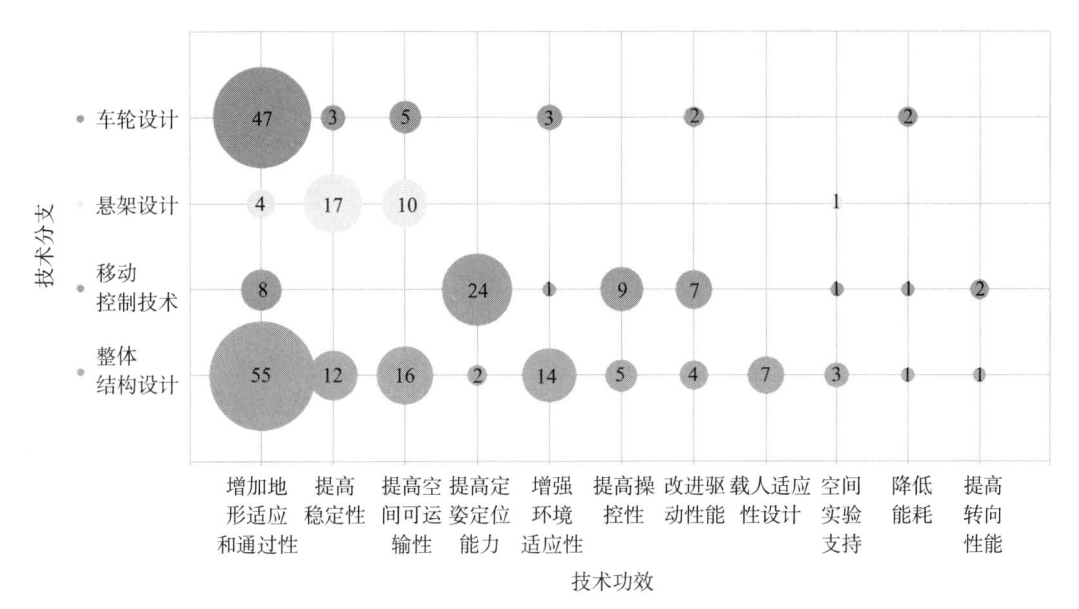

图 3-6-1 轮式机器人移动系统专利技术功效矩阵

注：图中数字表示申请量，单位：项。

从图中专利分布来看，用于增强地形适应和通过性、提高稳定性、提高空间可运输性，以及提高定姿定位能力的专利技术较多，用于实现空间实验支持（包括零重力实验、便于采样和样品收集等）、降低能耗、提高转向性能的相关专利较少。

从各技术分支对应的技术效果来看，车轮设计主要用于增强地形适应和行星表面的通过性；悬架设计主要用于提高行驶稳定性，也可通过折展结构和轻量化设计等手段提高星球车的空间可运输性；移动控制技术主要用于提高车辆的定姿、定位和导航性能，此外还可以提高车辆的通过性、操控性和改进驱动性能；整体结构设计主要用于增强地形适应和通过性，还有部分专利通过结构布局优化等手段提高空间可运输性，通过低温热防护和防尘、防辐射设计等增强环境适应性，通过减震和抗倾覆结构等提高车辆的行驶稳定性。

从各技术效果对应的技术分支来看，增强地形适应和通过性与 4 种技术分支都相关，其中通过车轮和整体结构设计来实现的专利最多；而提高稳定性和空间可运输性与悬架设计、车轮设计和整体结构设计 3 种技术分支相关，其中，提高稳定性最相关的技术分支是悬架设计，而提高空间可运输性最主要是通过对车辆进行轻量化、模块化、小型化等整体结构设计来实现。此外，定姿定位能力、可操控性、驱动性能和转向性能主要由移动控制技术来提高和改进。而载人适应性设计主要是在整体结构设计中考虑供氧、照明、安全保障和乘坐舒适性等方面而进行功能增设和优化。

3.7 小　结

在本章中，针对轮式移动机器人技术的相关专利数据进行了专利申请趋势、专利申请区域、专利申请人分析和各技术分支的重点专利分析。

在专利申请趋势分析中，轮式移动机器人技术的专利申请从 20 世纪 50 年代末开始出现，在 60 年代末随着苏联和美国相继开展月球探测活动，专利申请量出现小幅增长。80 年代，各国的探月活动基本停止，专利申请量也相应减少。90 年代初，人类重新开始月球探索及火星探测活动，专利申请量再次出现高峰。21 世纪以来，随着中国探月和探火活动的开展，中国创新主体对于月球车的研制和开发热情高涨，涌现出了较多相关专利，由此带动了 2006 年以后全球专利申请量呈现快速增长的趋势，近五年年均申请量有了小幅回落，但整体还维持在 20 项左右的水平。

在专利区域分布中，主要进行了主要国家或地区的专利占比分析、专利申请趋势和技术构成分析。其中，轮式移动机器人的技术创新主要来源地包括中国、日本、美国、苏联/俄罗斯和欧洲。其中，美国、日本和苏联/俄罗斯在轮式移动机器人的研制方面，充分利用了其地面移动车辆和机器人设计方面多年积累的技术优势，更多的是根据月球和火星等行星表面环境的不同进行适应性的改进。相对而言，中国缺乏技术基础，自从 2003 年启动"嫦娥工程"以来，在国家的重点支持和投入下，集中产生了一批研究成果。

在专利申请人分析中，主要统计了轮式移动机器人的专利申请量排名情况，并对前十名主要申请人进行了技术构成分析，并对国内外重要申请人的重点专利技术进行解读。其中，中国的哈尔滨工业大学和吉林大学、俄罗斯的 GULTJAEV ALEKSANDR MIKHAJLOVICH 在车轮设计领域布局了较多的专利；哈尔滨工业大学还在悬架设计领域拥有较多的专利布局；在移动控制领域，北京控制工程研究所的专利申请量最多；在整体结构设计领域，哈尔滨工业大学、湖南大学和日本的 IHI 公司拥有较多的专利技术。

总之，通过本章的专利分析，了解了轮式移动机器人技术的技术发展过程、优势国家、研究热点等内容，有助于帮助国内创新主体了解主要竞争对手的技术发展和专利布局情况。

第4章 空间机械臂关键技术专利分析

本章旨在全面分析空间机械臂领域专利技术，包括空间机械臂专利技术发展趋势、技术创新热点、技术优势国家或地区，以及全球主要创新主体的重要专利技术等。通过上述分析梳理，有助于我国科研单位对空间机械臂的技术发展和专利布局情况有一个总体的了解，并确定主要竞争对手的技术创新情况，从而为我国空间机械臂技术的发展提供借鉴。

4.1 技术概况

空间机械臂是一个机、电、热、控一体化的高集成度空间机电系统，是实现目标飞行器在轨捕获、连接固定、近距离成像观测等操作的关键部分，是空间飞行器自主在轨服务与维护的支撑技术。[1] 随着空间应用技术的不断发展，机械臂作为在轨服务与维修的一项关键性技术，越来越受到关注，而且对其工作能力和性能要求越来越高。

4.1.1 关键技术

根据目前空间机械臂研究的侧重点来看，空间机械臂涉及的关键技术包括空间冗余构型设计技术、传动技术、轨迹规划技术、机械臂遥操作技术、机械臂控制技术等。

（1）空间冗余构型设计技术

空间冗余构型主要是指具有冗余自由度的机械臂构型。冗余是指机械臂除了能够使得末端执行器达到指定的位置姿态之外，还具有多余的自由度用于规避机械臂与障碍物的碰撞，同时可以采用多个机械臂协同操控、灵活更换末端作用器，稳固、安全、可靠地抓捕非合作目标。目前，国内外空间机械臂以六自由度或七自由度构型为主，采用六自由度构型的空间机械臂，刚好达到空间六自由度定位、定姿，相对于七自由度构型其关节数量较少。对于七自由度构型的机械臂，由于冗余自由度的存在，相对六自由度构型更具灵活性，除了能够使得末端作用器达到指定的位置姿态之外，还具有多余的自由度用于规避与障碍物的碰撞，同时可以采用多个机械臂协同操控、灵活更换末端作用器，稳固、安全、可靠地抓捕空间目标。

国际空间站最具代表性的空间机械臂是安装在美国舱段上的加拿大移动服务系统（Mobile Satellite Services，MSS），由加拿大和美国联合研制。该系统主要包含空间站遥控机械臂系统（Space Station Remote Manipulator System，SSRMS）、特殊用途灵巧操作臂

---

[1] 于登云，孙京，马兴瑞，等．空间机械臂技术及发展建议［J］．航天器工程，2007，16（4）：1-8．

（SPDM）和移动基座系统（MBS）。❶ 其中，SSRMS 是一个七自由度机器人，由两个臂杆组成，主要用于大型物体搬运和组装；SSRMS 安装在 MBS 上；SPDM 是 SSRMS 臂的灵巧手，具有 15 个自由度。

图 4-1-1　"国际空间站"美国舱上的 MSS❷

（2）空间机械臂传动技术

随着空间技术的发展，大型机械臂在空间得以成功应用，成为空间装配、搬运以及在轨维修的重要工具。目前空间站应用的大型机械臂主要有加拿大的空间站遥操作机械臂、日本的实验舱遥操作机械臂和欧洲机器人臂。日本的实验舱遥操作机械臂的最大负载能力为 6000kg，欧洲机器人臂的最大负载能力为 8000kg，加拿大的空间站遥操作机械臂能够搬运重达 116000kg 的载荷。作为这类空间机械臂的传动机构，大负载低自重传动机构不仅要求具有强度高、输出力大的特点，还应具备大容差范围的捕获能力，以克服因视觉精度及大型机械臂自身柔性引起的定位位差。

（3）轨迹规划技术

空间机械臂系统是完成在轨操作任务的有效手段，特别适用于对操控精度要求较高的空间精细操控，而轨迹规划技术是空间机械臂系统在轨操控的核心技术之一。轨迹规划的基本要求是末端作用器以期望的位置和姿态指向目标，通过一定的算法确定各个关节角的角位置、角速度和角加速度轨迹，从而由控制器实现空间机械臂的抓捕

---

❶ 郭祥艳，刘传凯，王晓雪. 加拿大移动服务系统地面遥操作模式综述 [J]. 深空探测学报，2018，5（1）：78－84.

❷ Image Gallery, Mobile Servicing System（MSS）[EB/OL]. http://www.asc-csa.gc.ca/eng/search/images/watch.asp? id=394&search=MSS.

操作。利用空间机械臂完成在轨操作任务时,需要合理规划机械臂的运动轨迹,使机械臂沿此轨迹运动时可以实现机械臂与航天器之间的协调运动,即机械臂在跟踪任务空间期望轨迹的同时对航天器姿态无干扰。因此,规避碰撞是空间机械臂轨迹规划必须考虑的因素。此外,机械臂的奇异问题和目标相对运动的补偿问题也是轨迹规划中必须考虑的问题。

(4) 机械臂遥操作技术

空间机械臂遥操作技术用于远距离操作具有感知能力的机械臂或运动设备进行在轨服务运动。❶ 到目前为止,全球已经有多个在轨服务遥操作机械臂系统进行了在轨试验,第一个是加拿大基于航天飞机遥机械臂系统(Space Shuttle Remote Manipulator System,SRMS)为国际空间站设计的空间站遥机械臂系统(SSRMS);第二个是德国的小型空间机器人系统(Roboter Technology Experiment of the d2 – mission,ROTEX),它是一个可从地面进行遥操作的空间机器人;第三个是日本的 ETS – Ⅶ,它是第一个舱外自由飞行空间机器人,具有地面遥操作和在轨自主控制的能力;第四个是德国的 ROKVISS,它是一个高逼真遥操作高性能轻型机器人;第五个是美国的轨道快车系统,该系统实现了完全自主的在轨服务。在中国深空探测任务中,遥操作技术也发挥了重要作用,为机械臂在轨服务活动提供了技术支撑。

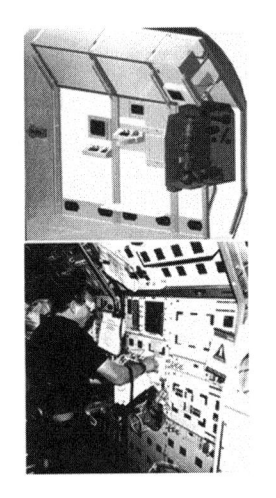

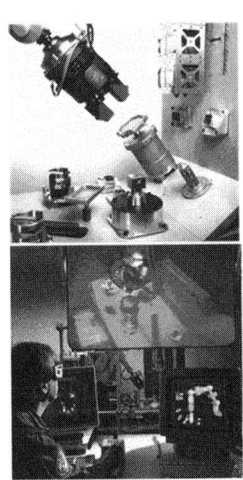

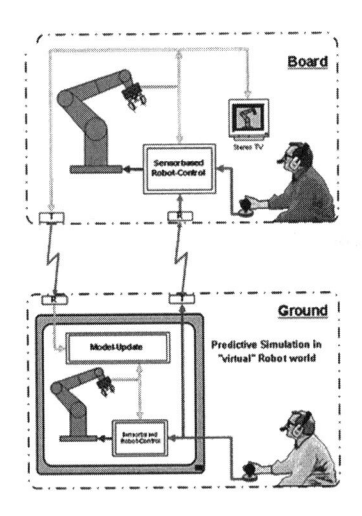

图 4 – 1 – 2 德国的 ROTEX 机械臂❷

(5) 机械臂控制技术

空间机械臂是一种典型的不确定、非线性系统,同时系统又具有非完整特性,使得

---

❶ 张涛,陈章,王学谦,等. 空间机器人遥操作关键技术综述与展望 [J]. 空间控制技术与应用,2014,40 (6):19 – 30.

❷ Closed Space Robotics Missions,ROTEX (1988 – 1993) [EB/OL]. https://www.dlr.de/rm/en/desktopdefault.aspx/tabid – 3827/5969_read – 8744/.

大部分在地面机械臂上取得良好应用效果的控制方法并不适用于空间机械臂，控制问题相对复杂，主要的控制算法包括 PD 控制、自适应控制、神经网络控制等。其中，PD 控制不依赖于空间机械臂的动力学特性，根据系统位置跟踪误差乘以相应的静态增益即可确定控制量，从而使系统渐进收敛，控制器结构简单；自适应控制的显著特点是可以实时调整参数，当控制系统存在参数不确定因素时，可以用系统数学模型中的未知参数来描述不确定性，通过调整控制器参数来适应参数变化，在线学习不确定参数，并根据学习值实时修正控制策略，从而达到期望的控制效果；神经网络控制不需要过多的控制对象模型参数信息，高度并行的结构特点使得其具有强大的容错能力和自学能力。

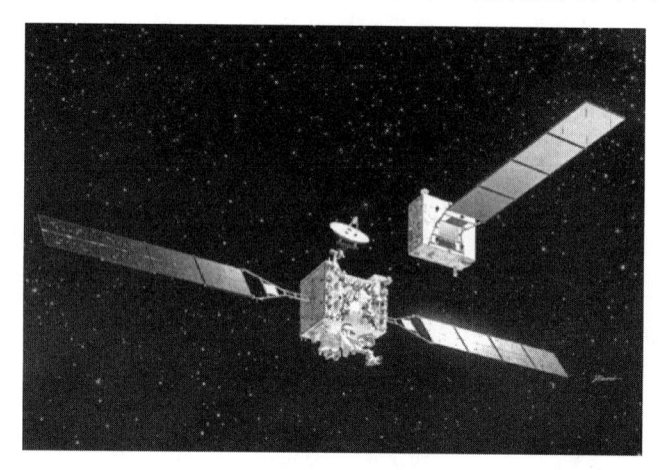

图 4-1-3 空间应用的日本 ETS-VII 机械臂[1]

4.1.2 国内外技术发展情况

在国外，加拿大、日本和德国的空间机械臂研制、生产水平处于世界领先。其中，加拿大从 20 世纪 80 年代开始，研制并建造了几代空间机械臂系统，包括航天飞机遥机械臂系统（SRMS）、空间站遥操作机械臂系统（SSRMS）和灵巧机械臂（SPDM）等。[2] 从其长期发展规划来看，加拿大机械臂主要瞄准在轨服务应用领域，未来的发展应用方向主要侧重于大型科学卫星、太空望远镜的服务，以及高轨及深空轨道航天器服务。日本的大型空间机械臂研制水平接近加拿大，通过开展一系列试验任务，初步掌握了在轨服务机器人的关键技术，其在 1997 年发射升空的 ETS-VII 系统[3]上携带了两套机械臂系统，具有多自由度、多传感器进行空间精密在轨服务操作能力，并验证了克服大时延和通信能力有限的遥操作技术。德国也是启动空间机械臂研制较早的国家，

---

[1] About Engineering Test Satellite VII "KIKU-7"（ETS-VII）[EB/OL]. http://global.jaxa.jp/projects/sat/ets7/index.html.

[2] 李大明，饶伟，胡成威，等. 空间站机械臂关键技术研究 [J]. 载人航天，2014，20（3）：238-242.

[3] ODA M，KIBE K，YAMAGATA F. ETS-VII，Space robot in-orbit experiment satellite [C]. Proceedings of the 1996 IEEE International Conference Robotics and Automation，Minneapolis，Minnesota，1996：739-744.

德国宇航中心在1993年就研制并发射了小型空间机器人系统ROTEX❶，该机械臂具有六个自由度，安装有各类传感器和执行器，在航天飞机上进行了飞行演示。

我国从20世纪80年代开始，先后开展了多个空间机械臂的基础研究和演示项目，以摸索相关技术问题和关键技术的解决途径，进行空间机器臂的地面应用演示。国内的一些高校和科研院所，如哈尔滨工业大学、国防科技大学、北京航空航天大学、北京邮电大学和中科院合肥智能所等相继开展了空间机械臂的研制工作，并且已取得初步的成绩。

总之，从国内外的技术发展趋势来看，空间机械臂的发展趋势是从单臂向多臂协同发展，以便使机械臂在完成作业任务时更容易、经济且具有更好的柔性、鲁棒性、容错性和并行性。

4.2 专利申请趋势

对筛选后的空间机械臂技术专利，利用时序分析方法，研究专利申请量随时间逐年变化情况，从而分析技术发展趋势。图4-2-1为按照最早优先权年进行统计后得到的空间机械臂技术领域全球专利年申请量发展趋势分析图。

如图4-2-1所示，空间机械臂技术的专利申请最早出现在20世纪60年代，专利申请趋势可以划分为萌芽期（1967~1983年）、发展期（1984~2007年）和快速发展期（2008~2018年）。

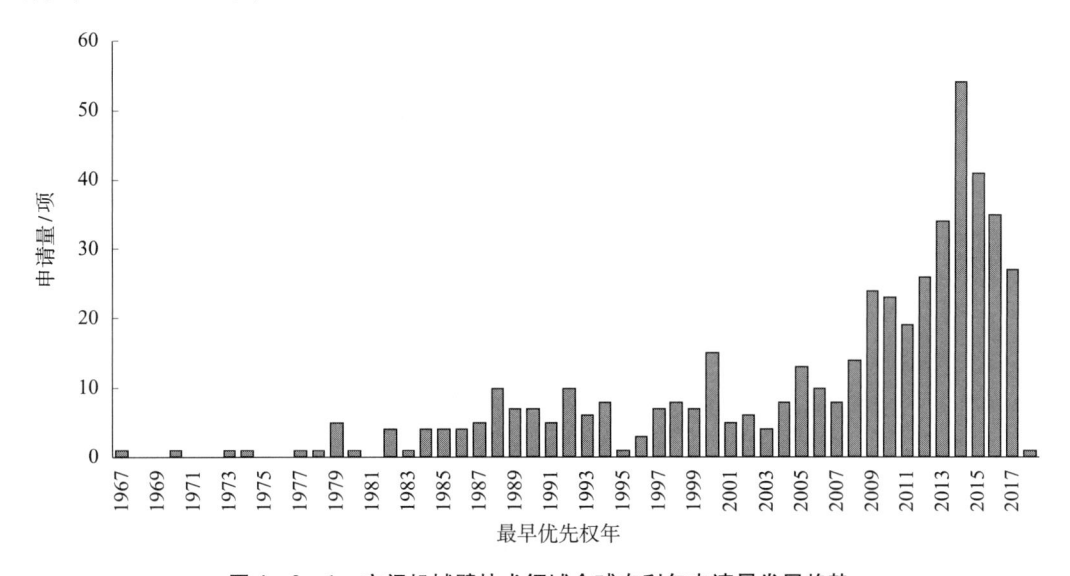

图4-2-1 空间机械臂技术领域全球专利年申请量发展趋势

在萌芽期（1967~1983年），空间机械臂的专利申请量较低，年专利申请量仅为

---

❶ Settelmeyer E, Lehrl E, Oesterlin W, et al. The Experimental Servicing Satellite ESS [C]. Proceedings of the 21st IST-S Symposium, Omiya, Japan, 1998.

1~2项，主要由 NASA、加拿大 Spar 公司和苏联的莫斯科 Bauman 科技公司提出。其中，NASA 的专利申请主要涉及应用于航天飞机的遥控机械臂；加拿大 Spar 公司的专利申请主要涉及用于卫星捕获与维修的机械臂，美国航天飞机曾携带了一套该公司研制的六自由度机械臂系统，即航天飞机遥控机械臂系统（SRMS），该六自由度机械臂系统可受航天飞机上操作员的控制，实现对哈勃望远镜的维修、部件更换与升级。苏联的莫斯科 Bauman 科技公司的专利申请主要涉及卫星服务机械臂的机械机构。

在稳定发展期（1984~2007年），空间机械臂专利申请量开始呈现波动式增长趋势，年均专利申请量达到了10项左右，最高年专利申请量达到15项（2000年）。在该阶段，美国、德国、日本等国家开始开展在轨维护与服务项目或计划，主要的专利申请人包括德国宇航中心、NASA、日本国家航空航天试验室、日本科学技术振兴机构和日本国家空间发展局等。其中，德国宇航中心在1993年研制并成功发射了小型空间机器人系统 ROTEX（六个自由度），欧洲航天局资助研制了欧洲机械臂 ERA（七个自由度）和日本实验舱机械手系统 JEMRMS（六个自由度）；1997年，日本发射了工程实验卫星 ETS-2，该卫星是第一个自由飞行空间机器人系统，其机械臂具有六个自由度。

在快速发展期（2008~2018年），随着空间技术的飞速发展，特别是空间站、航天飞机、空间机器人等的成功应用，空间机械臂作为在轨支持、服务的一项关键性技术已经进入太空，并越来越受到关注。在该阶段，空间机械臂的技术专利申请量呈现快速增长趋势，年专利申请量由14项上升至54项。其中，在快速发展期，全球专利申请量呈现上升趋势，主要是受到了中国专利从2010年以后快速上升的影响。另外，2015~2017年的专利申请量受专利公开延迟的影响，比实际申请数量低。

4.3 专利区域分布

以下通过技术来源分析了解不同国家或地区对空间机械臂专利技术的拥有量，以及主要技术来源国家或地区的技术构成，判断各国家或地区间的技术实力和技术特点。另外，在专利技术市场分布和技术流向分析中，对空间机械臂的全球区域分布情况进行分析对比。

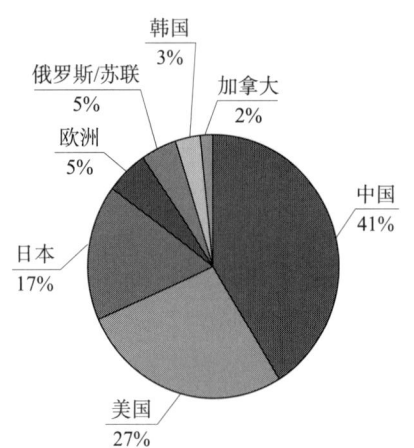

图 4-3-1 空间机械臂技术领域主要国家/地区专利分布

4.3.1 技术来源国家或地区的申请量占比分析

以下对空间机械臂专利，按照专利最早优先权国家或地区对专利申请量进行统计和分析，结果如图 4-3-1 所示。

如图 4-3-1 所示，在空间机械臂技术领域，中国的专利申请量排名第一，共有199项相关专利，占空间机械臂专利申请总量的41%。我国在空间站组建过程中，一方面由于受运载包络与能力限制，空间站需完成在轨组建，舱段组建过程需由空间机械臂完成；另一方面空间站需完成大量舱外活动与试验，需要空间机械臂配合完成，空间机械臂作为空间站的重要组成部分，已成为我国载人航天工程发展的重要技术之一。从我国的空间机械臂专利分布情况来看，我国的空间机械臂专利申请出现较晚，在 21 世纪初才开始有相关专利出现，早期的专利申请主要来自国内高校，包括上海交通大学、北京航空航天大学、哈尔滨工业大学等；在 2010 年以后，才出现了航天研究院所申请的空间机械臂相关专利，包括航天科技集团 518 所、北京控制工程研究所、上海航天控制技术研究所等。由此可见，我国开展空间机械臂技术研究的创新主体主要是航天研究院所和高校，且近几年随着我国载人航天工程的不断推进，参与空间机械臂技术创新的院所和高校越来越多，从而促使中国近年来的专利申请量快速上升。

美国的专利申请量排名第二，有 131 项相关专利，占空间机械臂专利申请总量的 27%。美国从 20 世纪 70 年代开始出现机械臂相关专利，且最早期的专利申请主要来自于 NASA，涉及机械臂机械机构和遥控技术；20 世纪 80 年代后，美国不断推出在轨服务计划和项目，促使美国专利申请量上升，而且由于美国 DARPPA 和 NASA 与国外航天公司开展了技术合作，如 MDA 公司或 SPAR 公司等，这些国外公司在美国也申请了较多专利，并取得美国专利优先权，因此在美国专利申请量统计中包括了部分加拿大和德国公司的专利技术。

日本的专利申请量排名第三，有 80 项相关专利，占空间机械臂专利申请总量的 17%。日本专利技术创新主体主要包括日本国家空间发展局（NASDA）、日本宇宙航空研发开发机构（JAXA）、东芝公司和三菱公司等。90 年代初，日本为国际空间站上的日本试验舱开发了机械臂 JEMRMS，该机械臂由主臂和小巧手组成，均是六自由度配置，而且主臂装载了视觉装置和末端抓取装置。另外，1997 年，日本宇宙航空研发机构研制的机器人 ETS-VII 携带了两套机械臂系统，用于完成空间目标抓捕、卫星模块更换等在轨操作技术验证工作。

欧洲的专利申请量排名第四，有 26 项相关专利，占空间机械臂专利申请总量的 5%。其中，包括德国专利 11 项、法国专利 10 项和英国专利 5 项。欧洲机械臂（ERA）是欧空局主要空间机器人研究项目，安装于国际空间站俄罗斯部分，臂长 7 米，具有七个自由度，主要用来完成国际空间站的集成与装配、操作大小各种设备、交换可更换单元、监测空间站的表面情况以及支持俄罗斯宇航员的舱外活动。

在上述分析结果中，加拿大产出的空间机械臂专利仅有 8 项，这主要是由于加拿大 MDA 公司和 Spar 公司的部分空间机械臂技术创新优先选择在美国申请专利，因此按照专利优先权国家进行统计时，源自加拿大的专利申请量较低。加拿大的机械臂发展经历了基础机械臂、精细操作机械臂、灵巧机械臂的递进发展过程，主要型号包括服务于航天飞机的 SRMA，以及服务于国际空间站的移动服务系统 MSS。其中，加拿大 MDA 公司是美国航天飞机、国际空间站等机械臂的研制方。

另外，在空间机械臂领域，俄罗斯和苏联有 22 项相关专利，韩国有 16 项相关专利。

4.3.2 主要申请国家或地区的技术构成分析

为了对空间机械臂主要申请国家的技术特点进行分析,以下对美国、中国、日本和欧洲的专利技术构成进行对比分析,结果如图4-3-2所示。

	中国	美国	日本	欧洲
空间冗余构型设计	45	49	28	16
传动技术	23	2	—	1
轨迹规划技术	63	20	5	3
机械臂遥操作技术	9	55	38	3
机械臂控制技术	18	3	3	—
机械其他技术	41	2	6	3

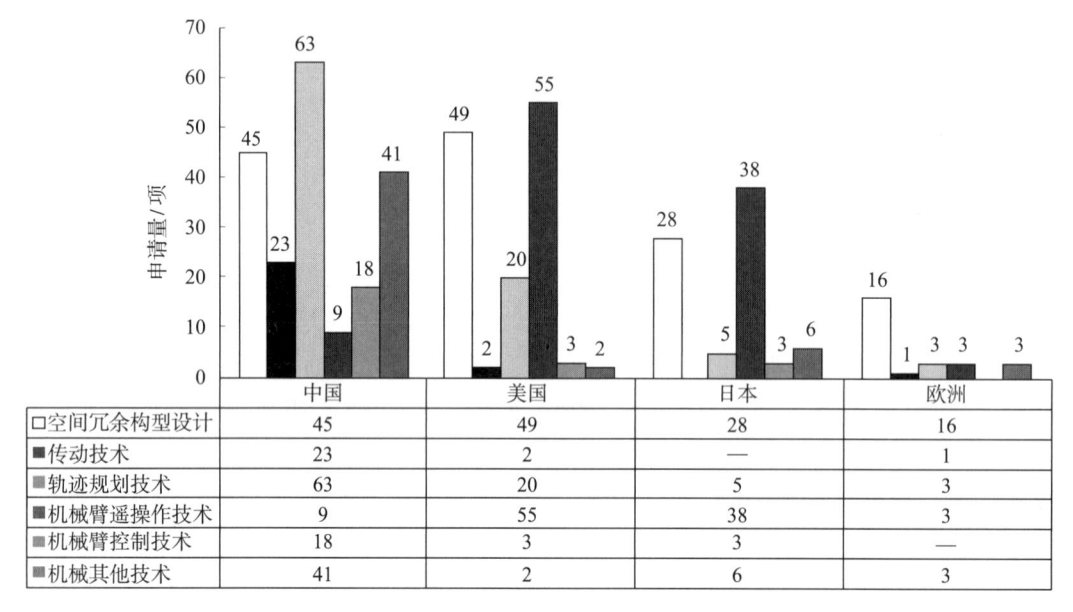

图4-3-2 空间机械臂技术领域全球主要申请国家或地区的专利技术构成分析

在图4-3-2中,对中国、美国、日本和欧洲在空间机械臂各关键技术方面的专利申请量进行了统计分析。

中国的199项空间机械臂专利申请包括空间冗余构型设计技术专利45项、传动技术专利23项,轨迹规划技术专利63项、机械臂遥操作技术9项、机械臂控制技术专利18项和其他相关技术专利41项。从上述统计结果可以看出,中国空间机械臂专利申请以轨迹规划技术和冗余构型设计技术创新为主。其中,在轨迹规划技术方面,中国的专利申请量高于其他国家,说明该关键技术是目前我国的技术研究热点领域。

美国的131项空间机械臂专利申请包括空间冗余构型设计技术专利49项、传动技术专利2项,轨迹规划技术专利20项、机械臂遥操作技术55项、机械臂控制技术专利3项和其他相关技术专利2项。由此可以看出,美国在空间机械臂领域的专利申请以机械臂遥操作技术和空间冗余构型设计技术为主。其中,美国在空间冗余构型设计技术方面的专利申请量高于其他国家,是我国可以进行技术借鉴的重要技术领域之一。

日本的80项空间机械臂专利申请包括空间冗余构型设计专利28项、轨迹规划技术专利5项、机械臂遥操作技术38项、机械臂控制技术专利3项和其他相关技术专利6项。由此可以看出,日本机械臂专利申请以机械臂遥操作技术和空间冗余构型设计相关技术创新为主。其中,在空间冗余构型设计方面,具有较多可借鉴专利技术,可用于我国进行技术借鉴,促进相关技术改进。

欧洲的26项空间机械臂专利申请,包括空间冗余构型设计技术专利16项、传动技术专利1项、轨迹规划技术专利3项、机械臂遥操作技术3项和其他相关技术专利3项。由此可以看出,欧洲机械臂专利申请以空间冗余构型设计技术创新为主。

总之,我国在空间机械臂的研究热点和技术创新集中在轨迹规划技术和冗余构型设计技术方面;美国、日本、欧洲的专利技术在空间冗余构型设计技术方面为我国提供了较多技术借鉴。

4.3.3 技术流向分析

全球的空间机械臂专利申请同族专利总计1178件,在表4-3-1中对这些专利的区域分布进行了统计,以了解全球空间机械臂的专利技术流向。

表4-3-1 空间机械臂全球专利技术流向统计 单位:件

技术流入国家/地区	专利量			
	有效	失效	在审	总计
美国	370	126	5	501
中国	174	50	2	226
日本	101	68	2	171
欧洲专利局	24	39	7	70
德国	31	14	3	48
韩国	28	11	6	45
加拿大	17	14	0	31
苏联	0	16	0	26
法国	8	5	1	14
澳大利亚	7	1	2	10
俄罗斯	5	5	0	10
西班牙	7	0	0	7
英国	1	4	0	5
奥地利	4	0	0	4
巴西	0	4	0	4
挪威	1	0	1	2
中国台湾	0	0	1	1
荷兰	0	1	0	1
新加坡	0	0	1	1
意大利	1	0	0	1

在表4-3-1中，对空间机械臂主要技术流入国家或地区的专利申请量进行了统计比较。其中，美国、中国、日本、欧洲、韩国和加拿大是空间机械臂专利的主要分布国家或地区。其中，在美国的专利申请量占空间机械臂全球专利申请总量的43%，具体包括370件有效专利、126件失效专利和5件在审专利；在中国的专利申请量排名第二，占全球申请总量的19%，具体包括174件有效专利、50件失效专利和2件在审专利；在日本的专利申请量排名第三，占全球申请总量的15%，具体包括101件有效专利、68件失效专利和2件在审专利；分布在欧洲的专利申请，主要包括欧洲专利局专利申请、德国专利和法国专利。

以下对分布在美国、中国、日本和欧洲的专利技术来源国或地区进行分析，结果如图4-3-3所示。

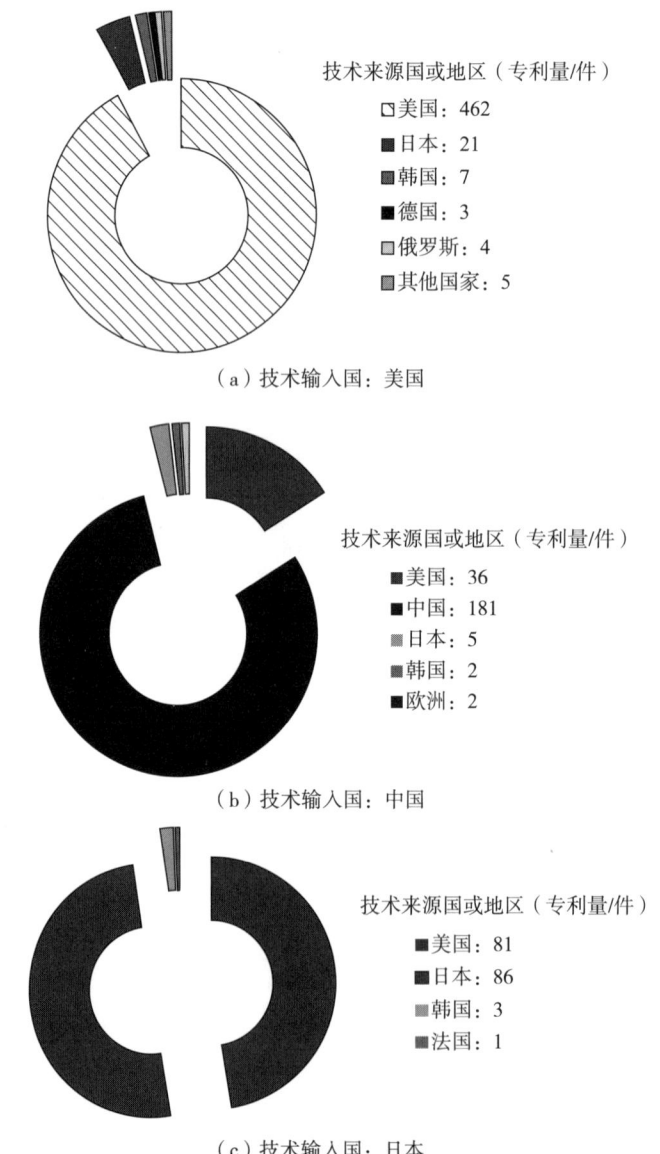

技术来源国或地区（专利量/件）
- 美国：462
- 日本：21
- 韩国：7
- 德国：3
- 俄罗斯：4
- 其他国家：5

（a）技术输入国：美国

技术来源国或地区（专利量/件）
- 美国：36
- 中国：181
- 日本：5
- 韩国：2
- 欧洲：2

（b）技术输入国：中国

技术来源国或地区（专利量/件）
- 美国：81
- 日本：86
- 韩国：3
- 法国：1

（c）技术输入国：日本

图4-3-3 机械臂技术领域主要国家或地区的专利技术流向分析

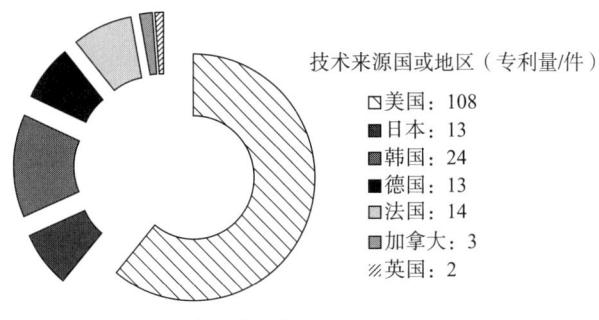

技术来源国或地区（专利量/件）
☐美国：108
■日本：13
■韩国：24
■德国：13
□法国：14
■加拿大：3
▨英国：2

（d）技术输入地区：欧洲

图 4-3-3　机械臂技术领域主要国家或地区的专利技术流向分析（续）

如图 4-3-3（a）所示，分布在美国的空间机械臂专利申请，主要来自美国和日本，具体包括美国本地提交的 462 件专利申请，以及 21 件来自日本的专利申请。另外，德国、韩国、俄罗斯等国家也向美国输出了相关专利技术。如图 4-3-3（b）所示，中国的专利申请主要来自中国和美国，具体包括 181 件中国专利申请和 36 件来自美国的专利申请；另外，日本、韩国、欧洲也在中国分布了相关同族专利；如图 4-3-3（c）所示，日本的专利主要来自美国和日本，具体包括 81 件美国输出专利和 86 件日本本国提出的专利申请，这主要是因为日本是美国的主要技术合作国家，也是美国空间机械臂技术的主要市场国家之一；如图 4-3-3（d）所示，欧洲的专利来自美国、日本、韩国、德国、法国、加拿大和英国等国家，且主要以美国输出的专利为主，具体包括美国 108 件、韩国 24 件、日本 13 件、德国 13 件、法国 14 件、加拿大 3 件和英国 2 件。

从上述分析结果来看，美国产出的专利技术分布最广，其将中国、日本和欧洲均作为专利申请国家或地区，这主要是因为美国的空间机械臂技术创新涉及广泛的国际技术合作，并对其技术市场进行了全球专利布局，以确保其在全球范围内的专利技术保护。相比较而言，我国产出的空间机械臂专利布局仅局限在国内，缺少国际专利布局，这使得我国在未来国际技术合作、产品出口均面临较大的知识产权风险。

4.4　技术分支专利分析

在空间机械臂技术领域，相关专利主要涉及冗余构型设计技术、机械臂遥操作技术、轨迹规划技术、传动技术、机械臂控制技术和其他相关技术。其中，各关键技术领域的专利申请趋势分析如图 4-4-1 所示。

如图 4-4-1 所示，冗余构型设计技术的专利申请具有 164 项，主要涉及多自由度机械臂构型或多机械臂结构，相关专利申请出现较早，且申请连续性较好，说明冗余构型设计技术一直是空间机械臂技术创新的研究热点。

相比较而言，空间机械臂遥操作技术的专利申请出现较早，但近些年的专利申请量呈现下降趋势，这主要是由于目前的空间机械臂主要侧重于自主操作模式。

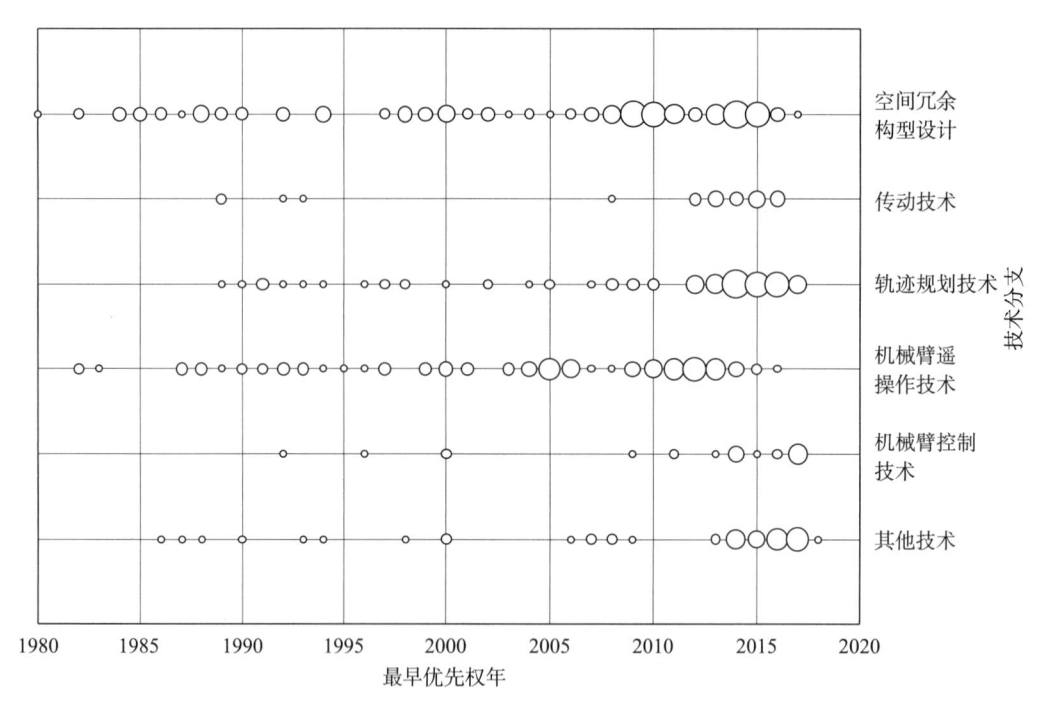

图 4-4-1 空间机械臂技术领域各关键技术分支专利年申请趋势分析

注：图中圆圈大小代表专利申请量多少。

轨迹规划技术的专利申请量从 2010 年以后快速上升，这主要由于国内近些年在该关键技术领域取得了较多技术突破，申请了大量关节轨迹规划、冗余机械臂轨迹规划、柔性机械臂轨迹规划和变构型机械臂轨迹规划的专利。

传动技术和机械臂控制技术方面的专利申请量较少，但近些年的专利申请呈现上升趋势，是未来空间机械臂技术重要的技术发展方向。

另外，根据对空间机械臂专利标引发现，国内外在机械臂其他技术领域有 52 项相关专利，主要涉及地面测试、驱动、部件、锁定装置等，且以中国专利技术创新为主。

4.5 主要申请人

4.5.1 申请人排名

以下针对 481 项空间机械臂专利进行专利申请人统计，以了解该技术领域的技术创新主体。在图 4-5-1 中，统计了排名前 17 位的专利申请人的专利申请量。

如图 4-5-1 所示，在空间机械臂技术领域，专利申请量排名前 17 位的申请人包括：美国创新主体 3 个，分别为 NASA、通用公司和波音公司；加拿大创新主体为 MDA 公司；日本创新主体 5 个，分别为东芝公司、三菱公司、日本国家空间发展局（NASDA）、日本宇宙航空研究开发机构和 IHI 公司；中国创新主体最多，共有 8 个，具体包

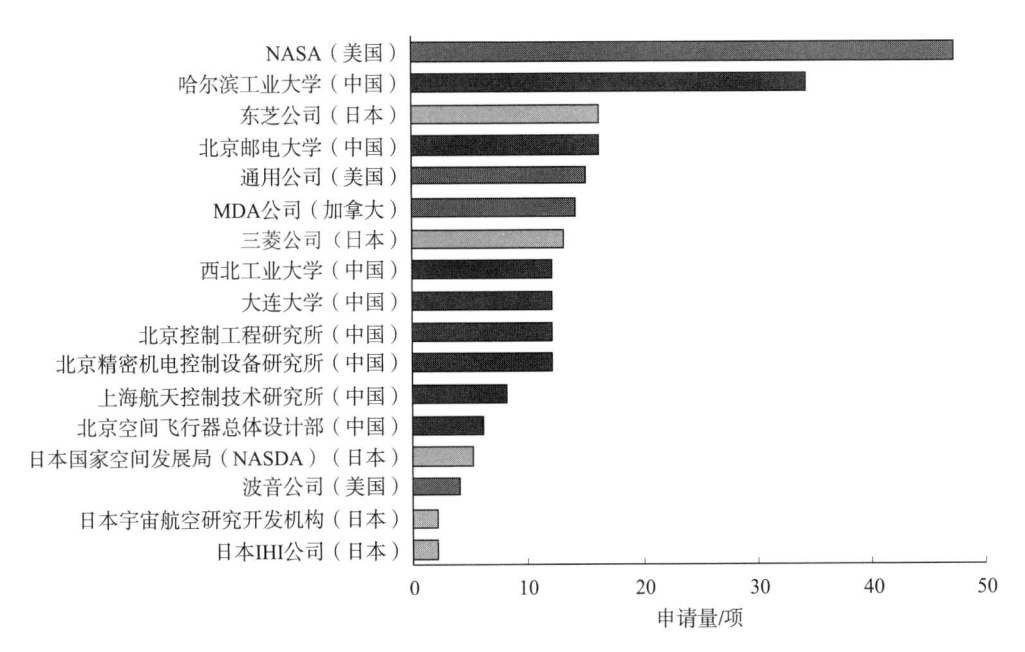

第4章 空间机械臂关键技术专利分析

图4-5-1 空间机械臂技术领域全球主要专利申请人排名情况

括四所高校和四个航天院所，分别为哈尔滨工业大学、北京邮电大学、西北工业大学、大连大学、北京控制工程研究所、北京精密机电控制设备研究所、上海航天控制技术研究所和北京空间飞行器总体设计部。

美国的创新主体分别为NASA、通用公司和波音公司。其中，NASA的专利申请量排名第一，在1970～2013年共申请了47项相关专利机械臂专利。通用公司的专利申请量排名第五，在1998～2014年共申请了15项与空间械臂相关专利申请；波音公司在该关键技术领域也有4项技术创新。

MDA公司作为加拿大空间机械臂的主要创新主体，在该关键技术领域有14项相关技术创新，其在轨迹规划技术和机械臂传动技术方面的专利技术方案对我国技术发展具有较大的技术借鉴价值。

中国的创新主体主要以高校和航天研究院所为主。其中，哈尔滨工业大学在空间机械臂领域的专利申请量排名第二，在2009～2017年共申请了34项机械臂相关专利。哈尔滨工业大学开展机械臂技术研究的时间较晚，但近些年在机械臂方向进行了创新性研究，取得了显著的技术突破。另外，从发明专利申请排名情况来看，中国航天院所的专利申请量低于高校，这主要是由于航天院所的技术创新涉及国家重点项目技术方案，技术涉密程度较高，因此其技术创新主要采用国防专利或技术秘密方式进行保护。

在日本的创新主体中，东芝公司和三菱公司的专利申请量领先，相对而言，日本航天机构的专利申请量较低。其中，日本国家空间发展局、日本宇宙航空研究开发机构的专利申请量较低。

总之，从上述申请排名情况来说，在空间机械臂技术领域，以美国、日本、中国和加拿大技术创新主体的专利申请为主。

4.5.2 重要申请人技术分析

4.5.2.1 重要申请人技术构成分析

通过上述主要申请人专利申请排名可知,在空间机械臂技术领域,NASA、哈尔滨工业大学、东芝公司、北京邮电大学、通用公司和 MDA 公司的专利申请量领先。在图 4-5-2 中,针对上述主要申请人的专利进行技术构成分析,以了解其技术研究热点。

	NASA	哈尔滨工业大学	北京邮电大学	东芝公司	通用公司	MDA公司
□空间冗余构型设计	19	8	3	7	11	9
■传动技术	2	4	0	0	0	3
■轨迹规划技术	4	7	7	0	0	0
■机械臂遥操作技术	18	0	0	9	4	2
■机械臂控制技术	2	2	3	0	0	0
■其他技术	2	13	3	0	0	0

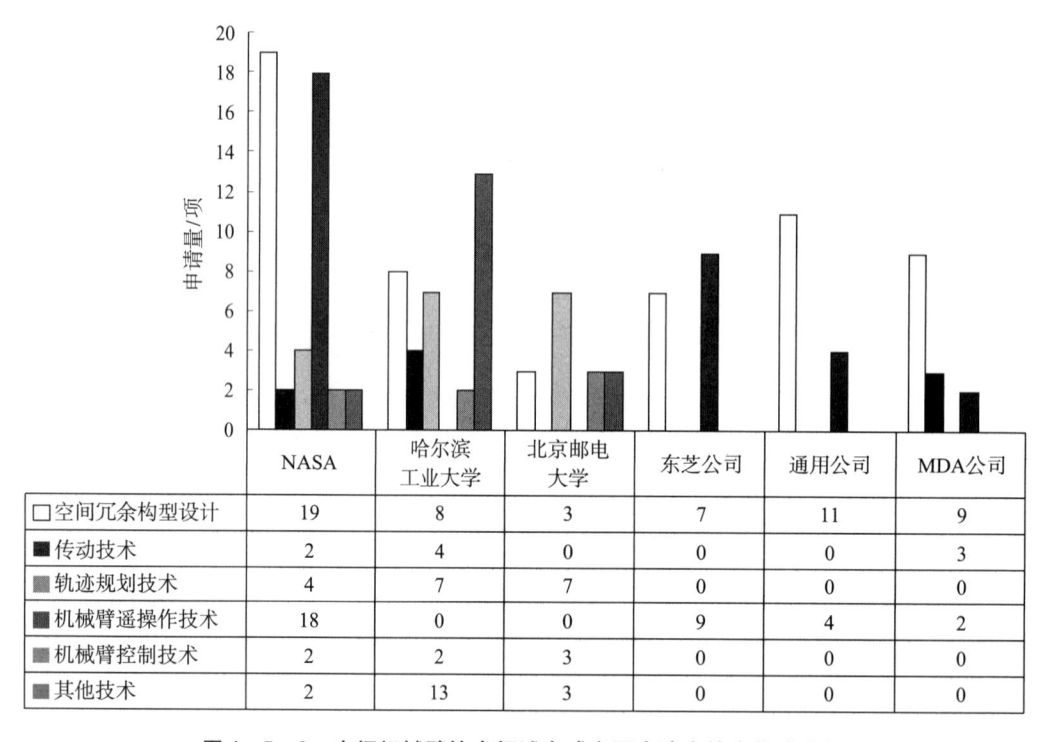

图 4-5-2 空间机械臂技术领域全球主要申请人技术构成分析

从分析结果来看,NASA 在空间机械臂方面的技术创新主要集中在空间冗余构型设计和机械臂遥操作技术领域;哈尔滨工业大学的创新覆盖范围较广,其专利技术涉及空间冗余构型设计、传动技术、轨迹规划技术、机械臂控制技术,并在机械臂驱动、关节部件和锁定装置方面申请了相关专利。相比较而言,东芝公司、通用公司和 MDA 公司的专利申请主要侧重于冗余构型设计技术。

4.5.2.2 重要申请人核心技术分析

以下筛选了几项国内外主要技术创新主体的重要专利,通过对这些重要专利技术方案的分析,解析其技术创新方法。

(1) NASA 的 TALISMAN 机械臂专利技术方案分析

在 2014 年公布的小行星重定向任务(Asteroid Redirect Mission,ARM)中,NASA 采用了一种新颖的肌腱-致动轻型空间机械臂(Tendon - Actuated Lightweight In - Space Manipulator,TALISMAN)系统,结构如图 4-5-3 所示,其空间操作情况如图 4-5-4 所示。该机械臂适用于零重力环境和有重力场环境,不仅可以用于 ARM 任务中进行行星抓取，而且可以用于在空间精确放置有效载荷，以及进行空间装配、维修等任务。该机械臂采用了肌腱致动关节结构，在降低机械臂质量的前提下，提高了机械臂操作距离和灵活性。

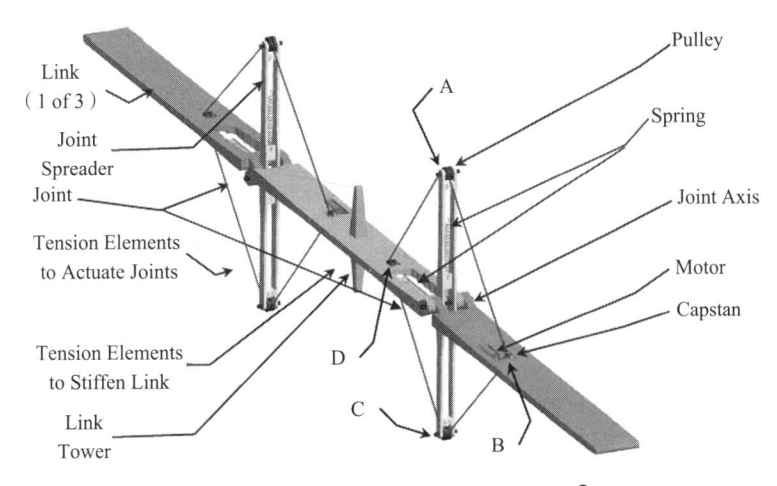

图 4-5-3　TALISMAN 结构示意图[1]

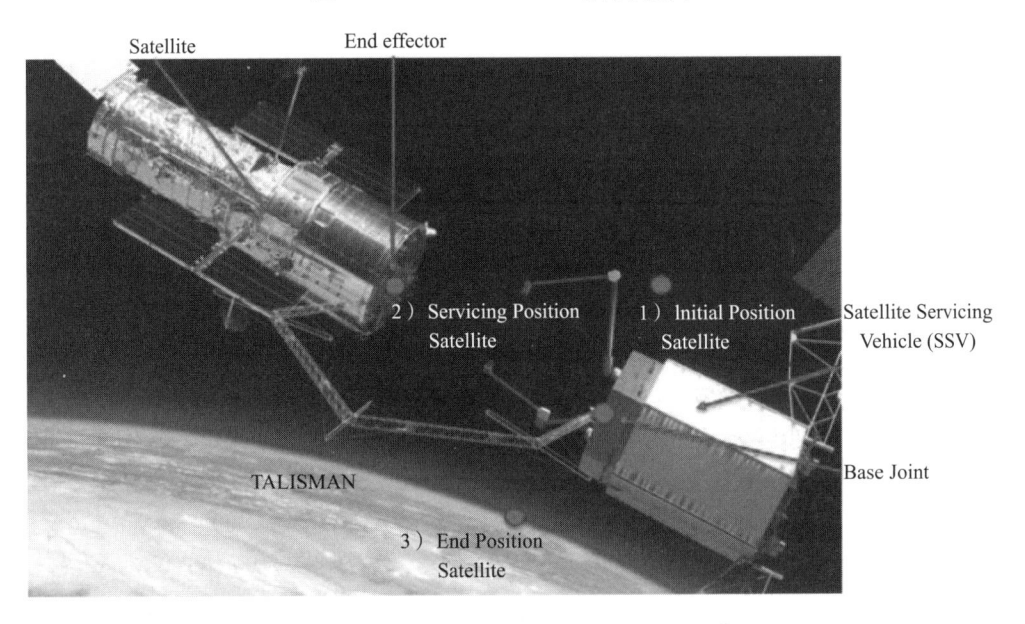

图 4-5-4　TALISMAN 空间操作示意图[2]

针对上述肌腱－致动轻型空间机械臂进行专利检索，获得了专利 US9168659B2，

---

[1] Doggett. W. R, Dorsey. J. T, Jones. T. C, King, B. Development of a Tendon – Actuated Lightweight In – Space MANipulator（TALISMAN）[C]. Proceeding of the 42nd Aerospace Mechanisms Symposium, NASA Goddard Space Flight Center, May 14 – 16, 2014.

[2] Altenbuchner, Cornelia. Flexible multi – body dynamic modeling of a tendon – actuated lightweight in – space MANipulator（TALISMAN）[C]. AIAA SPACE Conference and Exposition, 2015.

该专利公开了一种张力加强和肌腱致动的机械臂，适用于空间、月球或其他行星装置，可以在零重力环境和具有重力场环境中获取或精确地操纵有效载荷。该机械臂包括多个连杆臂、将相邻的连杆臂连接在一起的铰链以及设置在相邻连杆臂之间的电缆致动和张紧系统，以允许相邻的连杆臂相对于彼此旋转。电缆致动和张紧系统包括吊架臂和附接到连杆臂和吊架臂的多个被驱动和非驱动元件，至少一根电缆围绕被驱动元件和非驱动元件绕过来驱动铰链。该专利附图见图4-5-5。

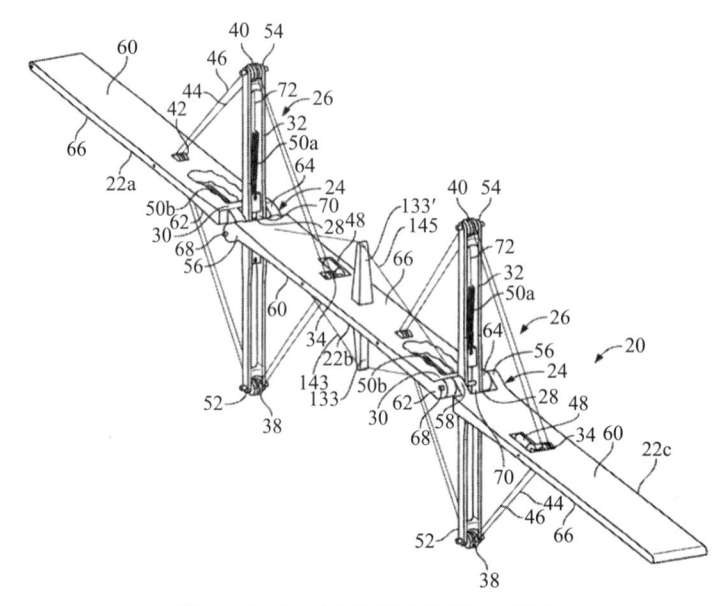

图4-5-5 专利US9168659B2附图

该专利的机械臂结构与传统的臂架/旋转铰链机械臂结构相比，使用具有肌腱控制的关节结构的张力/压缩构件结构来实现高结构效率，可以实现长距离高性能有效载荷操作。其主要特点包括：①采用半对抗或全对抗的肌腱驱动，主要部件包括连杆、吊具、轻型电缆、电机和变速箱；②采用肌腱结构，提高了关节刚度；③采用了轻质关节，通过增加关节数量提高运动范围和灵活性等；④采用轻质的被动张力元件，增加了机械臂刚度；⑤具有多种线缆、电机、控制选项，扩展了机械臂的多样性；⑥连杆和关节易于缩放，可以根据需要对其进行组装，易于模块化灵活操作；⑦新型铰链关节允许相邻连杆之间进行360°旋转，从而提高机械臂的运动范围和灵活性；⑧采用轻型桁架结构进行链接。

（2）MDA公司机械臂重要专利技术方案分析

加拿大MDA公司以及其收购的Spar公司，是美国和加拿大航天局的在轨维护机械臂的主要研制方，但是目前公开的机械臂相关专利技术较少。本课题筛选了2件该公司的机械臂重要专利进行解读，其中：MDA公司在2012年申请的专利US9321175，涉及一种七自由度机械臂的轨迹规划方法，专利附图见图4-5-6；MDA公司在2002年申请的专利US6749533，涉及在轨机器人关节齿轮箱，具有较大技术借鉴和应用价值，专利附图见图4-5-7。

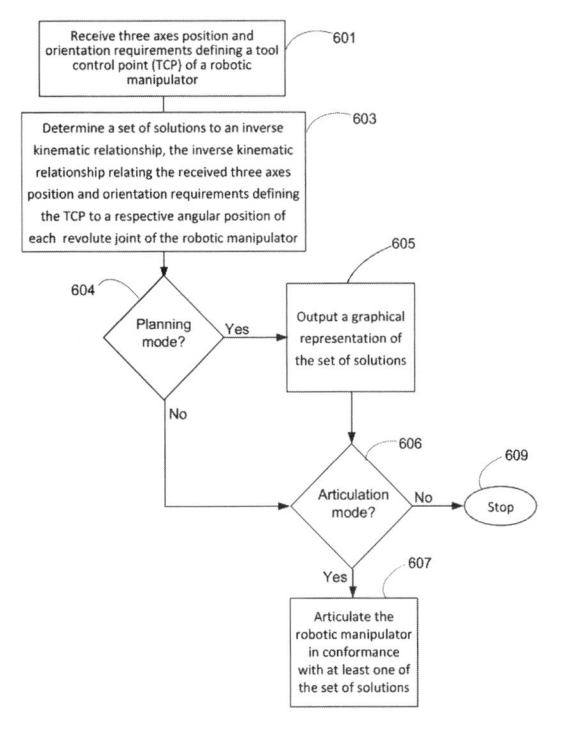

图 4-5-6　专利 US9321175 附图

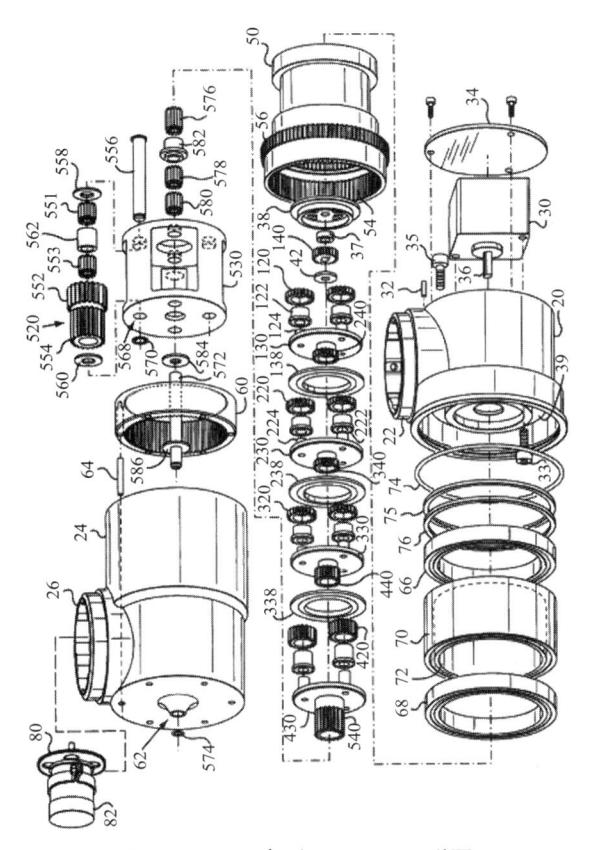

图 4-5-7　专利 US6749533 附图

专利US9321175公开了一种规划和/或执行机械臂关节的方法：控制器通过求解闭合形式数学表达式确定一组与三轴位置和方向要求相对应的反向运动学关系的解，所述三轴位置和方向要求为机器人操纵器的每个回转关节的相对角位置定义了机械臂的工具控制点（TCP）。该机器人操纵器至少包括七个旋转关节，控制机械臂各关节之间的相对角位置。该组解根据靠近机械臂近端的第一旋转接头的角位置，指定至少一组第二、第三、第四、第五、第六和第七旋转关节的角位置。在该发明的轨迹规划技术中，由于确定了反向运动学关系的解集合，将接收到的三轴位置和方位要求，定义为七个旋转关节的相对角位置相对应的工具控制点，可以有效地规划和执行机械臂的关节轨迹。

MDA公司的专利US6749533涉及一种行星齿轮箱和具有行星齿轮箱的机器人接头，以适用于恶劣的空间环境。多级行星齿轮箱位于旋转壳体和固定壳体之间，为了容纳不同的变速率，旋转壳体通过一个可分离的附件与固定壳体相连。这种技术方案使得多级行星齿轮箱中部件可更换。该发明技术方案可以提供高容量和高比率的齿轮箱，而且该齿轮箱还具有轻便、小型化和坚固的特点。其中，齿轮箱轻便且小型化，不仅可以降低将机器人组件输送到空间的成本，而且可以降低机器人在使用中的惯性力。此外，齿轮箱的坚固性确保其能承受恶劣环境温度。该发明的齿轮箱可以适应不同比率和容量，可以降低关节复杂性和制造成本。

（3）国内申请人重要专利技术方案分析

近些年，随着我国空间站和载人航天工程的不断推进，参与空间机械臂技术创新的院所和高校越来越多，促使我国在空间机械臂技术领域的专利申请量快速上升，技术创新主体主要包括北京控制工程研究所、上海航天控制技术研究所、哈尔滨工业大学和西北工业大学等研究院所和高校。

以下筛选了4件中国申请人的机械臂技术重要专利进行分析。其中，上海宇航系统工程研究所的专利CN104908045B涉及机械臂的机械结构设计；北京控制工程研究所的专利CN103009389A和哈尔滨工业大学的专利CN103970019B涉及机械臂轨迹规划技术；西北工业大学的专利CN103207566A涉及机械臂遥操作控制技术。

上海宇航系统工程研究所的专利CN104908045B提供了一种自动锁紧与释放的空间机械臂，以解决现有的空间机械臂无法重复进行电动锁紧及释放的问题，通过电动释放与火工释放互为备份，实现了锁紧与释放动作简单可靠，锁紧力可控的目的。该空间机械臂具有自动锁紧与释放的次数多、电动锁紧动作简单、锁紧力大小可控、电动释放与火工释放互为备份等特点。该专利附图见图4-5-8。

北京控制工程研究所的专利CN103009389A提供了一种无碰撞无奇异的冗余空间机械臂在轨抓捕的轨迹规划方法，既可以解决机械臂碰撞与奇异的问题，又能降低算法实现难度。该发明通过将空间机械臂的抓捕操作分为粗略抓捕段和精细抓捕段，将问题进行了简化。针对不同阶段的突出问题，采用了不同的规划算法：在粗略抓捕段采用基于构型空间的轨迹搜索算法；在精细抓捕段采用基于运动学的伪逆算法，通过对目标相对运动的补偿保证最终的精确抓捕。该方法满足了空间机械臂无碰撞无奇异轨迹规划的基本要求，适用于计算资源紧张的空间机械臂的快速轨迹规划。该方法尤其适用于空间机械臂对非合作目标的快速抓捕。该专利附图见图4-5-9。

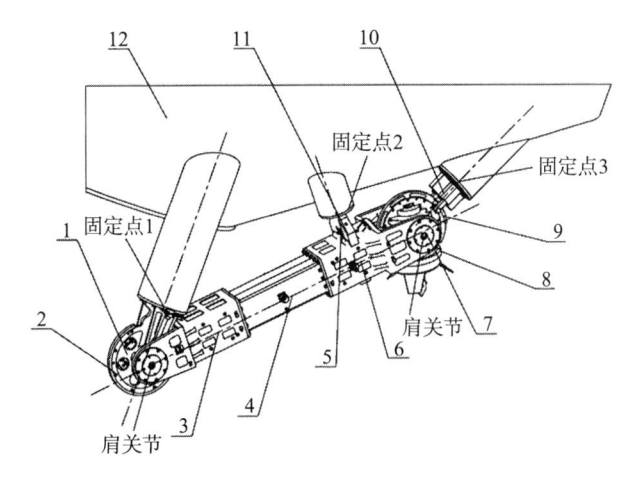

图4-5-8 专利CN104908045B附图

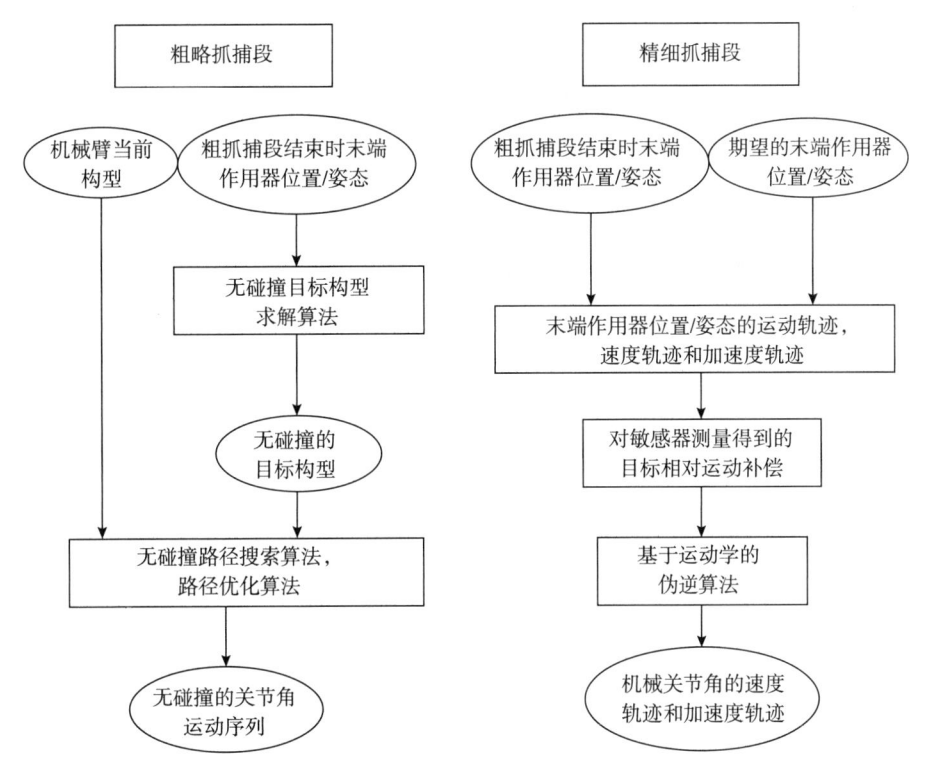

图4-5-9 专利CN103009389A附图

哈尔滨工业大学的专利CN103970019B提出了一种基于加速度动态配置的空间机器人抖动抑制轨迹规划方法，以解决针对现有的机器人系统容易产生残余抖动，跟踪精度不高，导致机器人无法精确定位；机器人运行不平稳；时延造成的机器人执行任务时间的延长；计算量大，对机器人控制器运算能力要求高等问题。该轨迹规划方法可以实现机器人关节运动轨迹位置、速度的连续性，加速度在整个插补周期内的动态配置，解决了空间机器人控制中由于机器人关节角度变化而引起的不同构型下机器人结构频率变化所导致的机器人运动的残余抖动问题。

西北工业大学的专利 CN103207566A（附图见图 4-5-10）提出一种速度型虚拟力反馈动态辅助的空间遥操作方法，依赖于操作对象末端的当前位置和速度信息，虚拟力反馈区域时刻依附于操作对象的末端，并根据速度信息实时自动调节形状大小，实现对操作对象末端位置运动的预测，以适应通信时延存在的情况。该专利技术使用遥操作技术将速度型虚拟力反馈动态产生的力信息作用于空间机器人，进行辅助遥操作。在对空间机器人进行遥操作过程中，利用 OSG 设定的虚拟曲面模拟真实物体，使用虚拟力反馈辅助，通过提供额外的视觉和力反馈信息，安全有效地控制空间机器人有效末端运动，快速、准确地完成空间遥操作任务，避免操作对象末端与空间环境发生真实碰撞。

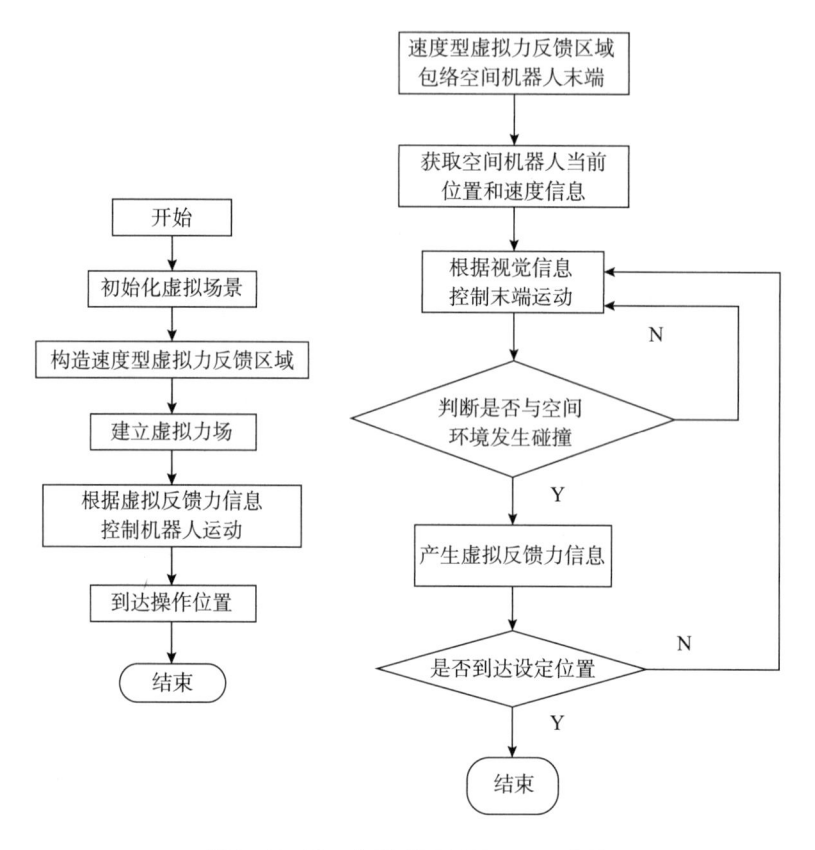

图 4-5-10 专利 CN103207566A 附图

4.6 小　结

本章针对空间机械臂技术的相关专利文献数据，进行了专利申请趋势、专利区域分布、各技术分支专利分析和主要申请人分析。

在专利申请趋势分析中，将空间机械臂的技术发展趋势划分为萌芽期（1967~1983年）、稳定发展期（1984~2007年）和快速发展期（2008~2018年）。其中，在萌芽期（1967~1979年），空间机械臂的专利申请量较低，年专利申请量仅为1~2件，主要由NASA、加拿大Spar公司和苏联的莫斯科Bauman科技公司申请。在稳定发展期（1984~2007年），空间机械臂专利申请量开始呈现波动式增长趋势，专利申请主要来自参与美国、德国、日本等国家在轨维护与服务项目或计划的创新主体；在快速发展期（2008~2018年），随着空间技术的飞速发展，空间机械臂的技术专利申请量呈现快速增长趋势，且以中国专利申请为主。

在专利区域分布中，进行了主要申请国家或地区的专利占比分析和技术构成分析，以及空间机械臂技术的技术流向分析。其中，空间机械臂的技术创新主要来源国家或地区包括中国、美国、日本和欧洲。其中，我国在空间机械臂技术的研究热点和技术创新集中在轨迹规划技术和冗余构型设计技术方面；美国、日本、欧洲的专利技术在空间冗余构型设计方面为我国提供了较多技术借鉴。从技术流向分析结果来看，美国产出的专利技术分布最广，中国、日本和欧洲均为其技术输出国家或地区；相比较而言，我国产出的空间机械臂专利布局仅局限在国内，缺少国际专利布局，这使我国在未来国际技术合作、产品出口均面临较大的知识产权风险。

在专利申请人分析中，主要统计了空间机械臂的专利申请量排名情况，并对主要申请人进行技术构成分析，并对国内外重要申请人的重要专利技术进行分析，以了解国内外的技术关注问题。

总之，本章分析了解了空间机械臂技术的技术发展过程、技术优势国家、技术研究热点，并帮助国内创新主体了解主要技术竞争对手的技术发展和专利布局情况。

第 5 章 操作末端关键技术专利分析

本章旨在全面分析在轨服务机器人的操作末端关键技术领域专利技术，包括操作末端专利技术发展趋势、技术创新热点、技术优势国家或地区，以及全球主要创新主体、关键技术发展历程和国外重点项目与专利申请情况等。通过上述分析梳理，有助于我国科研单位对操作末端的技术发展和专利布局情况有一个总体的了解，并确定主要竞争对手的技术创新情况，从而对我国操作末端技术发展方向选择和技术借鉴等方面提供支撑。

5.1 技术概况

操作末端安装在空间机械臂的末端，跟随机械臂接近被捕获目标，实现目标捕获、固定、转移和具体操作处理，是空间机器人的关键技术之一。目前已成功发射应用的机械臂操作末端有国际空间站欧洲臂操作末端，[1] 国际空间站机械臂系统操作末端等。加拿大空间局为国际空间站所研制的空间机械臂，其操作末端在继承了加拿大一臂操作末端对目标捕获和对接功能的基础上，通过添加锁紧及电气连接机构，能够实现对大型目标的捕获及可靠锁定，并同时能够实现与被捕获目标的电气连接。[2]

空间仿人灵巧手作为一种灵活性较高的操作末端，大多采用电机驱动，少数采用气动人工肌肉驱动。2011 年，NASA 与通用公司联合研制的 Robonaut2 进入国际空间站，[3] Robonaut2 的五指灵巧手的程度与宇航员相当，可直接使用宇航员的工具，5 个手指共 12 个自由度，运动灵活，可辅助宇航员完成部分空间操作任务。MD 机器人公司和加拿大拉瓦尔大学合作研制的自适应机器人辅助手 (Self – Adapting Robotic Hand, SARAH), [4] 是专为

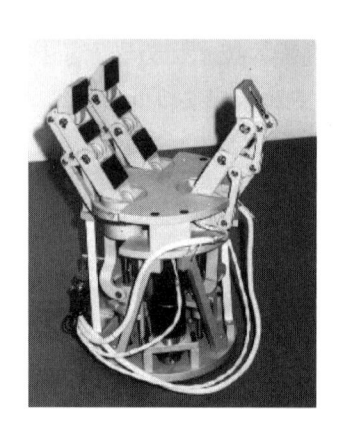

图 5 – 1 – 1 SARAH 机械手实物图 [5]

---

[1] ERA：European Robotic Arm [EB/OL]. http://www.esa.int/esaHS/ESAQEI0VMOC_iss_0.html, 2009 – 02.
[2] Wikipedia Web. Canadarm [EB/OL]. http:// en.wikipedia.org/wiki/Canadarm, June, 2007.
[3] 王燕波，李晓琪. 智能机器人——未来航天探索的得力助手 [J]. 宇航总体技术, 2018, 2 (3)：62 – 69.
[4] B. Rubinger, M. Brousseau, J. Lymer, C. M. Gosselin. A novel robotic hand – SARAH for operations on the international space station [C]. Proceeding of the ASTRA 2002 Workshop, 2002.
[5] 加拿大拉瓦尔大学机器人实验室 [EB/OL]. https://robot.gmc.ulaval.ca/en/research/research – thrusts – mains – et – prehenseurs/sarah – hand – underactuated – robotic – hand – for – the – canadarm/.

国际空间站灵巧机械臂 SPDM 开发的操作机械手，以支持 SPDM 在国际空间站上完成越来越复杂的灵巧操作，如图 5-1-1 所示。SARAH 具有简单驱动和抓取各种几何形状的能力，使其成为非结构化或未知操作的理想多功能工具。

在机器人燃料加注任务（RRM）中，NASA 和加拿大航天局共同设计了灵巧专用机械手（Dextre），验证遥控机器人的在轨服务能力。机器人燃料加注任务模块搭载航天飞机发射，于 2011 年 7 月抵达站上，安装在国际空间站的外部平台上。机器人燃料加注任务标志着灵巧专用机械手首次在"国际空间站"维护性作业中应用，并例证了国际空间站逐步被用作技术试验平台的过程。Dextre 示意图见图 5-1-2。

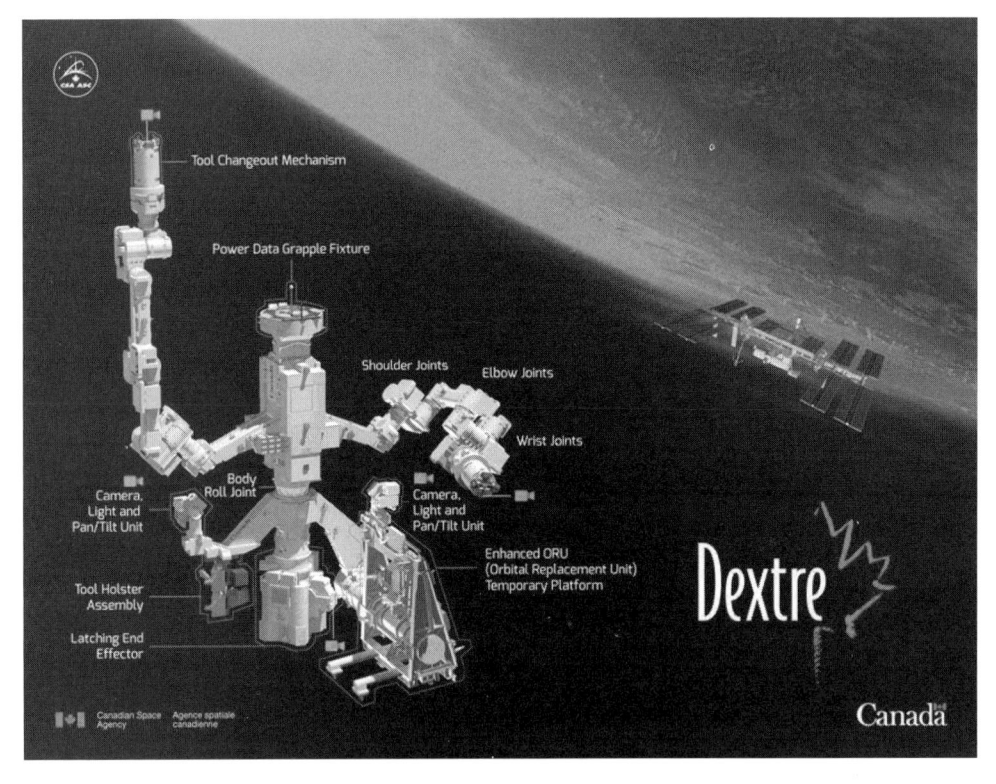

图 5-1-2　机器人燃料加注任务中的灵巧专用机械手（Dextre）[1]

空间作业的复杂性决定了操作末端需要采用多样性的末端工具完成在轨任务。工具的多样性决定了其在轨必须具有可更换性，因此，不仅要研制可更换末端操作器，更需要研制与其配套的轨道工具更换器，以实现不同在轨工具的更换。目前，经在轨验证的轨道工具更换器主要包括两种：一种是加拿大研制的用于 SPDM 末端的 OTCM（ORU Tool Changeout Mechanism），另一种是日本 ETSVII 演示验证项目上空间机械臂末端的工具接口。[2] 前者质量达 600kg（用于空间站），这对于一个在轨服务机器人而言，

---

[1] Canadian Space Agency. About Dextre [EB/OL]. http://www.asc-csa.gc.ca/eng/iss/dextre/about.asp.
[2] OdaM. Space Robot Experimentson NASDA's ETS-VII Satellite [C]. Proceedings of the 1999 IEEE International Conference Robotics and Automation, Detroit, Michigan, May, 1999：1390-1395.

如此大的质量几乎是不可接受的;后者包含三个手爪,结构过于复杂,影响了空间作业的可靠性。

在操作末端技术领域,空间捕获与对接技术主要涉及空间目标的捕获与对接结构。其中,对于具有对接机械接口的合作目标飞行器,服务航天器采用机械臂来完成在轨操作时,该合作目标飞行器上会安装抓捕手柄和合作光标来配合机械臂操作,机械臂会在手眼视觉的引导下逐渐向目标接近,并最终捕获目标。对于没有安装专门用于抓捕、对接机构的空间飞行器和非合作目标飞行器,在轨服务机器人需要在目标飞行器上寻找抓捕、对接部位。总之,空间目标对接机构需具有一定的柔性和兼容性,以对具有不同特征和不确定尺寸的目标进行抓捕对接,同时还需要对接机构具有一定的包络范围,以便在一定的测量误差下完成操作,避免因碰撞使目标飞行器飞离对接位置而导致整个对接任务失败。

5.2 专利申请趋势

对筛选后的操作末端相关专利,利用时序分析方法,研究专利申请量随时间逐年变化情况,从而分析操作末端技术的发展趋势。图 5-2-1 为按照最早优先权年进行统计后得到的专利申请趋势分析图。

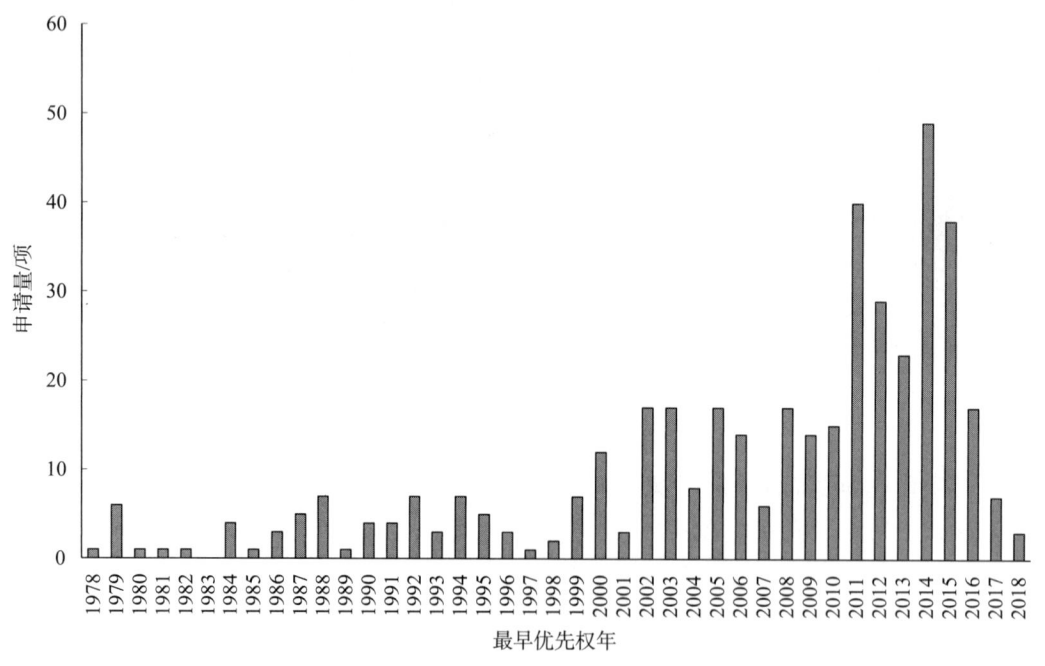

图 5-2-1 操作末端技术全球专利申请趋势

如图 5-2-1 所示,操作末端技术的专利申请最早出现在 20 世纪 70 年代,按其申请趋势可以划分为萌芽期(1978~1998 年)、发展期(1999~2010 年)、快速发展期(2011~2018 年)。

5.2.1 萌芽期

在萌芽期（1978～1998年），操作末端的专利申请较少，年申请量为1～5项。早期的专利主要由NASA、加拿大Spar公司、英国宇航系统公司、加拿大航天局、日本IHI公司申请，涉及的操作末端主要用于抓捕、修理或固定空间飞行器，部分专利涉及实现空间飞行器对接的机构等。在该时期内，美国、德国、加拿大、日本和欧洲均推出了相应空间飞行器自主在轨服务项目，但仅处于技术方案论证与初步工程实现阶段，各国均申请了相应的操作末端专利，由于技术突破有限，专利申请量较少。

萌芽期阶段，在空间目标捕获对接、抓捕与锁定方面，主要采用夹持机构、插入探针和磁吸附等方式，例如专利US4718709A采用V型结构捕获窗实现目标抓捕与夹持，适用于空间望远镜的抓捕与夹持；专利US4664344A则采用探针实现对目标卫星的插入捕获与对接；专利US5449211A则通过电磁吸附实现对目标的捕获与锁定。另外，在抓捕与锁定机构方面，最具有技术突破性的是MD机器人公司和加拿大拉瓦尔大学合作研制的自适应机器人辅助手SARAH，涉及的专利为US5762390，该手指可以用于抓取各种形状的操作目标，包括圆柱形和球形。在操作工具方面，该阶段的专利申请以专用工具设计和工具更换装置为主，如专利US5320395适用于圆锥配件抓取操作工具，专利US5219318A用于操作工具更换。

5.2.2 发展期

在发展期（1999～2010年），各国的空间飞行器自主在轨服务项目不断提出，并相继进入空间试验阶段。其中，国际空间站欧洲臂ERA操作末端、国际空间站机械臂系统SSRMS操作末端等完成了在轨发射应用，加拿大MDA公司为加拿大航天局研制了灵巧臂Dextre，并配备了相应的灵巧操作工具。随着上述在轨空间实验的推进，操作末端的专利申请量呈现上升趋势，年均申请量达到11项，技术创新主体包括欧洲防务集团、MDA公司、波音公司、三菱公司、东芝公司等。另外，基于美国仿人空间机器人的研制，在操作末端技术领域开始出现空间仿人灵巧手相关专利，即NASA的专利US6244644B1。

该阶段的专利主要涉及空间目标对接、抓捕与锁定机构、操作工具和空间仿人灵巧手。其中，在空间目标对接技术方面，技术方案主要侧重于对捕获目标的姿态控制（如专利JP2001114199A和JP2001260997A），采用绳系或飞网实现自由飞行器捕获（如专利US6726153B1和US7168660B2），探头插入发动机喉部实现空间飞行器捕获（如专利CA2473981A1和DE102008061977B4），也有部分专利对磁吸附捕获方式进行了改进（如专利US7815149B1）。在抓捕与锁定机构方面，涉及的技术方案包括经典夹持方式（如专利DE10036840C2）、机械臂手爪夹持（如专利US7207525B2）、抓钩或鱼叉抓捕锁定方式（如专利US20090001221A1）；在空间仿人灵巧手和操作工具方面的技术创新较少。

5.2.3 快速发展期

在快速发展期（2011～2018年），操作末端技术的专利申请量呈现快速上升趋势，年专利申请量由 15 项上升至 49 项。在该阶段，国内外均将空间机器人操作末端技术作为技术创新的热点。国外针对在轨精细操作和在轨服务安全性提升，申请了大量操作工具、仿人灵巧手和空间目标捕获的相关专利。

在该阶段，我国也开始出现操作末端相关专利，且专利申请量快速上升，如图 5-2-2 所示。这主要是由于该时期内中国航天技术快速发展，国内高校和研究院所取得了较大技术突破，申请了大量相关专利。基于国内外操作末端技术的发展，操作末端技术领域的专利申请量呈现上升趋势。

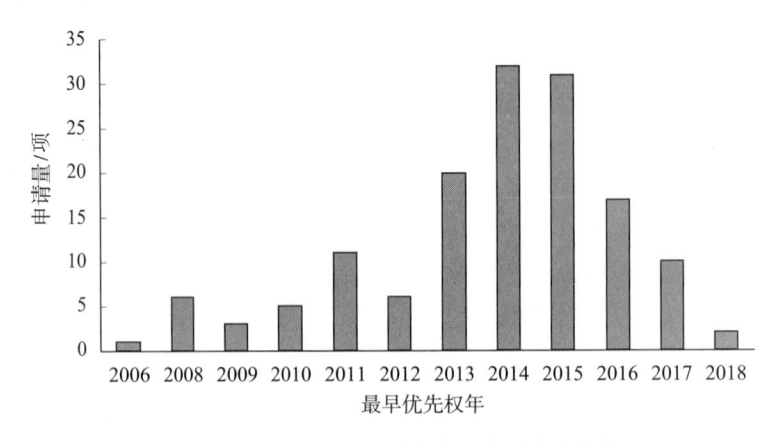

图 5-2-2　操作末端技术中国专利申请趋势

在快速发展期（2011~2018 年）阶段内，针对空间飞行器目标采用的对接机构主要有卫星部件刚性对接机构和以柔性飞网为捕获手段的柔性捕获机构。例如，专利 US20150314893A1 的捕获机构捕获并锁定在航天器或卫星外表面的马尔曼法兰上，建立航天器间的刚性连接；专利 EP2497714A1、EP2671805A1 采用柔性飞网进行空间自由飞行器捕获。在捕获方式上，该阶段的专利技术主要以手爪抓捕和黏性黏附为主，如专利 CN102294690B 采用手爪捕获方式，而专利 US8979034B2 则采用黏性黏附捕获非合作目标。

在快速发展期阶段，国内外开始出现了较多操作工具的专利申请。这些操作工具的技术方案侧重于多种工具适配或更换的装置，如专利 US8702341B2、CN102390548A 和 CN105382845A；另外，为了适应在轨操作的多种复杂操作的需求，操作工具的改进方向倾向于多功能工具，如专利 US9676096B2 的多功能操作工具具有多种类型的工具尖端，可以适应于各种任务和工具接口。

5.3　专利区域分布

以下通过技术来源分析了解不同国家或地区对操作末端专利技术的拥有量，以及主要技术来源国家的技术构成，判断各国家或地区的技术实力和技术特点。另外，在专利技术市场分布和技术流向分析中，对操作末端的全球区域分布情况进行分析对比。

5.3.1 技术来源国或地区的申请量分析

以下对操作末端专利，按照专利最早优先权国家或地区对专利申请量进行统计和分析，结果如图5-3-1所示。

如图5-3-1所示，操作末端技术领域的专利申请主要产自中国、美国、欧洲、日本、俄罗斯和加拿大。

在操作末端技术领域，中国的专利申请量排名第一，共有144项相关专利申请，占操作末端专利申请总量的34%。中国操作末端专利申请出现较晚，从2006年开始才出现相关专利申请，之后相关专利申请量才开始逐年上升。从中国操作末端的技术创新主体来看，主要为国内高校和航天院所，且以哈尔滨工业大学和上海航天控制技术研究所的专利申请为主。另外，北京控制工程研究所、北京空间飞行部总体设计部、中国空间技术研究院等航天研究院所也申请了操作末端相关专利。总之，随着中国载人航天工程和在轨服务多种操作需求的不断提升，参与操作末端技术创新的院所和高校越来越多，从而促使中国近几年来的专利申请量快速上升。

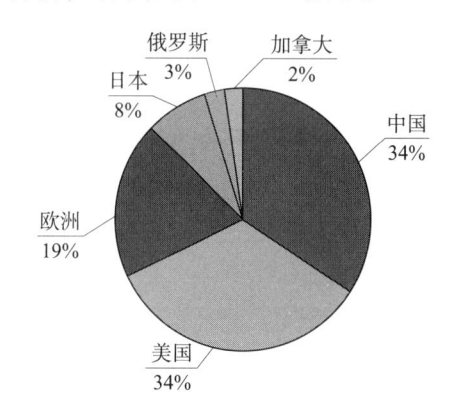

图5-3-1 操作末端技术主要申请国家或地区专利申请量占比

美国的专利申请量排名第二，有142项相关专利申请，占操作末端专利申请总量的34%。美国从20世纪70年代开始出现操作末端技术相关专利申请，且早期的专利申请主要来自于NASA和波音公司，主要涉及空间目标捕获、飞行器交会对接等。另外，加拿大的MDA公司也在美国申请了多项操作末端专利申请，并在美国取得了专利优先权，因此，按照优先权国家进行专利区域分析时，这些专利申请均被按照美国产出专利进行统计。

欧洲的专利申请量排名第三，有81项相关专利，占操作末端专利申请总量的19%。其中，上述81项欧洲专利申请包括德国专利申请48项、欧专局专利申请21项、法国专利申请9项和英国专利申请3项。欧洲的操作末端专利创新主体包括欧洲宇航防务集团、Thasle公司、德国航空航天中心、英国宇航系统公司等。

日本的专利申请量排名第四，有33项相关专利，占操作末端专利申请总量的8%。日本的操作末端专利申请出现较早，专利技术创新主体包括三菱公司、日立公司、日本国家空间发展局、日本科学技术振兴机构、日本IHI公司等。

在上述分析结果中，俄罗斯和加拿大在操作末端技术领域各有11项和10项专利申请。其中，加拿大产出的操作末端专利仅有10项，这主要是由于加拿大MDA公司的部分操作末端技术创新优先选择在美国申请专利，因此按照专利优先权国家进行统计时，源自加拿大的专利申请量会较低。

5.3.2 主要申请国家或地区的技术构成分析

为了对操作末端主要申请国家或地区的技术特点进行分析，以下对中国、美国、欧洲和日本的专利技术构成进行对比分析，结果如图 5-3-2 所示。

单位：项

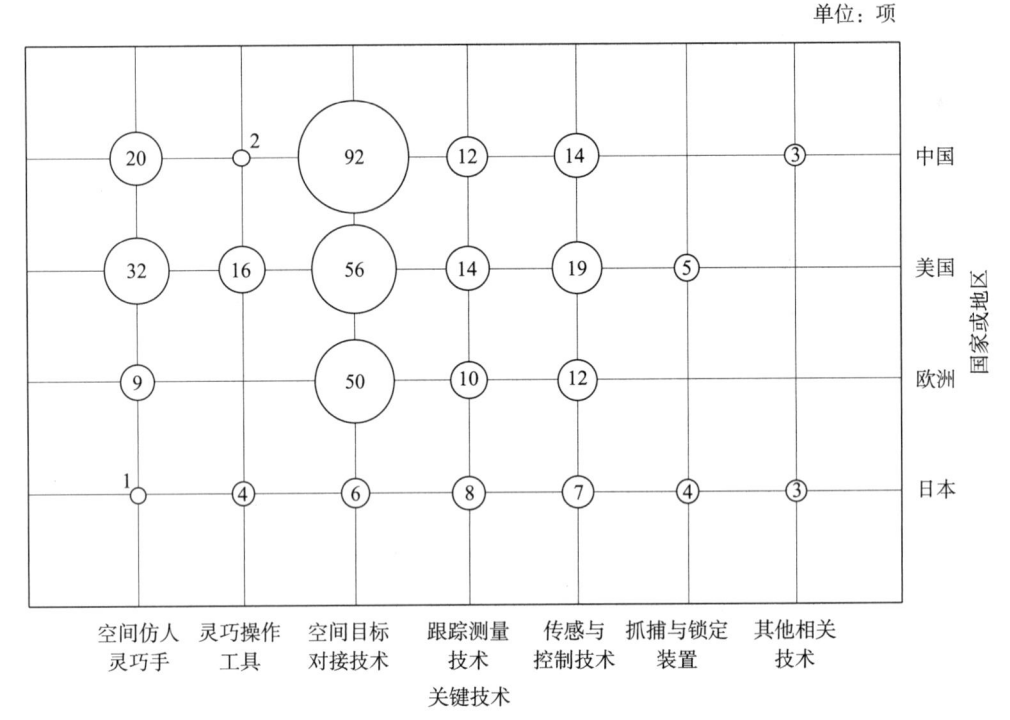

图 5-3-2　主要申请国家或地区的操作末端各关键技术方面专利技术构成分析

注：图中圆圈大小代表专利申请量多少，圈内数字表示专利申请量。

在图 5-3-2 中，对中国、美国、欧洲和日本在操作末端各关键技术方面的专利申请量进行了统计分析。

中国的操作末端专利申请包括空间仿人灵巧手 20 项、灵巧操作工具 2 项、空间目标对接技术 92 项、跟踪测量技术 12 项、传感与控制技术 14 项和其他相关技术 3 项。从上述统计结果可以看出，中国操作末端专利申请以空间目标对接和空间仿人灵巧手技术创新为主。其中，在空间目标对接技术方面，中国的专利申请量高于其他国家，说明该关键技术是目前我国的技术研究热点领域。

美国的操作末端专利申请包括空间仿人灵巧手 32 项、灵巧操作工具 16 项、空间目标对接技术 56 项、跟踪测量技术 14 项、传感与控制技术 19 项和抓捕与锁定装置 5 项。从上述统计结果可以看出，美国操作末端专利申请以空间目标对接技术、空间仿人灵巧手和传感与控制技术创新为主。其中，在空间仿人灵巧手、灵巧操作工具、操作末端传感与控制和操作末端跟踪测量技术方面，美国的专利申请量高于其他国家，是我国可以进行技术借鉴的重要技术领域。

欧洲的操作末端专利申请包括空间仿人灵巧手 9 项、空间目标对接技术 50 项、跟踪测量技术 10 项、传感与控制技术 12 项。从上述统计结果可以看出，欧洲操作末端专利申请以空间目标对接技术方面的技术突破为主。欧洲在空间目标对接技术方面具有多项重要专利技术，对我国空间目标对接技术发展具有技术借鉴价值。

日本的操作末端专利申请包括空间仿人灵巧手 1 项、灵巧操作工具 4 项、空间目标对接技术 6 项、跟踪测量技术 8 项、传感与控制技术 7 项、抓捕与锁定装置 4 项和其他技术 3 项。其中，日本的技术创新点侧重于跟踪测量技术，以及传感与控制技术的创新与改进。

总之，我国在操作末端的研究热点和技术创新集中在空间目标对接技术方面；美国、日本、欧洲的专利技术在空间仿人灵巧手、灵巧操作工具和空间目标对接技术方面为我国提供了较多技术借鉴。

5.3.3 技术流向分析

全球的操作末端专利申请同族专利总计 725 件，表 5-3-1 中对操作末端主要技术流入国家或地区的专利量进行了统计，以了解全球操作末端的专利技术流向。

表 5-3-1 操作末端主要技术流入国家或地区的专利量统计结果　　单位：件

技术流入国家或地区	专利量			
	有效	失效	在审	总计
美国	134	75	6	215
中国	85	53	2	140
日本	59	29	16	104
德国	42	20	7	69
EP	18	25	6	49
加拿大	15	21	1	37
英国	10	24	1	35
俄罗斯	6	7	2	15
法国	4	7	1	12
澳大利亚	2	6	3	11
其他国家	18	20		38

如表 5-3-1 所示，美国、中国、日本、欧洲和加拿大是操作末端专利的主要分布区域。其中，在美国申请的专利占操作末端全球专利申请总量的 30%，具体包括 134 件有效专利、75 件失效专利和 6 件在审专利；分布在中国的专利量排名第二，占全球申请总量的 19%，具体包括 85 件有效专利、53 件失效专利和 2 件在审专利；在日本申请的专利量排名第三，占全球申请总量的 14%，具体包括 59 件有效专利、29 件失效专利和 16 件在审专利；分布在欧洲的专利申请主要包括欧专局专利、德国专利、法国专利和英国专利，其中分布在德国的专利有 69 件，欧专局专利有 49 件，法国专利有 12 件，英国专利有 35 件。

以下对分布在美国、中国、日本和欧洲的专利技术来源国或地区进行分析，结果如图 5-3-3 所示。

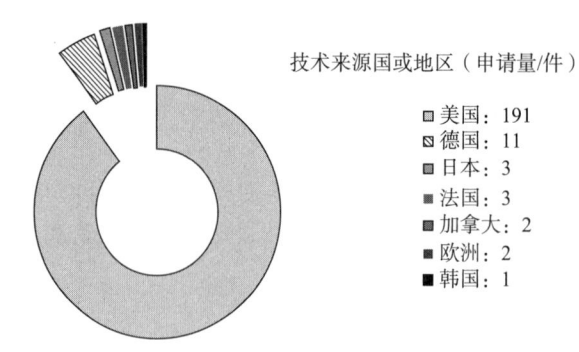

(a) 技术流入国家：美国

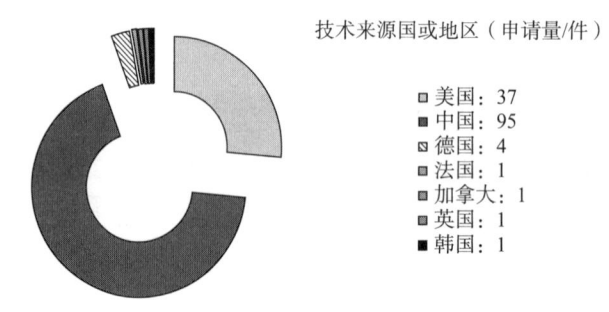

技术来源国或地区（申请量/件）
- 美国：191
- 德国：11
- 日本：3
- 法国：3
- 加拿大：2
- 欧洲：2
- 韩国：1

(b) 技术流入国家：中国

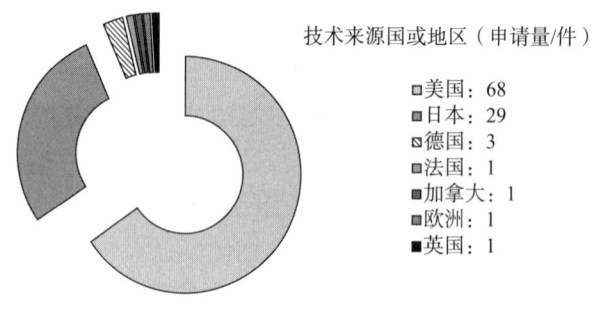

技术来源国或地区（申请量/件）
- 美国：37
- 中国：95
- 德国：4
- 法国：1
- 加拿大：1
- 英国：1
- 韩国：1

(c) 技术流入国家：日本

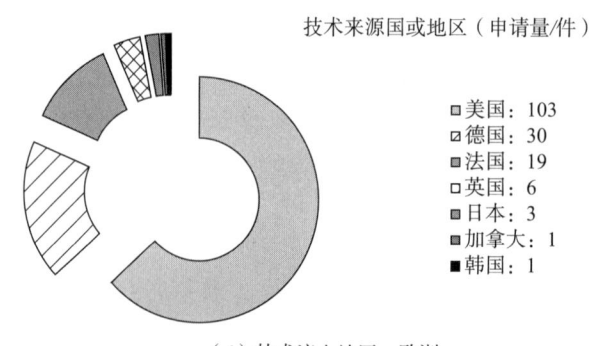

技术来源国或地区（申请量/件）
- 美国：68
- 日本：29
- 德国：3
- 法国：1
- 加拿大：1
- 欧洲：1
- 英国：1

(d) 技术流入地区：欧洲

技术来源国或地区（申请量/件）
- 美国：103
- 德国：30
- 法国：19
- 英国：6
- 日本：3
- 加拿大：1
- 韩国：1

图 5-3-3 操作末端技术领域主要国家或地区的技术流向分析

如图5-3-3（a）所示，美国的专利申请主要来自于美国、德国和日本，具体包括美国本地提交的191件专利申请，以及11件德国输出的专利申请，另外，日本、法国、加拿大和韩国也向美国输出了相关专利技术。如图5-3-3（b）所示，中国的专利申请主要来自中国和美国，具体包括95件中国专利申请，以及37件来自美国的专利申请，另外，德国、法国、加拿大、英国和韩国也在中国分布了相关同族专利。如图5-3-3（c）所示，日本的专利主要来自美国和日本，具体包括68件美国输出专利和29件日本本国提出的专利申请，这主要是由于日本是美国的主要技术合作国家，也是美国操作末端技术的主要市场之一。如图5-3-3（d）所示，欧洲的专利来自美国、德国、法国、英国和日本，具体包括103件来自美国的专利申请、30件来自德国的专利申请、19件来自法国的专利申请、6件来自英国的专利申请和3件来自日本的专利申请。

从上述分析结果来看，美国产出的专利技术分布最广，其将中国、日本和欧洲均作为技术输出国家，这主要是因为美国的操作末端技术创新涉及广泛的国际技术合作，并对其技术市场进行了全球专利布局，以确保其在全球范围内的专利技术保护。相比较而言，我国产出的操作末端专利布局仅局限在国内，缺少国际专利布局，这使我国在未来国际技术合作、产品出口均面临较大的知识产权风险。另外，美国和欧洲等国家已在我国申请布局了相关专利，我国既需要警惕这些专利对我国操作末端技术发展构成的技术壁垒，又需要在我国技术应用与知识产权保护过程中，警惕出现侵权风险问题。

5.4 主要创新主体分析

以下针对操作末端专利进行专利申请人统计，以了解该技术领域的技术创新主体。在图5-4-1中，统计了排名前十位的专利申请人的专利申请量。

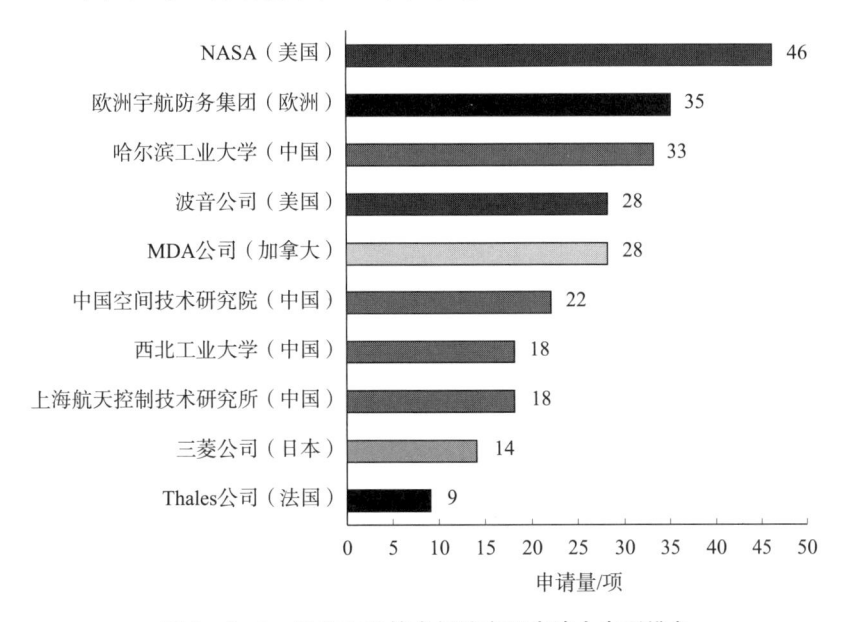

申请人	申请量/项
NASA（美国）	46
欧洲宇航防务集团（欧洲）	35
哈尔滨工业大学（中国）	33
波音公司（美国）	28
MDA公司（加拿大）	28
中国空间技术研究院（中国）	22
西北工业大学（中国）	18
上海航天控制技术研究所（中国）	18
三菱公司（日本）	14
Thales公司（法国）	9

图5-4-1 操作末端技术领域主要申请人专利排名

如图5-4-1所示，在操作末端技术领域，专利申请量排名前十位的申请人包括：美国创新主体2个，分别为NASA和波音公司；欧洲的创新主体为欧洲宇航防务集团（EADS）和Thales公司；加拿大创新主体为MDA公司；日本创新主体为三菱公司；中国创新主体最多，共有4个，具体包括2个高校和2个航天研究院所，分别为哈尔滨工业大学和西北工业大学，以及中国空间技术研究院和上海航天控制技术研究所。

其上，上述技术创新主体的技术构成分析如图5-4-2所示。

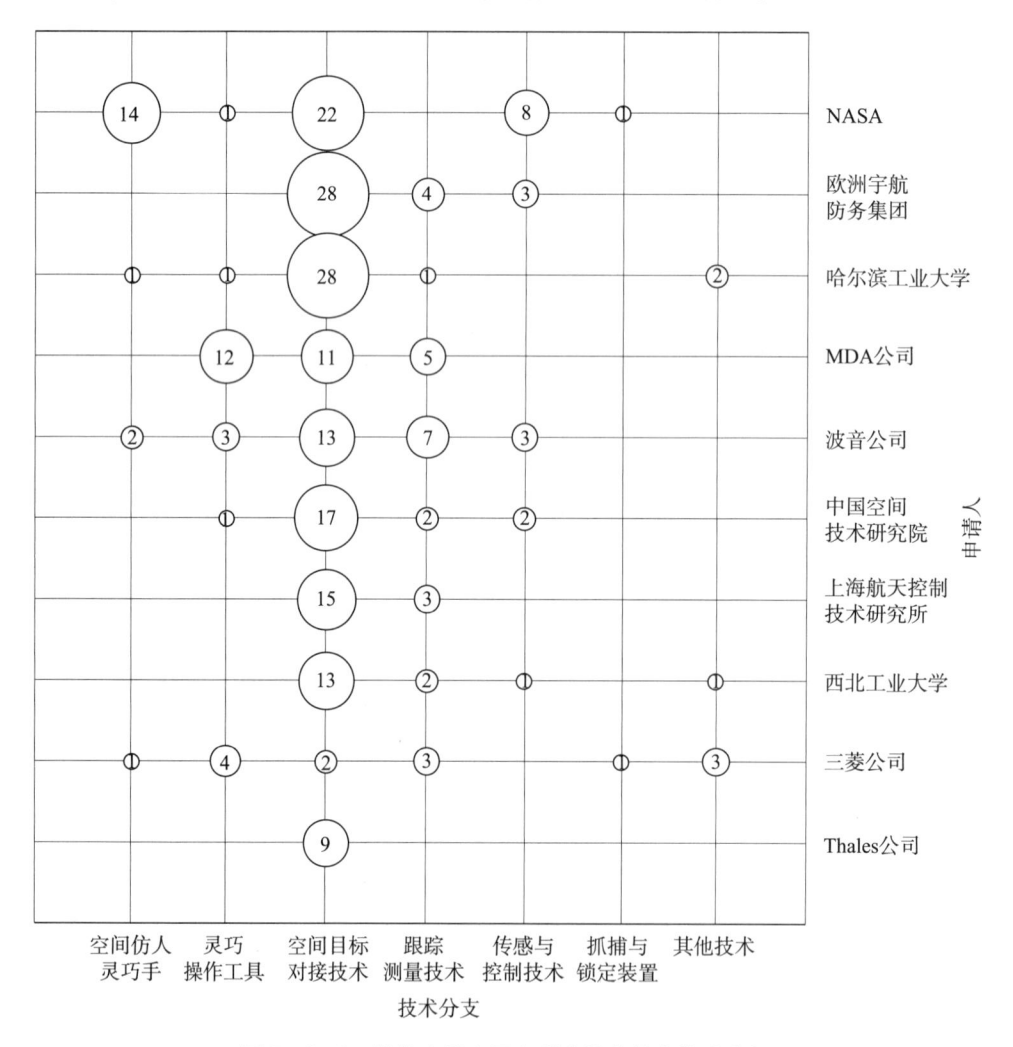

图5-4-2 操作末端主要专利申请人技术构成分析

注：图中圆圈大小表示专利申请量多少，圈内数字表示专利申请量，单位为项。

NASA的专利申请量排名第一，在1974~2017年共申请了46项操作末端技术相关专利。如图5-4-2所示，NASA的技术创新侧重于空间仿人灵巧手、空间目标对接和传感与控制技术。在空间仿人灵巧手技术领域，NASA专利申请量处于领先地位，其基于第二代宇航员的研制，申请了多项仿人灵巧手相关专利，技术方案涉及手指控制和传感电路，以提升灵巧手的操作精细度和及时性。

欧洲宇航防务集团的操作末端专利申请量排名第二，在1998~2015年申请了35项相关专利。如图5-4-2所示，欧洲宇航防务集团的技术创新侧重于空间目标对接、跟踪测量技术、传感与控制技术方面，技术创新主要来自欧洲宇航防务集团控股的Astrium公司和空中客车公司。

哈尔滨工业大学作为我国的主要技术创新主体，在操作末端技术领域有33项专利申请，且主要侧重于空间目标对接技术。另外，近些年，哈尔滨工业大学在空间仿人灵巧手、灵巧操作工具、跟踪测量技术方面也开始进行相关技术创新，技术发展全面性在不断改善。

MDA公司在操作末端的专利申请量排名第四，共筛选获取了28项相关专利。这些专利技术主要涉及灵巧操作工具、空间目标对接和跟踪测量技术。其中，在灵巧操作工具方面，MDA公司为加拿大航天局研制了的灵巧机械臂Dextre，并配备了相应的灵巧工具；另外，基于Dextre，MDA公司还设计了一种更小的灵巧机械臂，该机械臂配备了多功能工具，用于拆除覆盖在卫星上的保护毯和锁线等，对应的专利为US9676096B2。MDA公司在2010年申请的专利US8702341B2公开了一种适用于加拿大航天局的"遥机械臂系统"（SRMS）和"空间站遥操作机械臂系统"（SSRMS），以及灵巧机械臂Dextre的可扩展通用接口板系统（SCIPS）。

波音公司在操作末端的专利申请量排名第五，有28项相关专利申请。从波音公司操作末端专利的技术构成分析来看，其技术创新主要涉及空间目标对接和跟踪测量技术。

另外，在操作末端技术领域，中国的创新主体还包括中国空间技术研究院、上海航天控制技术研究所和西北工业大学。其中，中国空间技术研究院的专利主要由钱学森空间技术试验室、北京空间飞行器总体设计部和北京控制工程研究所申请，技术创新涉及空间目标对接技术、跟踪测量技术和传感与控制技术。

总之，从上述申请排名情况来说，在操作末端技术领域，以美国、日本、中国和加拿大技术创新主体的技术创新的侧重点各有不同，但均在空间目标对接技术领域具有较多的技术创新，该关键技术领域是国内外创新主体的主要研究方向之一。

5.5 关键技术发展历程

在操作末端技术领域，空间目标捕获与对接技术的专利申请量最多。以下对相应专利技术的发展历程进行梳理，结果如图5-5-1所示（见文前彩色插图第4页）。

针对空间目标的捕获对接的方案主要包括绳系或飞网捕获、抓取捕获、插接捕获和吸附捕获。

在1970~1999年，空间目标捕获与对接的专利技术方案主要由NASA提出，且主要涉及抓取捕获、插接捕获和磁吸附捕获。其中，在1984年，NASA的专利US4718709A公开了一种用于空间望远镜抓捕的操作末端，该操作末端具有V型捕获窗口，用于捕获与固定空间望远镜进行在轨维修操作。之后，NASA在1985年的专利

US4664344A 公开了一种捕获在轨卫星的抓取装置，其夹持探针可插入目标卫星中实现目标捕获；NASA 在 1990 年申请的专利 US5449211A 公开了一种空间机械臂的末端执行器，其采用电磁对接机构抓捕锁定操作目标。

在 2000~2005 年，空间目标捕获与对接的专利技术申请量开始上升，且技术方案中增加了绳系或飞网捕获方式。其中，在 2000 年，空中客车公司的专利 DE10036840C2 公开了一种用于空间飞行器捕获的静电夹持装置；之后，日本东芝公司的 JP2001260997A 公开了一种抓捕卫星的装置，该装置可以在飞行器维护操作期间，捕获目标卫星，且具有调节服务卫星位置和姿态的功能。在 2001 年，NASA 提出了一种采用绳系机器人实现在轨目标航天捕获与对接，之后欧洲宇航防务集团也在 2003 年提出了发射飞网捕获空间目标的专利技术。

在 2006~2010 年，空间目标捕获与对接的专利技术方案主要侧重于插接捕获和吸附捕获方式，且捕获目标以非合作目标为主，并从低轨目标捕获逐步向高轨目标捕获发展。其中，在插接捕获方面，德国航空航天公司的专利 DE102008061977B4 公开了一种对接远地点驱动机构的喷嘴喉部的对接卫星装置，具有沿周边分布的三个高分辨率距离传感器，用于控制夹持机构的引导。在吸附捕获方面，NASA 在 2009 年申请的专利 US7815149B1 公开了一种磁捕获对接机构，用于对微纳卫星进行捕获对接。

在 2011~2018 年，空间目标捕获与对接的专利申请量快速上升，且捕获方案呈现多元并行发展趋势。其中，在绳系或飞网捕获方面，空中客车公司的专利 EP2497714A1 公开了一种采用安全网捕获飞行航天器的技术方案，该安全网可以通过简单的释放器控制释放，捕获方法简单有效。之后，2012 年的专利 EP2671805A1 公开了一种采用连接飞行器上柔性网对空间飞行器进行捕获和对接的技术方案；另外，中国在此阶段比较有代表性的专利为 CN104142687B，其公开了一种空间绳系机械臂目标抓捕后复合体姿态稳定控制方法。在抓取捕获方面，中国专利 CN102294690B1 面向空间大型目标的交会对接捕获装置，而 MDA 公司的专利 US20150314893A1 公开了一种捕获自由飞行航天器的系统，通过抓取捕获建立刚性连接，确保服务航天器对目标航天器进行在轨加注或维修。另外，在插接捕获技术方面，我国在 2014 年也出现了相关专利，中国空间技术研究院的专利 CN104648698B 公开了一种针对高轨卫星远地点发动机的通用抓捕对接结构上的棘爪胀紧装置。在吸附捕获方面，2011 年美国专利 US8979034B2 公开了一种采用黏性黏附捕获非合作目标的技术方案。

总之，通过对上述空间目标捕获与对接技术的发展历程进行梳理后发现，目前国内外针对空间目标的捕获方式呈现多元技术并行发展趋势，具体涉及绳系或飞网捕获、抓取捕获、插接捕获和吸附捕获；捕获对象从合作目标扩展到了非合作目标，且捕获目标从低轨向高轨逐步扩展。我国的相关专利技术方案出现较晚，且主要涉及绳系或飞网捕获、抓取捕获和插接捕获。

5.6 国外重点项目与专利申请

本课题组在专利检索过程中，检索获取了部分与美国自主在轨服务项目相关的操作末端技术重要专利，例如，美国第二代机器人宇航员的灵巧手、MDA 公司为 SRMS 和 SSRMS 研制的操作末端和操作工具、Dextre 灵巧工具以及国际空间站 SARAH 机械手等相关专利。以下针对上述国外重点项目与专利申请情况进行分析，以助于我国技术研发单位对国外先进技术进行了解，并明确相应的专利布局情况。

5.6.1 第二代机器人宇航员（Robonaut 2）项目专利分析

NASA 于 1999 年推出了机器人宇航员（Robonaut），在该类人机器人的研制基础上，美国宇航局约翰逊航天中心（JSC）与通用公司合作联合研制的第二代机器人宇航员（Robonaut 2），并于 2011 年进入国际空间站，成为空间类人机器人发展的里程碑。Robonaut 2 的研制目的是在与人协同工作，代替航天员进行舱外作业，以及从事其他太空研究和探索工作。Roubonaut 2 在形体上具有头部、颈部、躯干、双臂、多指灵巧手等人类的特征，其五指灵巧手的灵活程度与宇航员相当，可直接使用宇航员的工具，5 个手指共 12 个自由度，运动灵活，可辅助宇航员完成部分空间操作任务。图 5-6-1 所示为 Robonaut 2 在国际空间站进行测试。

图 5-6-1 Roubonaut 2 在国际空间站进行测试[1]

针对 Roubonaut 2 的研制，NASA 与通用公司签订了资助合同，合同号为 SAA-AT-07-003。在该合同号下，NASA 和通用公司在 2008~2015 年联合申请了 42 项与第二代机器人宇航员 Robonaut 2 相关的专利，具体如附表 1 所示，具体涉及总体技术、控制技术、感知技术、通信技术、交互操作技术、任务规划技术以及灵巧机器人手臂、手指等。

如图 5-6-2 所示，Roubonaut 2 的技术创新涉及 42 项专利申请，比较集中地出现在 2009 年，并在后续的几年内出现了相关技术改进的专利申请。针对上述 42 项技术创新，NASA 和通用公司在全球共分布了 153 件同族专利，相关专利申请布局主要集中在

---

[1] NASA. Roubonaut2 [EB/OL]. [2013-01-02]. https://www.nasa.gov/mission_pages/station/multimedia/gallery/iss034e013942.html.

Robonaut 2 进入太空站前，并在后续几年针对新的技术创新进行了全面的全球专利布局。其中，Robonaut 2 在各国的专利布局量如图 5-6-3 所示，其在各国的专利布局进度如图 5-6-4 所示。

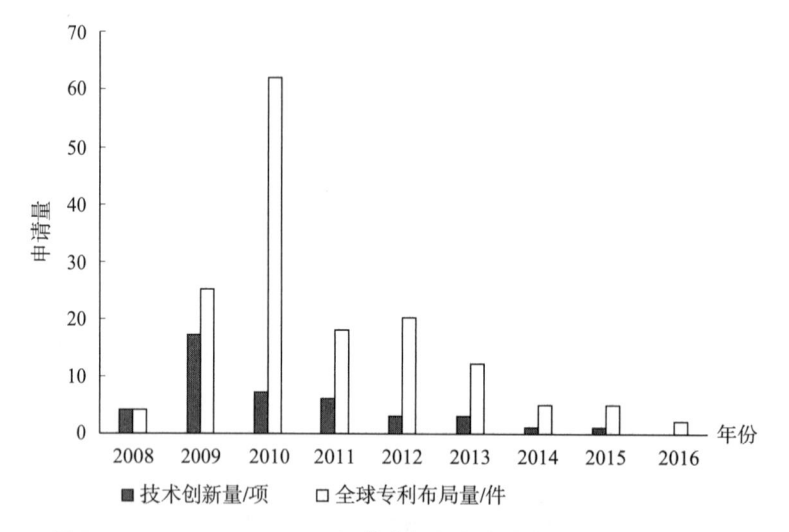

图 5-6-2 Roubonaut 2 项目技术创新与全球专利布局量统计分析

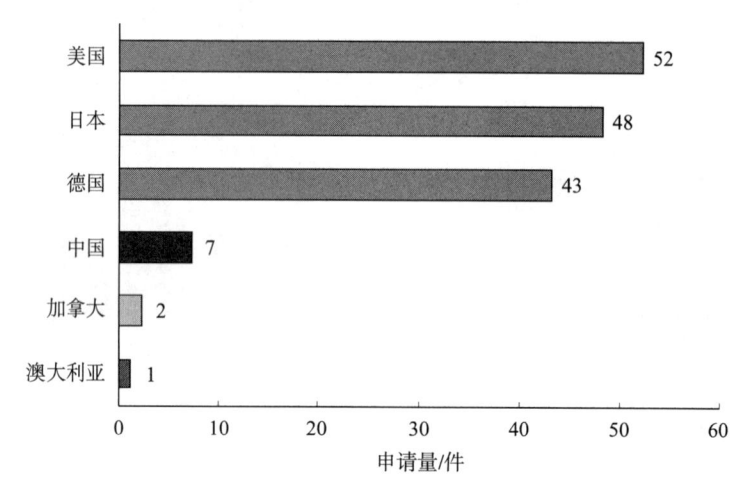

图 5-6-3 Roubonaut 2 项目相关专利在各国的专利布局量统计

如图 5-6-3 所示，Roubonaut 2 的相关专利主要布局在美国、日本和德国。其中，如图 5-6-4 所示，Roubonaut 2 在美国、日本、德国的专利布局起始时间早且持续性好，布局专利技术方案涉及 Robonaut 2 的所有技术创新，技术保护比较全面。另外，Roubonaut 2 的部分专利也选择在中国、加拿大和澳大利亚进行了布局，涉及的技术主要包括整体结构、任务规划、灵巧操作控制和驱动，这些技术可以在工业技术领域进行技术转移，具有较高的商业推广应用价值。从上述专利布局情况来看，Roubounaut 2 的专利布局更侧重于美国、日本和德国，专利布局持续且技术保护全面，在其他国家则进行了技术侧重性选择，仅对技术转移涉及的核心技术进行了专利保护。

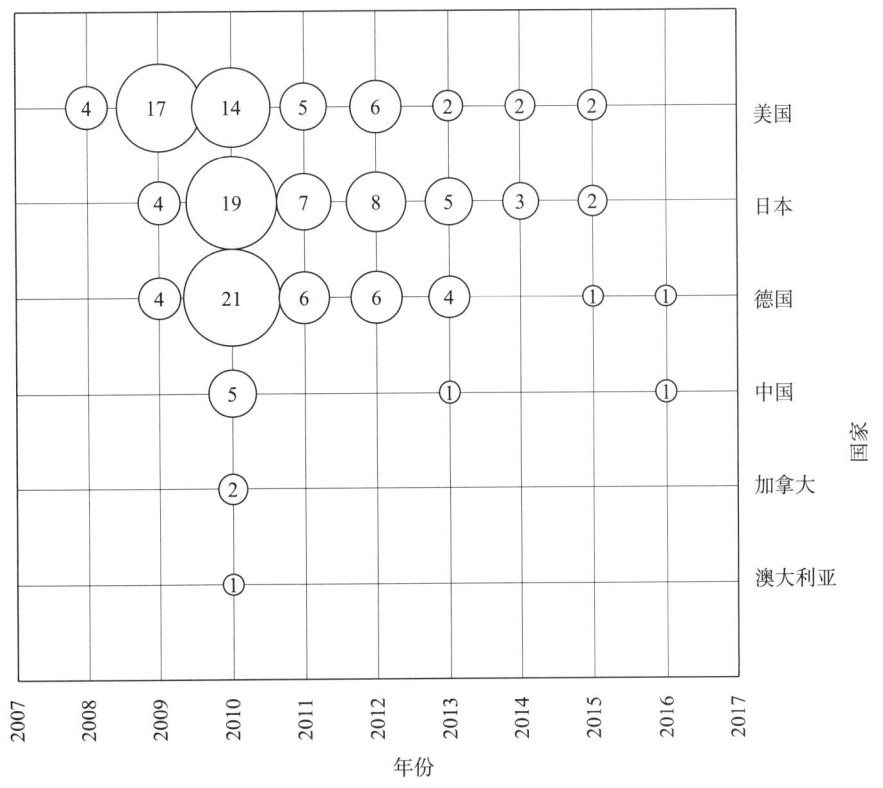

图 5-6-4 Roubonaut 2 项目相关专利在各国的专利布局进度

注：图中圆圈大小代表专利申请量多少；圈内数字代表专利申请量，单位为件。

在图 5-6-5 中，对 Roubonaut 2 项目的灵巧手技术发展历程进行了梳理。2009～2014 年，NASA 和通用公司在灵巧手技术方面申请了 10 项相关专利。其中，2009 年的 5 项专利分别涉及手腕、拇指组件、手指肌腱驱动、手指执行器和抓握装置；2010 年的两项专利主要涉及手指张力控制和手指操作控制，2011 年的专利 US8776632B2 主要涉及手指组件；2013 年的专利 US8857874B2 对 Roubonaut 2 的手指组件进行技术改进；2014 年的专利 US8919842B2 则对灵巧手的肌腱操作技术进行了改进。总体来说，NASA 和通用公司通过机械结构、驱动、控制等方面的技术创新，实现了对灵巧手的仿人操作灵活性、稳健性、精细程度和及时反应等方面的能力提升。

以下选取 3 件 Robonaut 2 灵巧手相关专利进行具体分析，分别为专利 US8919842B2、US8489239B2、US8401700B2。

其中，专利 US8919842B2 公开了一种具有线性致动器组件和腱驱动末端执行器的仿人机器人手，包括腱驱动末端执行器、线性致动器组件、柔性腱和板组件。其中，线性致动器组件具有伺服电动机和驱动机构，驱动机构响应于来自伺服电动机的输出转矩而相对于伺服电动机的驱动轴线性平移。柔性腱、腱驱动末端执行器和驱动机构相连。板组件设置在线性致动器组件和腱驱动末端执行器之间，包括第一板和第二板。第一板限定具有中心开口的凸台的一侧。第二板限定具有腱引导通道的弓形通孔。柔性腱的环形端部收纳在腱引导通道内。该专利附图见图 5-6-6。

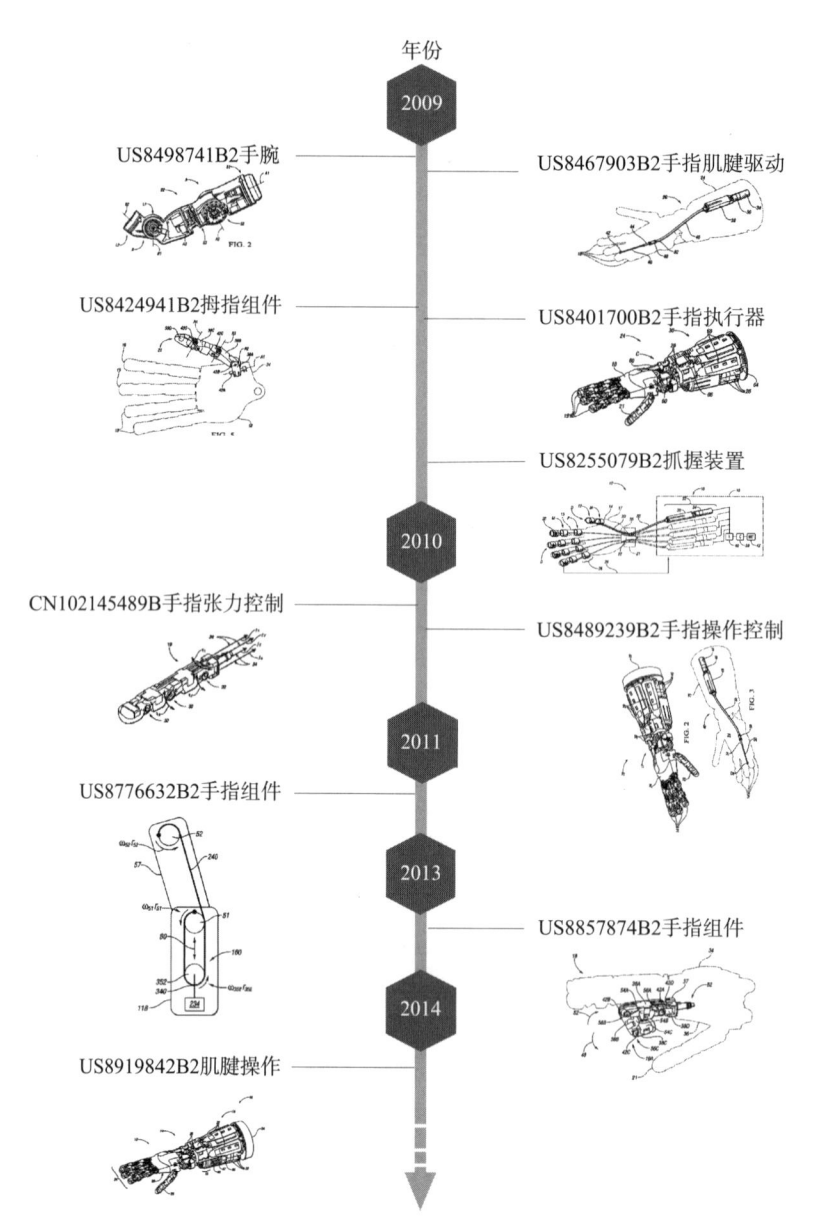

图 5-6-5　Roubonaut 2 项目中灵巧手技术发展历程

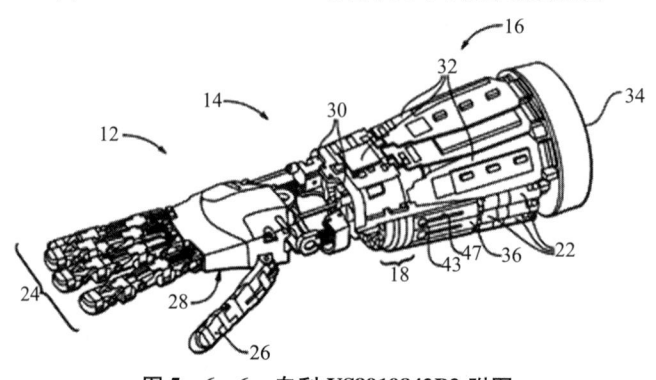

图 5-6-6　专利 US8919842B2 附图

上述专利US8919842B2通过腱连接器板组件的改进设计，减少了修复或更换腱的平均时间。腱单独地通过相应的端盖件，以便保持腱相对于线性致动器组件其余部分的期望取向。该系统允许在腱连接器板组件附近加宽轴向槽，以便在修复或更换其中一个腱时提供对腱钩的改进，从而防止腱钩进入腱钩的加宽区域轴向槽，除了修补或更换腱之外，可以通过关闭轴向槽来实现。该系统减少了柔性腱上的磨损和摩擦，同时便于修补和更换腱。

专利US20120109379A1公开了一种腱驱动仿人机器人手指的控制策略；该机器人包括腱驱动手指和控制系统，当张力传感器可用时，控制系统通过基于力的控制准则控制手指；当张力传感器不可用时，通过基于位置的控制准则控制手指。多个腱可以各自具有相应的张力传感器。当只有一些张力传感器可用时，控制系统选择性地将符合值注入基于位置的控制准则中。控制系统包括主机和具有控制过程的非暂时性计算机可读介质，该控制过程由主机通过基于力或基于位置的控制准则来执行手指控制操作。用于控制手指的方法包括确定张力传感器的可用性，以及使用控制系统通过力或位置控制准则来选择性地控制手指。位置控制准则允许控制系统抵抗干扰，同时维持内部肌腱张力的初始状态。该专利在手指中不存在电压传感器测量电压值时，控制系统选择基于位置的控制策略控制手指，从而实现手指的主动灵活性，使得手指可以在环境中可靠地接触物体，提高了机器人系统的操作鲁棒性。该专利附图见图5-6-7。

专利US8401700B2公开了一种具有手腕致动器和手指致动器的仿人机器人的下臂组件，并且具有臂支撑件，该支撑件包括两侧，其中，一组手腕致动器安装到臂支撑件的一侧；一组手指致动器安装到臂支撑件的另一侧；一组电子设备位于手臂支架的前侧。还包括一组电动机，且每个电动机与手指致动器组中的相应一个手指致动器相关联。手从下臂延伸，其中手包括手掌侧，并且臂支撑件的后侧与手掌侧相关联。该发明的下臂组件通过对象级别控制、终端执行器控制和联合级别控制的任务规范级别，组织机器人的精确运动控制，以实现所需的机器人移动性、灵巧性和工作任务相关功能。该专利附图见图5-6-8。

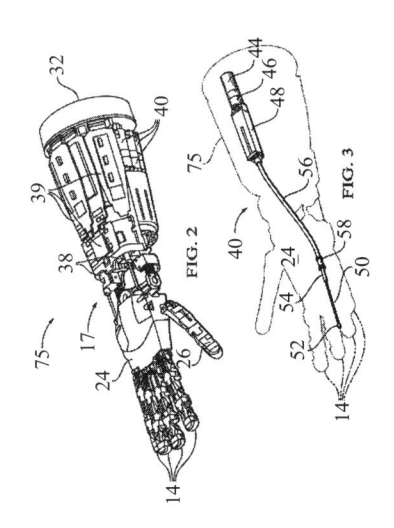

图5-6-7 专利US20120109379A1附图 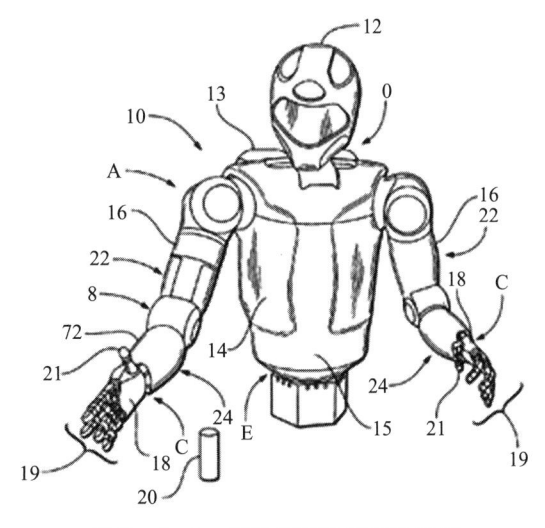　　图5-6-8 专利US8401700B2附图

5.6.2 加拿大 Dextre 灵巧操作工具专利申请

加拿大 MDA 公司制造的双臂遥控操纵器机器人 Dextre,也被称为特殊用途灵巧操纵器(SPDM),于 2008 年发射升空进入国际空间站,是国际空间站上移动服务系统的一部分,可以在没有宇航员的帮助下,为国际空间站(ISS)替换电池,升级太阳能发电系统。Dextre 是国际空间站上使用的第三个加拿大机械臂,为实现该机械臂的灵巧操作,该公司还为该灵巧机械臂配备了相应的灵巧工具。另外,基于 Dextra,MDA 公司还设计了一种更小的灵巧机械臂,作为下一代小型加拿大臂,该机械臂上配备了多功能工具,用于拆除覆盖在卫星上的保护毯和锁线等。

其中,MDA 公司在 2010 年公开了一种适用于加拿大航天局的"遥机械臂系统"(SRMS)和"空间站遥操作机械臂系统"(SSRMS),以及灵巧机械臂 Dextre 的可扩展通用接口板系统(SCIPS)。MDA 公司基于 Dextre 和下一代小型加拿大臂,设计了一种用于拆除覆盖在卫星上保护毯和锁线的多能工具。国际空间站上经常使用的配件包括一种微型圆锥形配件(MCF),该配件具有圆形轮廓,不能直接与 Dextre 的末端执行器夹爪相兼容,针对该问题设计的一种机器人微型锥形工具(Robot Micro Conical Tool,RMCT),该工具配备有微型夹具,该工具可以抓取配备微型圆锥形配件的有效载荷。MDA 公司设计了一种可以安全操作卫星燃料灌装/排出阀的工具,可以打开、关闭各种类型和尺寸的卫星燃料灌装/排出阀。

上述这些灵巧操作工具技术方案,对应的专利族群如表 5-6-1 所示,每年的专利申请量如图 5-6-9 所示。

表 5-6-1 MDA 公司灵巧操作工具专利统计

工具类型/功能	专利公开号
可以安全操作卫星燃料灌装/排出阀的工具	US9688422B2 WO2013082719A1 CA2856077A1 EP2788258A1 JP06104930B2 JP2015500159A US20130153710A1 US20160039543A1 US20160039544A1 US9108747B2 US9567111B2 US9688422B2
可扩展通用接口板系统	US8702341B2 CA2789117C CA2936099A1 CA2936099C US20120000050A1 US20140250684A1 US9339935B2 WO2011100839A1
机器人微型锥形工具	US532039
空间机械臂操作末端的多功能工具	US9676096B2 CA2850850A1 EP2766152A2 JP05951026B2 JP2014528366A US20130103193A1 WO2013053047A2

如图 5-6-10 所示,MDA 公司灵巧操作工具的专利技术主要布局在美国、加拿大、日本和欧洲。以下在上述 MDA 公司灵巧操作工具专利族群中,选择 4 个核心技术专利进行分析。

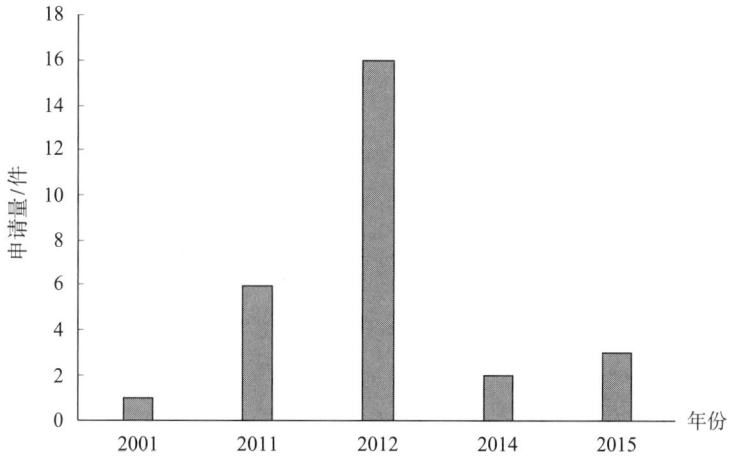

图 5-6-9　MDA 公司灵巧操作工具专利申请趋势

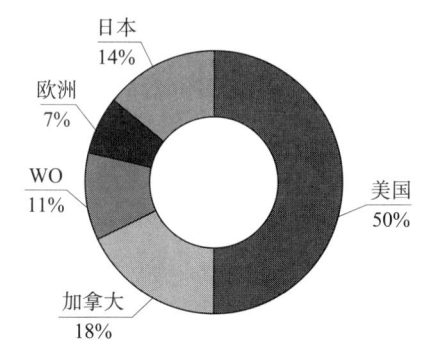

图 5-6-10　MDA 公司灵巧操作工具专利区域分布

其中，专利 US8702341B2 提供了一种可与多自由度机械臂一起使用的可扩展通用接口板系统，适用于小体积、紧凑、可扩展的端部执行器。该末端执行器及其操作工具，可以与大型机械臂（如 SRMS 和 SSRMS）和较小灵巧机械臂（如轨道快速灵巧机器人系统，OEDMS）匹配使用。该通用接口板系统具有主动/受控部件，连接在机械臂的一端或两端的关节上，其完全被动部件连接在机械臂接口的结构/工具上。通过机械臂滚动关节进行接口接合和配合操作，一旦配合，剪切销延伸以将配合的组件锁定就位，实现高刚度、零自由配合接口连接。该系统具有高刚度、低功率和紧凑的末端执行器设计。它采用桶形凸轮部件设计，不需要机构制动器，同时利用凸轮表面实现单个电机的多机构致动。该专利附图见图 5-6-11。

专利 US9676096B2 公开了一种用于空间机械臂操作末端的多功能工具，具有可更换工具尖端，可以用作空间机械臂的末端执行器。每个工具尖端在工具架中时，由普通电机驱动。上述电机也可用于控制工具尖端与设定轴的方位角。该发明放置在工具箱中的工具尖端可以采用简单且可靠的方式进行替换，从而获得更轻便且便宜的多功能工具。工具的尖端可以进行各种调整，以执行各种功能，包括切割、抓取、钻孔和驱动等。该多功能工具具有多种类型的工具尖端，可以适应于各种任务和工具接口，其中，该多功能工具具有可相对于工具尖端定子轴线旋转的工具尖端转子。工具架能够存放工具尖端，该工具尖端由执行器驱动，执行器可以驱动工具轴向移动或旋转，从而降低系统质量。使用这种多功能工具还可以降低整体系统功耗和复杂性。该专利附图见图5-6-12。

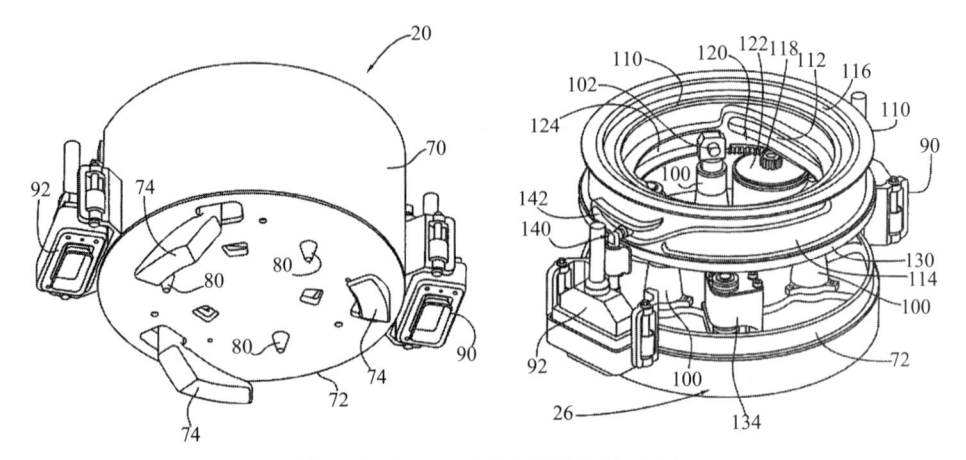

图5-6-11　专利US8702341B2附图

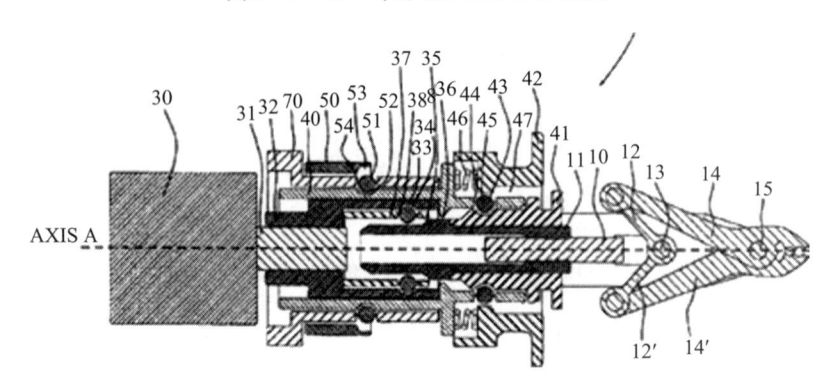

图5-6-12　专利US9676096B2附图

专利US5320395提供了一种操作末端工具，用于抓取微型圆锥配件。不需要精确对准目标配件和抓取工具，就能实现微型圆锥配件。该微型锥形工具为轴对称锥体，具有转矩反作用表面，可以防止抓取工具旋转。另外，该轴对称锥体还具有空腔、凹陷或中空的中间锁定部分，以及用于接收抓取工具的闩锁空腔和用于引导抓取工具与微型锥体接头轴向对准的上引导部分。抓取工具通过该微型锥形工具完成目标抓取。抓取工具包括具有手柄的外套筒，内套筒可以在外套筒内升高和下降，多个闩锁支撑在下端，凸轮还可升起和降低内套筒。当内套筒处于其最低位置时，闩锁形成用于围绕微型锥形配件的最大直径开口，并且当升高到外套筒内的最高位置时，闩锁形成最小直径或锁定抓握位置。内套筒可以处于中间的捕获位置，该位置允许在非常低的力下接触微锥形配件时锁定件向外偏压以抓住配件，并且允许捕捉（软对接）而不需精确对准配件和工具，就能实现微型圆锥配件抓取。该专利附图见图5-6-13。

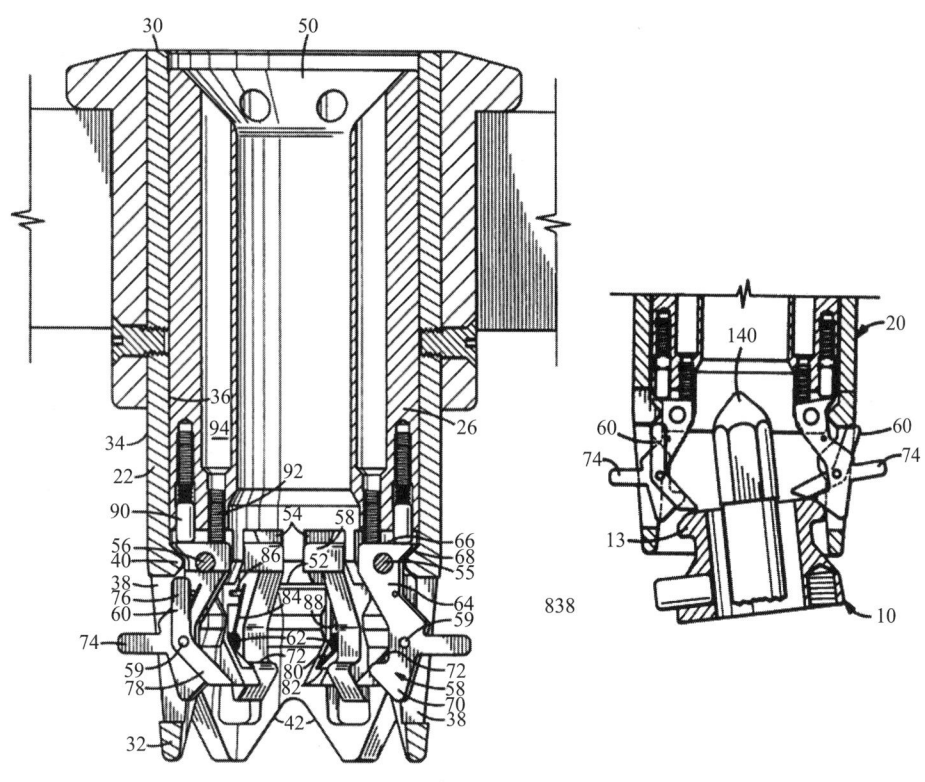

图 5-6-13 专利 US5320395 附图

专利 US9688422B2 提供了一种可以安全操作卫星燃料灌装/排出阀的工具。该发明的阀门操作工具（100）包括齿轮换档器（109）、至少一组第一可调扳手机构和第二可调扳手机构；其中，扳手机构将该齿轮换档器（109）与马达（104）相连。差速齿轮箱（200）将齿轮换档器（109）接收的扭矩在可调扳手机构之间均匀分布。可调扳手机构对灌装/排出阀的旋转特征和静态特征施加相等且相反的力，以将扭矩施加到旋转特征上，同时在静力特征上的施加转矩。当扳手机构的第一轴线和第二轴线重合时，第一可调扳手机构与阀的旋转特征相匹配，第二可调扳手机构与静态特征相匹配。旋转特征和静态特征沿着第一轴线同轴对准。独立权利要求还包括以下内容：安装在服务航天器流体传送系统，该系统在服务航天器和客户航天器上的一个或多个设定流体储罐之间传送流体。另外，该发明还公开了一种可以远程控制打开客户卫星灌装/排出阀的方法。该发明提供的工具，可以打开、关闭各种类型和尺寸的卫星燃料灌装/排出阀，具有灵活的适配性能。该专利附图见图 5-6-14。

5.6.3 国际空间站 SARAH 机械手专利申请

自适应机器人辅助手（Self-Adapting Robotic Hand，SARAH）是专为国际空间站灵巧机械臂 SPDM 开发的操作机械手，以支持 SPDM 在国际空间站上完成越来越复杂的灵巧操作。SARAH 具有简单驱动和抓取各种几何形状的能力，使其成为非结构化或未知操作的理想多功能工具。SARAH 由 MD 机器人公司和加拿大拉瓦尔大学合作研制，它包括安装在设定结构上的三个欠驱动手指,该手指可以包围各种形状,包括圆柱形和球形等。SARAH 结构示意图如图 5-6-15 所示。SARAH 具有 10 个自由度,仅由 SPDM 操作末端或 ORU 工具更换模块（OTCM）驱动。

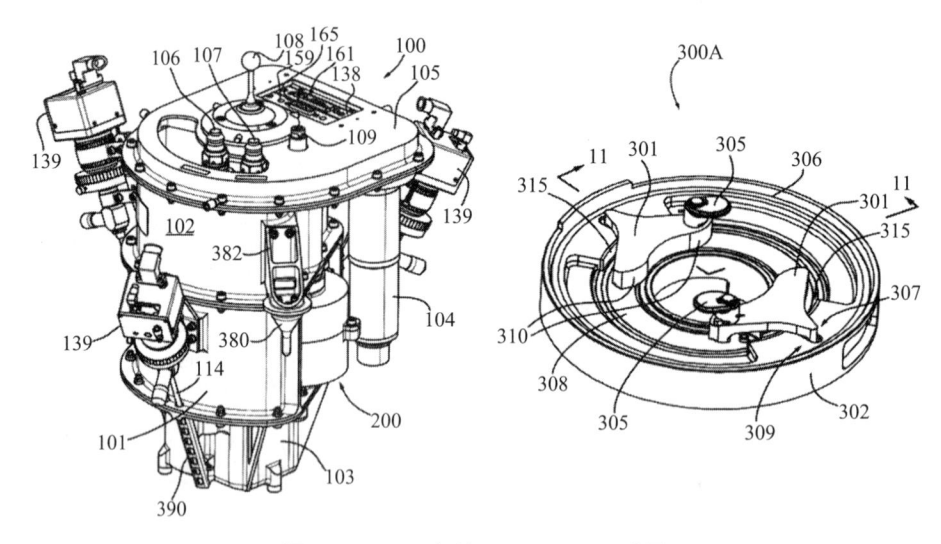

图 5-6-14　专利 US9688422B2 附图

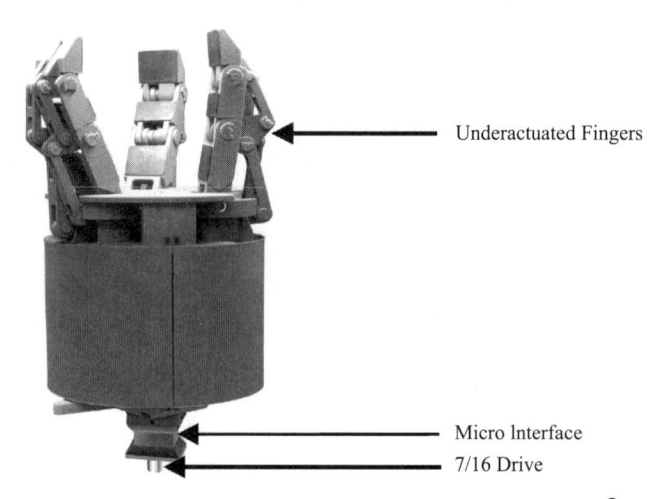

图 5-6-15　自适应机器人辅助手 SARAH 结构示意图[1]

SARAH 设计的关键之处在于它是一个完全独立的被动机构,需要现有的 SPDM-OTCM 驱动才能启动。手指的开/关和手指方向由 OTCM 扭矩驱动器执行机构控制,而为加拿大航天局 CSA 开发的 SARAH 缩小为仅由两台电机启动,其中一台电机控制供手指打开/关闭,而第二台电机用于控制手指的方向。

---

[1] Bruno Rubinge, Mike Brousseau, John Lymer, Clement Gosselin, Thierry Laliberté, Jean-Claude Piedboeuf. A Novel Robotic Hand-SARAH For Operations on the International Space Station [J]. 7th ESA Workshop on Advanced Space Technologies for Robotics and Automation ASTRA 2002, 2002, 11, 19-21.

上述方案涉及的关键技术包括机械手指、末端驱动与致动技术。如图 5-6-16 所示，从 SARAH 的专利技术分析发现，加拿大拉瓦尔大学针对上述核心技术申请了相关专利，具体包括专利 US5762390、US6669257 和 US6505870B1。其中，专利 US5762390 公开了 SARAH 机械手指的技术方案，专利 US6669257 公开了 SARAH 由 SPDM 操作末端驱动时的电力切换机构方案，专利 US6505870B1 公开了为加拿大航天局 CSA 开发的 SARAH 的致动系统方案。

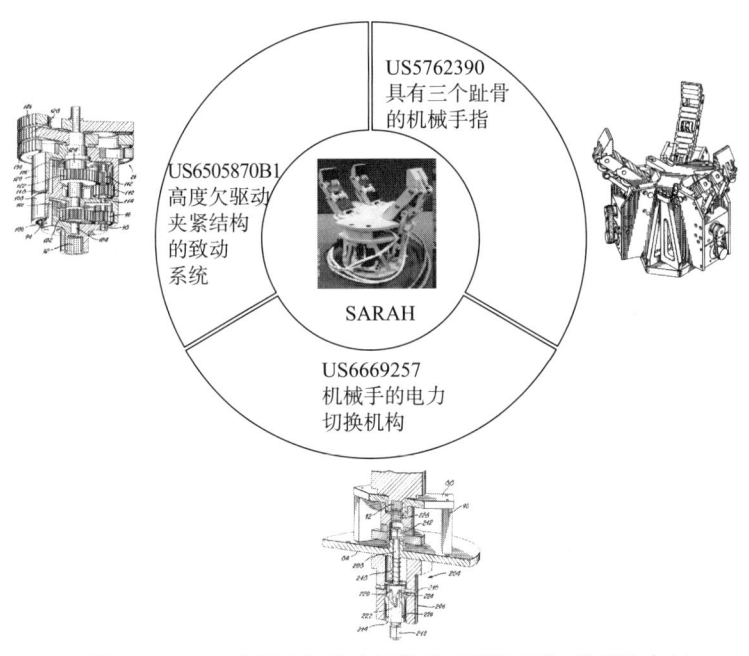

图 5-6-16 自适应机器人辅助手（SARAH）的相关专利

其中，专利 US5762390 提供了一种具有三个趾骨的机械手指，可以作为柔性且通用的机械手；该发明的灵活多功能机械手指具有三个自由度，三个这样的手指构成的机械手可以实现对各种形状物体的抓取操作，且具有精确控制机构。该专利公开的机械手指坚固，可以提供较大的抓握力，并可以进行电动抓握以及夹取。该机械手指的机构中，具有保持最后趾骨与手掌正交的附加机构，以便对不同尺寸的物体执行抓取。为了精细控制，机械手指中包括触觉传感器以及电位计。使用该发明机械手指的机械手可以稳固地抓握各种类型物体，且仅指定每个手指的两个坐标（用于闭合整个手指的力或位置，以及手指方向）。当执行抓取时，手指将逐渐包围待抓取物体，最后达到静态平衡。该专利示意图见图 5-6-17。

专利 US6669257 提供了一种用于专利 US5762390 所述机械手指的电力切换机构。该电力切换机构可以实现欠驱动机械手的驱动，实现多自由度功率输入的

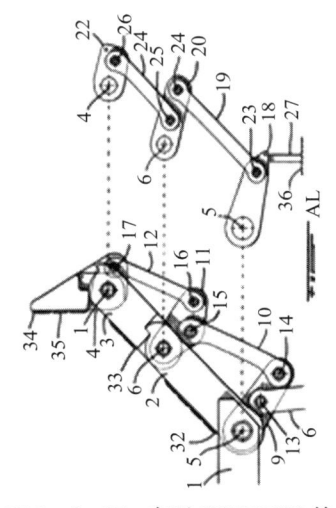

图 5-6-17 专利 US5762390 的技术方案示意图

机器人系统与具有多个致动器的机器人工具之间的驱动连接。该专利的电力切换机构可以选择性地将具有两个自由度功率输入的机器人系统，与具有多个致动器的机器人工具进行连接。两自由度功率输入包括平移功率输入和旋转功率输入。电力切换机构包括安装到动力轴旋转输入端的可轴向移动的连接件，该连接件可以与动力旋转轴一起旋转。分度机构与动力轴旋转输入相连，并且在空档位置和每个致动器的致动器接合位置之间依次轴向移动。响应于两个自由度电源输入的轴向平移移动，可轴向移动的连接器与任何一个致动器接合。该专利示意图见图5-6-18。

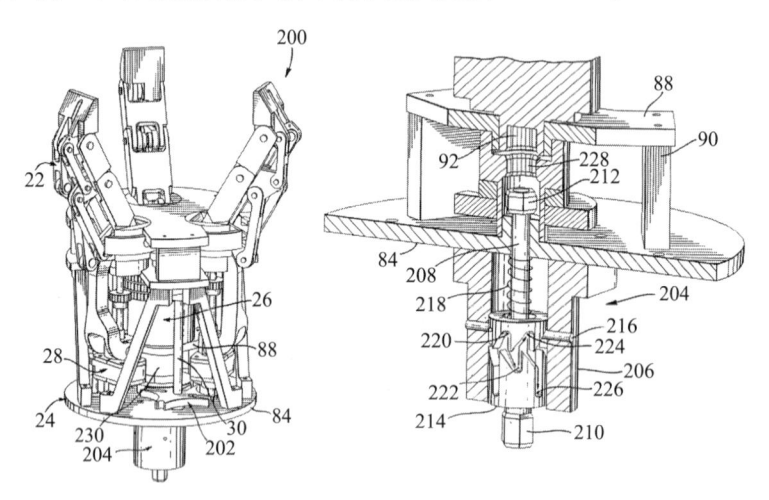

图5-6-18 专利US6669257的技术方案示意图

专利US6505870B1提供了一种用于具有十个自由度的高度欠驱动夹紧结构的致动系统。该发明仅用了两个致动器就实现了十自由度欠驱动夹紧结构的致动，大大降低了系统复杂度。该发明的致动系统仅需要两个致动器，一个用于致动三个手指的打开和关闭，另一个用于控制可旋转手指的取向。手指之间的欠驱动是通过与定向机构相关联的单输入/三输出差速器来提供的，使得当两个手指旋转且相对于彼此夹紧时，方向固定的手指被停用。当电源关闭时，每个手指在其关闭和打开动作中都能自锁。该特征是重要的，特别是对于由差动机构致动的手指。在该发明的一个实施例中，差动机构使用齿轮传动系统。在另一个实施例中，Geneva机构作为传动机构，并且提供使用分度环的紧固接口来连接外部驱动装置。在该发明的另一实施例中还描述了流体动力系统，其中夹持机构由流体动力致动，并且通过流体动力执行手指之间的欠驱动实现。该专利示意图见图5-6-19。

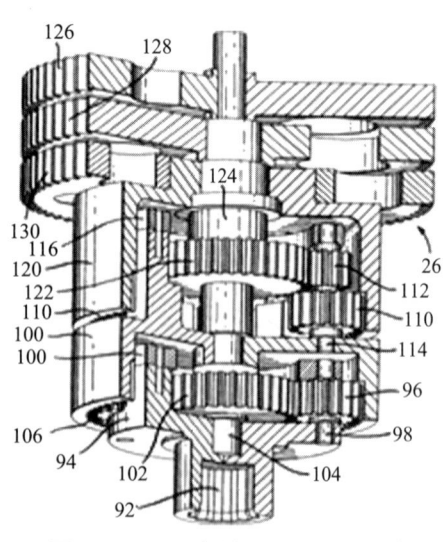

图5-6-19 专利US6505870B1的技术方案示意图

5.7 我国专利技术情况

近几年随着我国载人航天工程和在轨服务多种操作需求的不断提升,参与操作末端技术创新的院所和高校越来越多。以下针对我国重要创新主体的重要专利进行分析,以了解我国的技术创新情况。

以下筛选了4项中国申请人的操作末端技术重要专利进行分析。其中,哈尔滨工业大学的专利CN104743140B和中国空间技术研究院的专利CN104648698B涉及抓捕操作末端技术;哈尔滨工业大学的专利CN102390548A和北京控制工程研究所的专利CN105382845A涉及操作工具更换装置。

其中,专利CN104743140B提供了一种抓握式充气抓捕手,用于抓捕空间大尺寸非合作目标。该抓握式充气抓捕手,包含机械臂控制机构,在机械臂控制机构上设置有多个机械臂,多个机械臂环形排列,由机械臂控制机构控制多个机械臂做向内侧抓握动作和向外侧张开动作。在每个机械臂的前端分别设置有一个弧形的充气伸展臂,每个充气伸展臂均向内侧弯曲。在每个充气伸展臂的外侧分别设置有纵向的卷簧,每根卷簧展开的长度与对应的充气伸展臂的长度相同,每根卷簧的外侧表面与对应的充气伸展臂黏接,使充气伸展臂在充气前随卷簧向外侧卷曲。该专利示意图见图5-7-1。

上述专利的充气伸展臂延伸了机械臂的长度和操控范围,显著缩短了机械臂的尺寸,只需要很短的机械臂带动充气伸展臂即可,具有发射体积小、重量轻、展开可靠等优点,可对更大尺寸的非合作目标进行抓捕,且不需配合安装在目标体上的抓持机构,对于具有不规则形状及较大尺寸范围的目标有良好的适应能力,可针对不同形状、尺寸的目标实现两爪、三爪、多爪的抓捕方式。

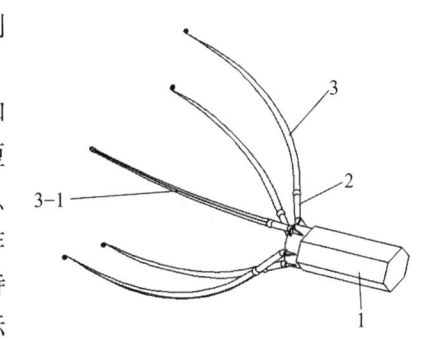

图5-7-1 专利CN104743140B的技术方案示意图

专利CN104648698B提供了一种用于高轨卫星远地点发动机的通用抓捕对接机构上的棘爪胀紧装置。该棘爪胀紧装置,包括:捕获杆,前端具有前后缘均是锥形的冠头,后端承受驱动力输入;棘爪,呈环形环绕安装在捕获杆上,前端具有齿,外表面具有导向凸台;花瓣支撑,环绕捕获杆,外表面设有导向条,导向条后端具有斜面,斜面与棘爪前端的齿配合;导轨支座,内表面具有两组导轨槽,分别与导向凸台及导向条配合,导轨槽前端具有斜齿形槽;多个花瓣式锁紧片,围绕捕获杆均布,底部固定连接花瓣支撑;支撑导轨,连接导轨支座,内部容纳弹簧,弹簧抵靠支撑导轨和花瓣式锁紧片。该专利示意图见图5-7-2。

上述专利技术的棘爪胀紧机构位于抓捕机构内部,由驱动机构实现花瓣式锁紧片的伸出、张开和回位,结构简单,操作方便可靠。该抓捕机构中的棘爪胀紧机构适用于16~22mm的各种直径的发动机喉管,适用范围大。

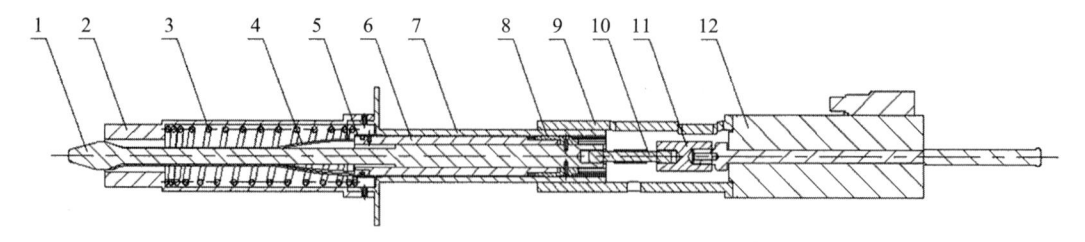

图 5-7-2 专利 CN104648698B 的技术方案示意图

专利 CN102390548A 为了解决现有的轨道工具更换器存在空间作业的可靠性差、无法实现大位姿容差、功耗高、质量大、体积大等问题，而提供了一种空间机器人轨道工具更换器，旨在为空间机器人在轨作业提供多种操作工具。该轨道工具更换器与可更换末端操作器的对接面为圆锥面，具有较大的位姿容差能力。该发明体积小、质量轻、低功耗、大位姿容差以及高可靠性，可满足空间机器人在轨道上自主更换末端工具的要求。该专利示意图见图 5-7-3。

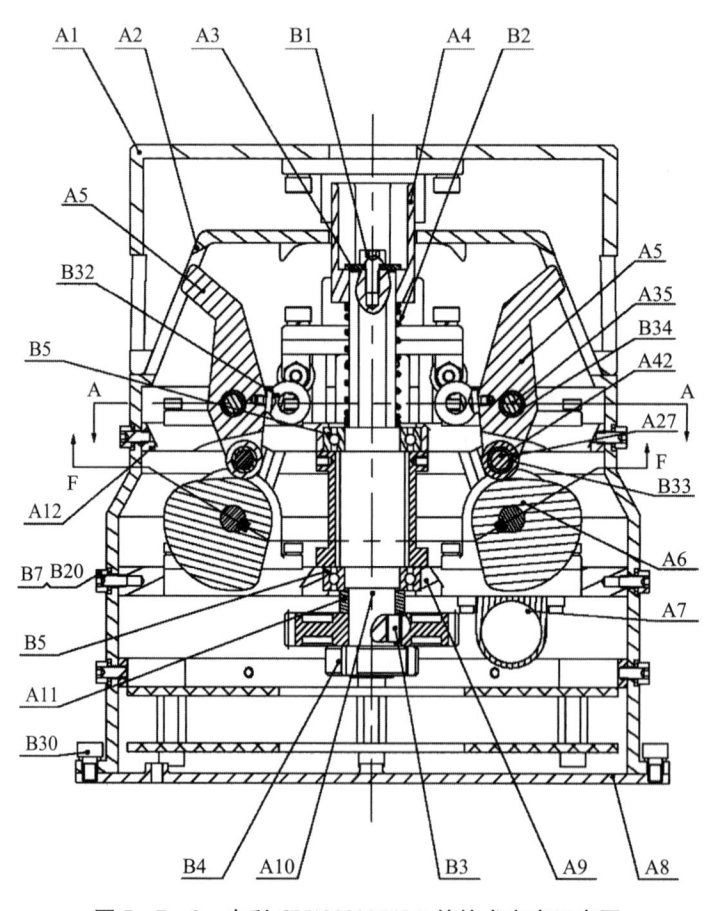

图 5-7-3 专利 CN102390548A 的技术方案示意图

专利 CN105382845A 提供了一种空间机械臂末端工具更换装置及更换方法，可使空间机械臂具备在轨自主更换末端工具的能力，使单独的机械臂可执行多种操作任务，实现机械臂的多功能化。该空间机械臂末端工具更换装置包括机械臂端和工具端两部分，机械臂端由钢球架、卡套、弹簧、钢球、拨杆轴组成，钢球架与机械臂连接，弹簧自然伸长使卡套处于钢球上方限制钢球运动。工具端由工具头和工具架组成，工具头与末端工具连接，并放置在工具架中。通过机械臂运动使弹簧变形，钢球与卡套错开并进入工具头的钢球沟道内。拨杆轴上的拨杆插入工具头的V形导向槽内，实现机械臂端与工具端的连接锁紧。该专利示意图见图5-7-4。

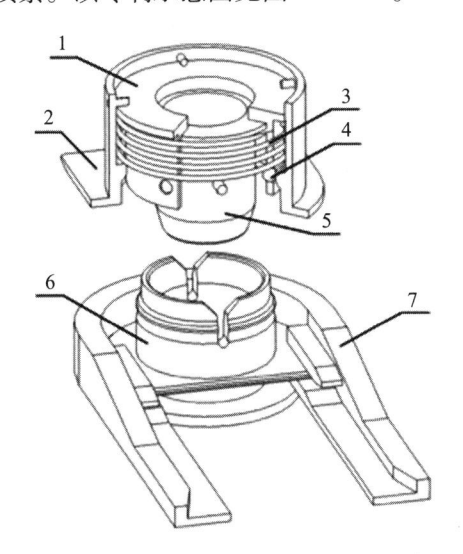

图5-7-4 专利CN105382845A的技术方案示意图

上述专利技术中的装置借助机械臂的运动，不需要额外驱动源，使得空间机械臂可在轨自主更换末端工具，实现了机械臂的多功能化。与已有技术相比，在实现同样功能的前提下，该发明涉及的技术避免了专用的驱动电机或传动装置，具有体积小、重量轻、成本低的优势，市场竞争力强。

5.8 小 结

针对空间机器人的操作末端技术相关专利文献数据，本章进行了专利申请趋势、专利区域分布、主要创新主体分析、关键技术发展历程分析、国外重点项目与专利申请情况分析，以及我国相关专利技术分析。

在专利申请趋势分析中，将操作末端的技术发展趋势划分为萌芽期（1978~1998年）、发展期（1999~2010年）、快速发展期（2011~2018年）。在萌芽期（1978~1998年），国外的在轨服务机器人发展处于技术方案论证与初步工程实现阶段，各国的航天局均申请了相应的操作末端专利，但由于技术突破有限，专利申请量较少。在发展期，随着各国的空间飞行器自主在轨服务项目不断提出，并相继进入空间试验阶段，操作末端的专利申请量呈现上升趋势。在快速发展期（2011~2018年），操作末端技术的专利申请量呈现快速上升趋势，且主要受中国专利申请上升的影响。另外，本报告对每个发展阶段的代表性专利进行了梳理，以了解各阶段的技术创新热点。

在专利区域分布中，主要进行了主要申请国家的专利占比分析和技术构成分析，以及操作末端技术的技术流向分析。其中，操作末端的技术创新主要来源地包括中国、美国、欧洲和日本。其中，中国在操作末端的研究热点和技术创新集中在空间目标对接技术方面；美国、日本、欧洲的专利技术在空间仿人灵巧手、灵巧操作工具和空间目标对接技术方面为中国提供了较多技术借鉴。从技术流向分析结果来看，美国产出的专利技术分布最广，其将中国、日本和欧洲均作为技术输出国家或地区，相比较而言，中国产出的操作末端专利布局仅局限在国内，缺少国际专利布局，这使中国在未来国际技术合作、产品出口方面均面临较大的知识产权风险。

在主要创新主体分析中，主要统计了操作末端的专利申请量排名情况，并对主要申请人进行技术构成分析。其中，在操作末端技术领域，以美国、日本、中国和加拿大的技术创新主体为主，各单位的技术创新的侧重点各有不同，但均在空间目标对接技术领域具有较多的技术创新，该关键技术领域是各创新主体的主要研究方向之一。

在关键技术发展历程中，针对空间目标捕获与对接技术的发展历程进行了梳理。通过分析发现，目前国内外针对空间目标的捕获方式呈现多元技术并行发展趋势，具体涉及绳系或飞网捕获、抓取捕获、插接捕获和吸附捕获；捕获对象从合作目标扩展到了非合作目标，且捕获目标从低轨向高轨逐步扩展。我国的相关专利技术出现较晚，且主要涉及绳系或飞网捕获、抓取捕获和插接捕获。

在国外重点项目与专利申请分析中，本报告围绕第二代机器人宇航员、加拿大 Dextre 的灵巧操作工具和国际空间站 SARAH 机械手项目进行了分析，对其专利申请与全球布局，以及重要专利技术方案进行了分析。通过这些重点项目的专利申请情况分析，实现了国外相关技术研究情况挖掘，为我国操作末端技术的发展提供支撑。

总之，通过本章的分析内容，了解了操作末端技术的技术发展过程、技术优势国家、技术研究热点，对帮助国内创新主体了解主要技术竞争对手的技术发展、专利布局情况和重要项目核心技术具有借鉴价值。

第6章 自主操作关键技术专利分析

本章旨在全面分析在轨服务机器人的自主操作关键技术领域专利情况，包括自主操作技术发展趋势、技术创新热点、技术优势国家或地区，以及全球主要创新主体、关键技术发展历程和国外重点项目与专利申请情况等。通过上述分析梳理，有助于我国科研单位对在轨服务自主操作技术发展和专利布局情况有一个总体的了解，并确定主要竞争对手的技术创新情况，从而对我国自主操作技术发展方向选择和技术借鉴等方面提供支撑。

6.1 技术概况

在轨服务机器人涉及的自主操作技术主要包括自主在轨加注、自主在轨模块更换与装配、空间碎片清理等。其中，自主在轨加注可以对在轨飞行器进行补给，从而延长了航天器在轨寿命，降低全寿命周期费用；自主在轨模块更换可以对故障或失效飞行器进行维修，从而降低航天任务风险，而对飞行器进行在轨组装，可以摆脱当前发射运载器对飞行器规模的限制，从而提高发展大型空间系统的水平；空间碎片清理可以对空间失效飞行器、空间垃圾进行清理，避免其与在轨飞行器相撞。

（1）自主在轨加注技术

空间飞行器自主在轨加注，是指通过一个携带补给推进剂的航天器，与需要进行推进剂补给的航天器在运行轨道上实现交会对接，而后通过连接的管道将推进剂由补给航天器推进剂储箱传输到目标航天器推进剂储箱的过程。

为延长航天器工作时间，美国 DARPA 和 NASA 开展了自主在轨加注技术研究。DARPA 曾于 2007 年通过"轨道快车"项目在轨演示验证在轨加注等技术，[1] 在目标航天器上预先设置了加注接口。2011 年，NASA 启动"机器人燃料加注任务"项目，研究针对无专门在轨燃料加注接口的卫星实施在轨加注。[2] 2016 年 5 月，NASA 出台"复元"－L（Restore－L）项目研究计划，[3] 服务航天器将于 2020 年发射，在低地球轨道为"陆地卫星"－7 提供燃料加注服务。

美国已完成设有专门燃料接口航天器的低温肼燃料在轨加注演示验证；在空间站

---

[1] 李岩，党常平. 空间在轨服务技术进展 [J]. 兵工自动化，2012, 31 (5): 79－82.

[2] Satellite Servicing Capability Office, NASA. Robotic refueling mission [EB/OL]. http://ssco.gsfc.nasa.gov/robotic_refueling_mission.html.

[3] NASA. Restore－L mission [EB/OL]. http://ssco.gsfc.nasa.gov/restore－L.html.

上开展了针对没有专门燃料接口航天器的在轨加注试验；将进一步研究不依赖空间站等固定平台实现真正的在轨加注。还需进一步验证除肼燃料以外的其他燃料的在轨加注技术。

空间机器人在轨加注技术未来能够有效地为没考虑任务模块更换、无专门加注接口的卫星提供燃料加注服务，进而大幅提高卫星轨道机动能力，增强执行任务灵活性，延长在轨工作寿命。同时，也将促进相关空间机器人在轨操作技术在卫星维修、升级等方面的应用，提升经济效益。

（2）自主在轨模块更换与装配技术

自主在轨模块更换与装配是指在太空中将不同的部件连接起来，构建成一个结构、子系统、子系统的单元体等太空设施，或把一个或多个结构分离开进行重新组合。

美国的自主在轨装配经历了概念探索阶段、技术研究阶段，目前处于在轨演示验证阶段。20世纪90年代起，美国投入大量资金开发航天器制导/导航/控制、太空目标捕获等支撑技术及在轨装配技术。2007年，美国利用"轨道快车"项目综合验证了半自主和部分全自主装配技术，[1] 完成了包括服务航天器和目标星自主交会对接、更换目标星可替换单元在内的所有演示任务，证明美国不仅具备针对合作目标进行捕获对接的能力，还具备针对非合作目标的捕获对接能力，其自主在轨装配技术代表了国际领先水平。

2013年，DARPA启动"凤凰"项目，旨在利用空间机器人、模块化卫星和空间废弃卫星的有用天线，在轨装配新卫星。[2] 项目第一阶段已于2014年4月完成，验证了空间机器人在轨装配技术的可行性。项目第二阶段，重点开展3项技术研究，分别为先进的地球同步轨道空间机器人、细胞星和有效载荷在轨交付系统。

近些年，美国密集启动了一系列在轨装配任务，以推进自主装配技术的发展，包括DARPA的"地球同步轨道机器人卫星服务试验"RSGS项目、"蜻蜓"项目、"太空光学孔径自组装"OASIS项目；NASA的"太空装配大型结构系统"SALSSA项目、"蜘蛛制造"项目和"建筑师"项目等。其中，RSGS项目试图在地球同步轨道利用自主的遥操作机器人系统提供太空服务；"蜻蜓"项目研究在地球同步轨道利用机器人在轨装配通信卫星，目的是通过在轨装配卫星，突破运载火箭整流罩对卫星尺寸的限制，实现通信卫星分块发射、在轨装配，降低卫星成本，其最大技术难题是在轨安装与重构大型射频天线，预计在2020~2029年进行"蜻蜓"项目在轨演示验证。

NASA正在开发"多功能太空机器人精确制造与装配系统"，[3] 即"建筑师"系统，其实施方案是：将增材制造所需原材料和某些高价值部件送至太空，利用空间机械臂

---

[1] 崔乃刚，王平，郭继峰，程兴. 空间在轨服务技术发展综述 [J]. 宇航学报：2007, 28 (4)：33 – 39.

[2] 闫海江，范庆玲，康志宇，肖余之. DARPA 地球静止轨道机器人项目综述 [J]. 机器人：2016, 38 (5)：632 – 640.

[3] The Geometry of Success: Archinaut Project Conducts First Large – Scale Additive Manufacturing Build in Space – like Environment [EB/OL]. [2017 – 08 – 10]. https://www.nasa.gov/mission_pages/tdm/irma/the – geometry – of – success – archinaut – project – conducts – first – large – scale – additive – manufacturing.html.

对这些零部件和增材制造零部件，实施在轨装配。未来五年，该系统有望在轨制造并装配通信卫星的发射器或其他大型结构。此外，由NASA"创新先进概念项目"投资开发的"蜘蛛制造"系统，❶是一个多臂机器人，可喷出熔合碳纤维条，能在轨制造并装配大型太空结构。目前，该系统机器人样机验证了"蜘蛛制造"概念关键工艺的可行性。未来十年，该系统有望在轨制造大型天线、航天器桁架和太阳能电池帆板。

在轨装配技术蕴含巨大的经济和军事价值，不但能降低太空系统全寿命周期成本，延长其使用寿命，改善其性能，还具有潜在的太空攻防对抗用途，已成为未来空间操作技术领域的重要研究内容之一。美国已率先在低轨开展自主在轨装配技术综合演示验证，未来还将利用空间机器人在高轨开展空间系统在轨装配、制造、部署等服务，同时促进空间机器人服务走向深空、走向商业化。

（3）空间碎片清理

空间碎片清理主要对空间失效飞行器、空间垃圾进行清理，避免其与在轨飞行器相撞。在空间碎片清理技术领域，近些年的研究热点包括太空拖船技术以及柔性飞网捕捉技术。❷

太空拖船是利用成熟的卫星控制技术，通过绳系使任务航天器和捕获装置相连，在捕获目标后通过卫星拖拽捕获装置以及目标碎片，最终使空间碎片和卫星一同坠毁的技术；其优点在于容易实现，技术成熟；其缺点在于一个卫星一次发射只能进行一次任务，缺乏可重复性。目前，随着空间非合作目标的增多和对非合作目标清理工作的开展，一种利用航天器携带飞网并在捕获时释放飞网最终捕获目标的柔性飞网捕捉技术被提出。

柔性飞网捕捉技术是一种新型的非合作目标捕捉装置，与机械臂捕捉相比，飞网具有安全性高，消耗能量少，捕获范围大的优点。但对于柔性飞网捕获空间碎片这一过程来说，捕获后对空间碎片无法有效处理，只能通过卫星携带碎片和捕获装置坠毁，而不能自动坠毁，销毁碎片。

6.2 专利申请趋势

对筛选后的自主操作技术专利，利用时序分析方法，研究专利申请量随时间逐年变化情况，从而分析技术发展趋势。图6-2-1为按照最早优先权年进行统计后得到的专利申请趋势分析。

如图6-2-1所示的空间在轨自主操作技术专利申请趋势，相关专利申请从20世纪70年代末开始出现，整个专利申请时趋势可以划分为两个阶段，分别为萌芽期（1976~2001年），发展期（2002~2017年）。

---

❶ DARPA Contract to Pursue In - Space Manufacture of a High - Throughput SATCOM Satellite [EB/OL]. [2017-06-12]. http://www.tethers.com/PR/OrbWeaver_PressRelease_APPROVED.pdf.

❷ 魏祥康. 空间碎片自动移除装置及其移除方法：中国，20161053278.6 [P]. 2016-07-07.

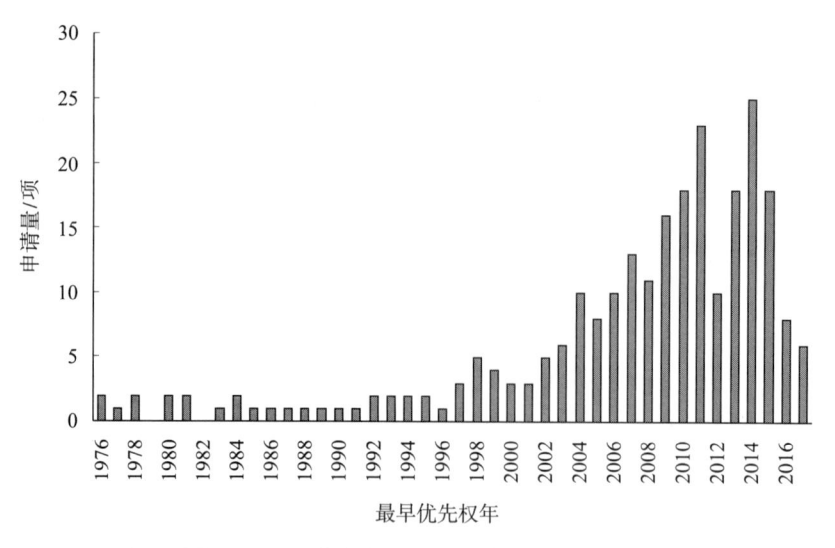

图 6-2-1 自主操作技术全球专利申请趋势

6.2.1 萌芽期

萌芽期（1976~2001年），自主操作技术的专利申请量较低，年专利申请量仅有1~6项。最早的自主操作技术专利由加拿大 SPAR 公司（被 MDA 公司收购）、通用公司和 NASA 提出，其中，加拿大 SPAR 公司的专利主要涉及在轨卫星模块更换技术，而通用公司的专利涉及在轨卫星模块更换和飞行器在轨组装，NASA 的专利涉及飞行器自主在轨维修。

在 20 世纪七八十年代，加拿大 MDA 公司和通用公司针对在轨维修与模块更换系统进行技术创新，专利技术方案侧重于将航天飞机作为服务航天器，对低轨卫星和静止轨道卫星进行模块更换或维修，该阶段国外才开始提出自主在轨服务概念，美国和加拿大创新主体的专利技术方案仅是概念性总体方案，作用仅体现在方案可行性论证方面。

从 20 世纪 90 年代开始，自主操作技术领域仍然以自主在轨模块更换或维修技术方案为主，但 NASA 和日立也开始针对自主在轨加注和空间碎片清理申请了专利，如专利 US5299764A 和专利 JP03355669B2，其技术方案主要侧重于自主操作过程中的服务航天器或机器人系统的轨道姿态控制，分系统之间的通信和控制实现等。

1997~2001 年，随着美国、德国、日本和欧空局的空间飞行器自主在轨服务与维护项目的推进，自主操作的专利申请量相比最初阶段的申请量有一定上升，主要是受日本专利申请量的上升影响。其中，日本日立公司、日本科学技术振兴机构、日本国家空间发展局等日本创新主体，在在轨维修与模块更换方面进行了技术创新，提出了多种在轨自主操作机器人系统和控制系统。

6.2.2 发展期

在发展期（2002~2017 年），自主操作技术专利申请量呈现逐年上升趋势。从

图6-2-2的国内外申请趋势对比来看，我国从2009年开始出现专利，近些年在该关键技术领域取得了较大技术突破。该时期专利申请涉及自主加注、自主模块更换与组装、空间碎片清理等，其中空间碎片清理的专利申请量最多。另外，由于发明专利申请自申请日起18个月公布，而PCT专利申请可能自申请日起30个月才进入国家阶段，其对应的国家公布时间就更晚，因此，检索结果中包含的2014~2017年的专利申请量比真实的申请量要少，这一部分数据不能代表实际情况。

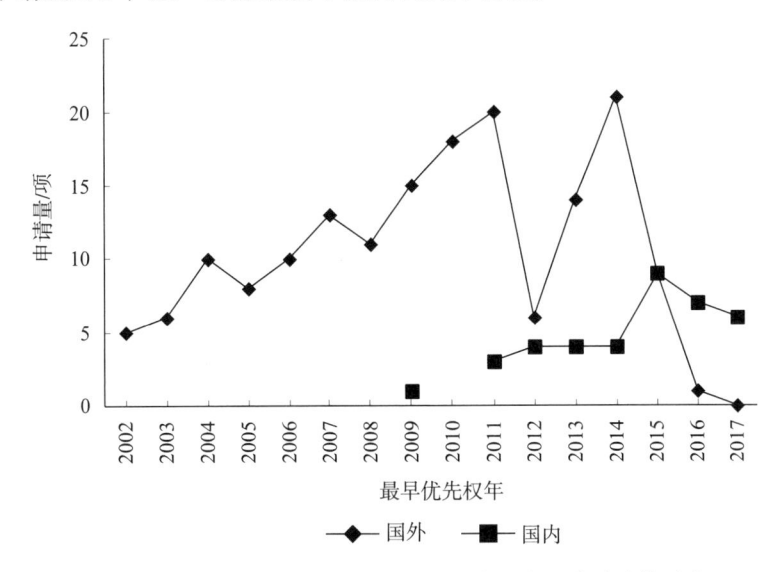

图6-2-2 在自主操作技术发展期国内外专利申请趋势对比

从2002年开始，日本、欧洲、美国均申请了较多空间碎片清理相关专利，涉及的技术方案包括绳系装置拖拽（如专利JP03809524B2）、电磁吸附脱轨（如专利JP04538591B2、US20120085869A1和US20120286100A1等）、机械抓取（如专利US6655637B1）、鱼叉叉取拖拽（如专利US9463884B2和US20170113818A1）、飞网捕获（如专利CN102756811B）等。另外，还有少许专利涉及撞击清除、黏附拖拽清除等方式（如专利US20110198446A1和US9016635B2）。其中，我国从2009年也开始出现空间碎片清理相关专利。根据我国目前的专利申请情况来看，目前主要针对鱼叉叉取和飞网捕获等空间碎片清理方式进行了技术创新研发。相比较而言，日本提出的空间碎片清理专利较多，且近年来的相关专利更侧重于碎片清理安全性和节能性的提升。

2006~2015年，基于美国在轨加注项目的推进，如轨道快车计划、机器人燃料加注任务、复元-L项目等，美国波音公司和加拿大MDA公司均在自主在轨加注方面申请了相关专利，如专利US7823837B2、CA2854375A1等，专利技术方案主要针对在轨加注精细操作和流量控制安全性等问题。

另外，基于美国和德国的在轨装配项目的推进，如美国凤凰计划、地球同步轨道卫星机器人服务、蜘蛛制造、"蜻蜓"地球静止轨道卫星自主装配系统，以及德国的IBOSS项目等，美国和欧洲的多个创新主体申请了自主模块更换与组装专利，如专利US20050088734A1、US20170015443A1、US20160264264A1、WO2017123677A1等。

6.3 专利区域分布分析

以下通过技术来源分析了解不同国家或地区对在轨服务自主操作技术的专利拥有量,以及主要技术来源国家或地区的技术构成,判断各国或地区的技术实力和技术特点。另外,在专利技术市场分布和技术流向分析分析中,对自主操作的全球区域分布情况进行分析对比。

6.3.1 技术来源国或地区的申请量分析

以下对自主操作技术专利按照专利最早优先权国家或地区对专利申请量进行统计和分析,结果如图6-3-1所示。

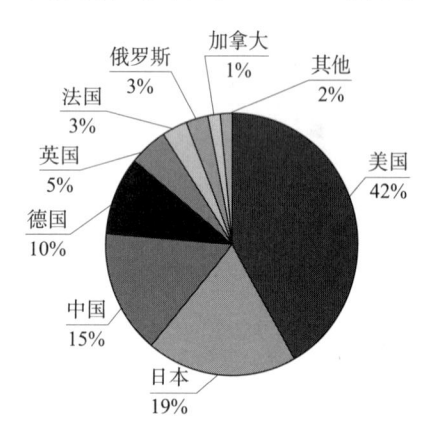

图6-3-1 自主操作技术领域全球专利区域分布分析

如图6-3-1所示,在自主操作技术领域,美国的专利申请量排名第一,共有104项相关专利申请,占申请总量的42%。美国从20世纪70年代末开始出现自主操作技术相关专利,且早期的专利主要来自于NASA和通用公司,其中,通用公司的专利涉及在轨卫星模块更换和飞行器在轨组装,NASA的专利涉及飞行器自主在轨维修。另外,从20世纪90年代开始,NASA开始出现自主在轨加注技术专利,之后随着美国在轨加注项目和在轨装配项目的推进,美国的自主在轨加注和自主模块更换与组装的相关专利申请开始上升;另外,美国在近十年针对空间碎片清理也开展了大量研究,并资助中小型企业进行技术研发,促进了美国空间碎片清理申请上升。总体而言,美国的在轨服务项目计划的涉及面最广、数量最多,从而确保了其在相关技术领域的专利申请量处于领先地位。

日本的自主操作技术专利申请量排名第二,共有48项相关专利,占自主操作技术申请总量的19%。日本的相关专利申请出现较早,在20世纪90年代开始,日本日立公司、日本科学技术振兴机构、日本国家空间发展局(NASDA)等相关技术领域申请了大量专利,且以空间碎片清理技术专利为主。

中国的自主操作技术专利申请量排名第三,共有38项相关专利,占自主操作技术申请总量的15%。中国相关专利申请出现较晚,2009年以后才开始出现相关专利申请,技术创新主体主要为国内高校和航天研究院所,且以哈尔滨工业大学、上海航天控制技术研究所和北京控制工程研究所的专利申请为主;另外,西北工业大学、清华大学、北京航空航天大学、中国空间技术研究院等高校和航天研究院所也申请了自主操作技术相关专利。

德国、英国和法国作为欧洲在轨服务技术的主要研制国家,在自主操作技术领域的专利申请量也处于领先地位。其中,包括德国专利24项、英国专利12项和法国专利

8项。欧洲的自主操作技术专利创新主体包括法国航空航天公司、德国航空航天技术公司、德国航空航天中心、英国宇航系统公司等。

另外，在自主操作技术领域，加拿大、俄罗斯等国家也有相关专利提出。其中，加拿大作为自主在轨服务技术的技术优势国家，其产出的专利申请较少，这主要是由于加拿大的技术创新主体参与了美国的项目研制，基于这些国际技术合作，将部分专利在美国优先申请了专利。

6.3.2 主要申请国家或地区的技术构成分析

图6-3-2分析比较了美国、日本、中国和欧洲的自主操作技术专利申请的技术构成情况，以确定各国或地区的技术创新热点。

	自主在轨加注	在轨模块更换与装配	空间碎片清理
美国	53	26	25
日本		21	27
中国	9	11	18
欧洲	4	20	20

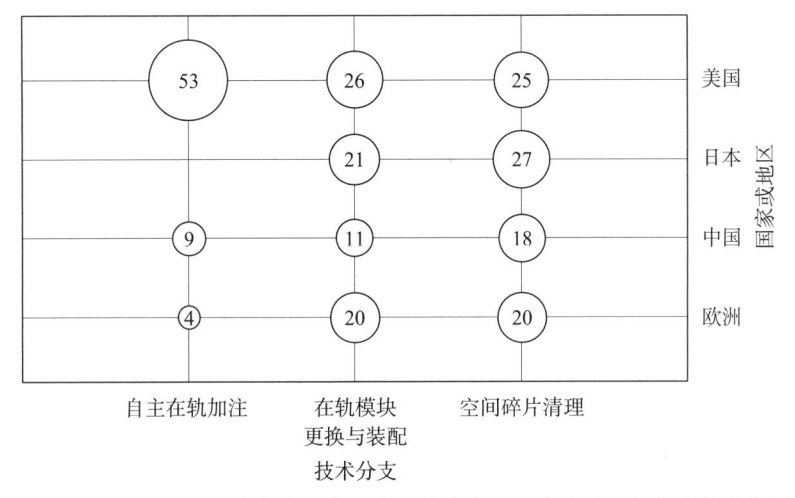

图6-3-2 自主操作技术全球专利主要技术来源国家或地区的技术构成分析

注：图中圆圈大小代表专利申请量多少；圈内数字代表专利申请量，单位为项。

在图6-3-2中，美国的自主操作专利包括自主在轨加注技术专利53项、在轨模块更换与装配技术专利26项和空间碎片清理专利25项。从上述统计结果可以看出，美国的自主操作技术以自主在轨加注技术为主，并且在自主在轨加注和在轨模块更换与装配方面的申请量高于其他国家，专利申请量和技术水平处于领先地位。

日本的自主操作专利包括在轨模块更换与装配专利21项和空间碎片清理专利27项，而在自主在轨加注技术方面没有专利申请。从上述统计结果来看，日本自主操作技术领域的研究热点主要集中在在轨模块更换与装配和空间碎片清理技术领域。近些年，日本的空间碎片清理技术发展较快，取得了较大技术突破，也推动了该技术领域的专利申请量呈现上升趋势。

中国的自主操作专利包括自主在轨加注技术专利9项、在轨模块更换与装配技术专利11项和空间碎片清理专利18项。从上述统计结果可以看出，我国在自主操作技术的三个技术领域均有技术创新，但空间碎片清理专利申请量相对较多。在自主操作技术领域，我国从2009年开始申请专利，而且航天研究院所的研制项目相关技术突破涉及国家秘密，因此有部分技术创新申请了国防专利，更多的技术方案则以技术秘密形式进行了保护。

欧洲在自主操作技术领域专利主要涉及德国、法国和英国的技术创新情况。其中，从各关键技术领域的专利申请数量来看，欧洲的自主操作技术以在轨模块更换与装配，以及空间碎片清理技术为主，而在自主在轨加注方面的专利申请较少。这主要是由于欧洲有些技术创新主体，与美国有技术合作，其部分专利优先在美国申请专利，而按优先权国家进行区域分布分析时，这些专利按照美国专利进行数量统计。

总之，从上述各主要国家或地区的技术构成分析结果来看，在自主在轨加注技术方面，美国提出的技术创新较多，具有较大技术优势；在在轨模块更换与装配方面，美国、日本和欧洲的专利申请相对较多，基于在轨验证项目实现了较多的技术突破；另外，从主要国家或地区的空间碎片清理专利申请量来看，各国或地区均对该关键技术的发展比较重视，基于其军民两用的特性，具有较大的技术发展和应用前景。

6.3.3 技术流向分析

全球的自主操作技术专利申请同族专利总计380件，在表6-3-1中对这些专利的区域分布进行了统计，以了解全球自主操作技术的专利技术流向。

表6-3-1 自主操作技术主要技术流入国家或地区的专利量统计结果　单位：件

技术流入国家或地区	有效	失效	在审	总计
美国	76	35	7	118
日本	40	26	6	72
中国	54	11	0	65
欧洲	19	10	16	45
俄罗斯	19	3	1	23
加拿大	12	7	3	22
英国	0	12	0	12
德国	3	7	1	11
法国	6	3	1	10
其他国家	5	4	2	2

表6-3-1对自主操作技术主要技术流入国家的专利量进行了统计。其中，美国、日本、中国、欧洲、俄罗斯和加拿大是自主操作技术专利的主要分布区域。在美国申请的专利占自主操作技术全球专利申请总量的30%，具体包括76件有效专利、35件失效专利和7件在审专利；分布在日本的专利量排名第二，占全球申请总量的18%，具体包括40件有效专利、26件失效专利和6件在审专利；在中国申请的专利量排名第三，占全球申请总量的17%，具体包括54件有效专利和11件失效专利；分布在欧洲的专利申请，主要包括欧专局专利、德国专利、法国专利和英国专利，其中分布在德国的专利有11件，欧专局专利有45件，法国专利有10件，英国专利有12件。

以下对分布在美国、日本、中国和欧洲的专利技术来源地进行分析，结果如图6-3-3所示。

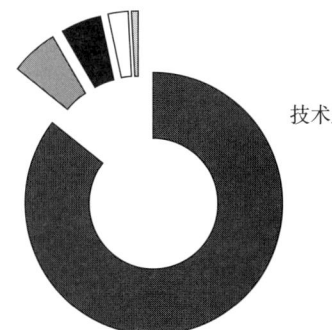

第6章 自主操作关键技术专利分析

技术来源国或地区（申请量/件）
- 美国：101
- 日本：7
- 德国：6
- 英国：3
- 加拿大：1

（a）技术流入国家：美国

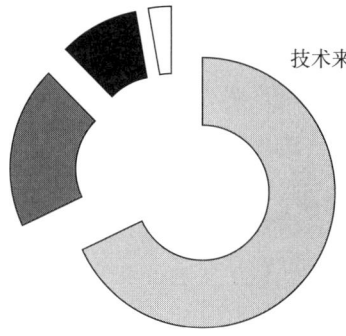

技术来源国或地区（申请量/件）
- 日本：49
- 美国：14
- 德国：7
- 英国：2

（b）技术流入国家：日本

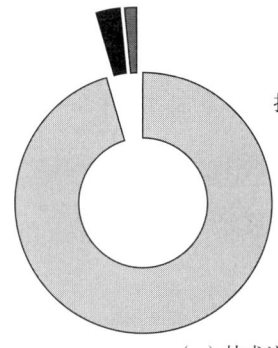

技术来源国或地区（申请量/件）
- 中国：62
- 德国：2
- 美国：1

（c）技术流入国家：中国

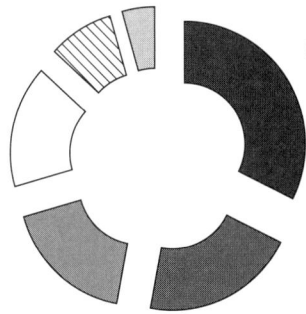

技术来源国或地区（申请量/件）
- 美国：22
- 英国：14
- 日本：12
- 德国：11
- 法国：6
- 加拿大：3

（d）技术流入区域：欧洲

图6-3-3 自主操作技术领域主要国家或地区的技术流向分析

117

如图 6-3-3（a）所示，美国的专利申请主要来自美国、日本、德国、英国和加拿大，具体包括美国本地提交的 101 件专利申请，以及日本输出的专利申请 7 件，德国输出的专利申请 6 件，英国输出的专利申请 3 件和加拿大输出的专利申请 1 件。如图 6-3-3（b）所示，日本的专利申请主要来自日本和美国，具体包括 49 件日本本国提交专利申请和 14 件来自美国的专利申请，这也说明了日本是美国的主要技术合作国家，也是美国自主操作技术的主要市场国家之一，另外，德国和英国也在日本分布了相关同族专利。如图 6-3-3（c）所示，中国的专利主要来自中国、德国和美国，具体包括 62 件中国本国专利，以及 2 件德国输出专利和 1 件美国输出专利。如图 6-3-3（d）所示，欧洲的专利来自美国、英国、日本、德国、法国和加拿大，具体包括 22 件美国输出专利、14 件英国输出专利、12 件日本输出专利、6 件法国输出专利和 3 件加拿大输出专利。

从上述分析结果来看，美国产出的专利技术分布最广，其在中国、日本和欧洲均进行了同族专利分布，但相对数量较少；美国主要以欧洲和日本市场为主。我国产出的自主操作技术专利布局仅局限在国内，没有任何国外申请专利。总之，从自主操作技术的技术流向来说，各国在全球的专利布局较少，主要以本国提交专利申请为主，这主要是由于目前全球的自主操作技术均处于方案论证和在轨试验阶段，技术方案相对不是很成熟，因此各国选择了较为保守的专利区域分布策略。

6.4 主要创新主体分析

以下针对自主操作技术专利进行专利申请人统计，结果如图 6-4-1 所示。

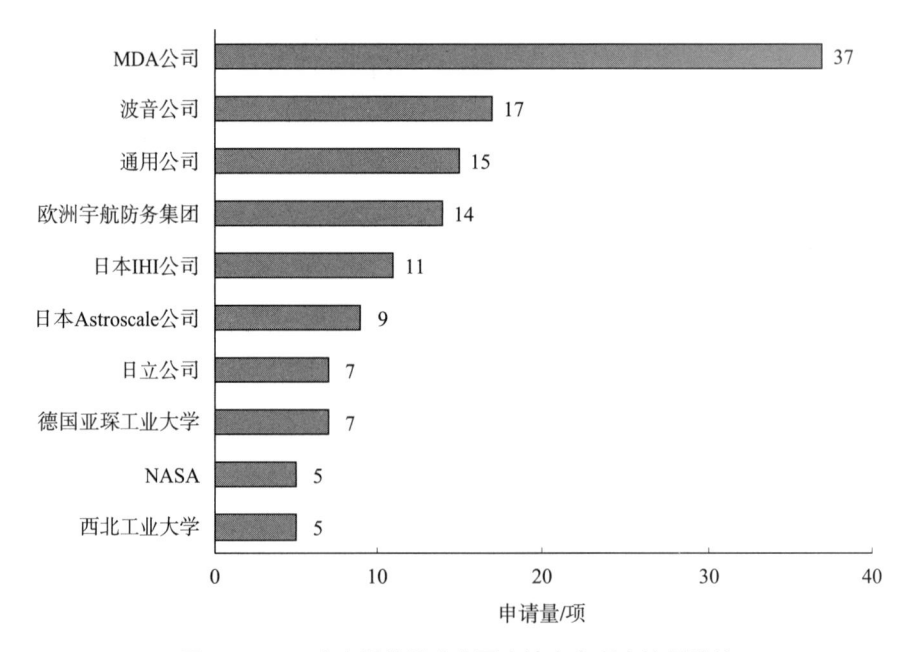

申请人	申请量/项
MDA公司	37
波音公司	17
通用公司	15
欧洲宇航防务集团	14
日本IHI公司	11
日本Astroscale公司	9
日立公司	7
德国亚琛工业大学	7
NASA	5
西北工业大学	5

图 6-4-1 自主操作技术主要申请人专利申请量统计

在图 6-4-1 中，统计了排名前十位专利申请人的专利申请量，其中包括：美国创新主体 3 个，分别为波音公司、通用公司和 NASA；日本创新主体 3 个，分别为日本 IHI 公司、日本 Astroscale 公司和日立公司；欧洲创新主体 2 个，分别为欧洲宇航防务集团（EADS）和德国亚琛工业大学；加拿大创新主体为 MDA 公司，中国的创新主体为西北工业大学。

在上述主要申请人专利申请量统计结果中，加拿大 MDA 公司、波音公司、通用公司、EADS、日本 IHI 公司和日本 Astroscale 公司的专利申请量居前六位。上述六个技术创新主体的技术构成分析如图 6-4-2 所示。

	MDA公司	波音公司	通用公司	欧洲防务集团（EADS）	日本IHI公司	日本Astroscale公司
■自主在轨加注	29	15	1	3	0	0
■自主在轨模块更换与装配	8	1	14	0	0	0
■空间碎片清理技术	0	1	0	11	11	9

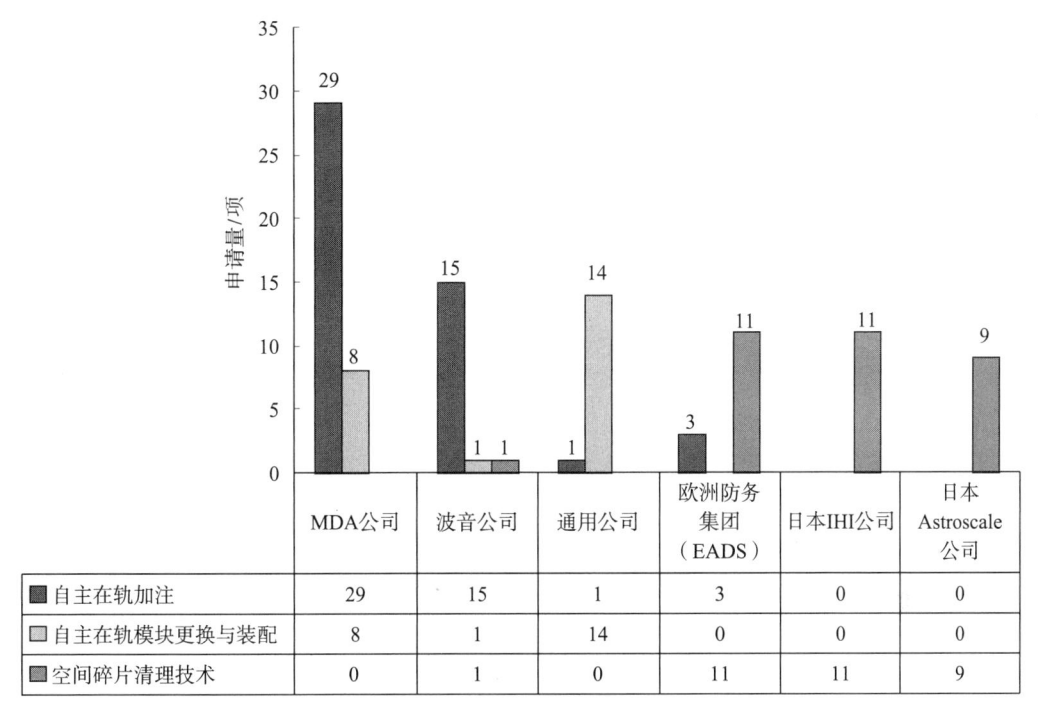

图 6-4-2 自主操作技术主要申请人技术构成分析

MDA 公司的自主操作技术专利申请量排名第一，在 2007~2014 年共申请了 37 项相关专利。其中，MDA 公司的自主操作技术专利以自主在轨加注技术为主，其控股的劳拉空间系统公司在自主在轨模块更换与装配技术领域申请了 2 项相关专利。

波音公司的自主操作技术专利申请排名第二，在 2003~2014 年申请了 17 项相关专利。波音公司的自主操作技术专利主要以自主在轨加注技术为主，在该关键技术领域有 15 项相关专利。另外，波音公司在自主在轨模块更换与装配技术和空间碎片清理技术各有 1 项专利。

通用公司的自主操作技术专利申请量排名第三，在 1978~2014 年共申请了 15 项相关专利。通用公司的专利申请以自主在轨模块更换与装配技术为主。

欧洲宇航防务集团的自主操作技术专利申请量排名第四，有 14 项相关专利申请，主要由其控股公司 Astrium 公司和空中客车公司提出。欧洲宇航防务集团的自主操作技术专利以空间碎片清理技术为主,具体包括 11 项空间碎片清理技术专利和 3 项自主在轨模块更换专利。其中,欧洲宇航防务集团作为欧洲空间碎片移除计划 E. deorbit 任务和"空间碎片清除"演示验证任务的主要承研单位,申请了涉及"鱼叉"和"空间渔网"的空间碎片捕获技术专利,如专利 US20150151856A1、EP3015369A1、US9022323B2 和 US7168660B2 等,并在中国分布了相关同族专利。另外欧洲宇航防务集团在自主在轨加注方面申请了 3 项相关专利。

日本 IHI 公司和日本 Astroscale 公司分别有 11 项和 9 项专利。这两个公司的专利均以空间碎片清理技术为主。

另外,在自主操作技术领域,德国亚琛工业大学申请了 7 项专利,日立公司申请了 7 项专利,西北工业大学申请了 5 项专利,NASA 申请了 5 项专利。

6.5 关键技术发展历程

在轨服务自主操作技术,涉及自主在轨加注、自主在轨模块更换与装配、空间碎片清理。以下分别对上述三项关键技术的发展历程进行梳理分析。

6.5.1 自主在轨模块更换与装配技术的发展历程

如图 6-5-1 所示(见文前彩色插图第 5 页),自主在轨模块更换与装配技术的技术创新主要来自于美国、加拿大、日本、欧洲和中国。

1976~1989 年,加拿大和美国首先提出了自主在轨模块更换与装配技术相关的专利,技术方案主要涉及在轨维护航天器总体技术,具体涉及采用机械手进行模块更换、自动装配和目标航天器控制,以及服务航天器与目标航天器之间的耦合和通信实现方案等。其中,在 1976 年,加拿大 Spar 公司申请了专利 CA1049586A1,涉及航天器模块更换系统,主要采用可旋转和可移动的机械手对在轨卫星进行维护,实现航天器之间的模块交换;之后,美国通用公司在 1978~1985 年申请了四项与在轨模块更换与装配相关的专利申请,专利 US4308699A 公开了一种用于构造大型空间结构和自动装配、维护和修理系统,专利 US4298178A 涉及无人维护的航天器,用于对地球静止轨道卫星进行损坏模块更换,专利 US4657211A 用于航天飞机对在轨航天器进行有效载荷模块维修或更换,其采用远程操作机械臂实现卫星捕获与固定,专利 US4964596A 用于在航天飞机轨道上进行装配和维护工作的空间飞行器,使用遥控臂、对接耦合装置、动力模块和通信总线模块等。

1990~2005 年,日本在自主在轨模块更换与装配技术领域实现了较多技术突破,参与技术创新的主体包括日本日立公司、日本科学技术振兴机构、东芝公司、日本国家空间发展局和日本川崎重工。其中,日本日立公司和日本科学技术振兴机构(JST)在 1991 年申请了空间航天器维护系统相关专利,用于进行空间设备的建造和修理;之后,东芝公司申请了专利 JP03349762B2,用于空间站的组装式天线,采用机械手实现高精度天线组装;之后在 1995 年,日本国家空间发展局申请了与空间制造或维护系统相关专利,用于进行空间设备的建造和修理；1997年，日立公司的专利JP11157497A公开了一种航天器在轨服务系统，用于维修或恢复飞行器；1999年，日本国家空间发展局的专利JP2001079791A公开了一种用于在空间进行飞行组装的自主系统，具有组装航天器的机械手；2000年，川崎重工公司申请了专利JP04465440B2，公开了一种用于航天器操作系统的空间机器人，基于由机器人执行的操作来控制机械手操作驱动力控制器以执行对卫星物体的特定服务。另外，在该期间，加拿大和美国也在自主在轨模块更换与装配技术领域进行了技术创新，加拿大航天局（CSA）在1993年申请的专利CA2147654C涉及轨道置换单元，用于空间站机器人在轨组装或维护操作，波音公司在2003年的专利US20050088734A1利用模块化部件在空间中自主组装分段填充孔径望远镜（AAST）。

2006年至今，美国、欧洲和中国均在自主在轨模块更换与装配技术领域提出了相应技术创新。其中，美国在该阶段的专利申请主要涉及"蜻蜓"在轨卫星组装项目和"蜘蛛制造"空间系统制造项目，具体包括专利US20160264264A1和WO2017123677A1。欧洲的专利申请DE102014104695A1涉及德国的模块化航天器的IBOSS项目。此外，中国在该阶段也进行了相应技术创新，哈尔滨工业大学的专利CN102490181B针对空间在轨模块更换技术在抓持机构方面进行了技术改进。通过上述自主在轨模块更换与装配技术的发展历程情况来看，国内外在该技术领域的技术创新概念提出较早，美国、加拿大、日本、欧洲都相继基于各国的空间发展项目，提出了在轨模块更换与装配技术的技术方案，主要用于卫星、天线、望远镜等航天系统的在轨维修和模块更换，总体技术处于探索验证阶段。

6.5.2 自主在轨加注技术的发展历程

如图6-5-2所示，自主在轨加注技术的技术创新相对出现较晚，比较有技术代表性的专利主要来自美国和加拿大。

1990~1999年，自主在轨加注技术的相关专利主要来自美国，相应的技术创新主要来自于参与美国轨道快车计划研制的公司和机构。其中，美国NASA在1991年申请了专利US5299764A，主要涉及基于机器人操作的航天器空间服务系统，包括推进/姿态控制系统和航天器维护设备，用于实现在轨飞行器加注或重新启动等；美国通用公司在1993年申请的专利US5305970A涉及用于存储和转移液体推进剂的装置。

2000~2009年，自主在轨加注的专利申请主要来自美国和加拿大。其中，美国波音公司在2006年申请的专利US7823837B2，涉及在轨航天器服务系统，主要用于对多个在轨航天器进行推进剂加注，包括推进剂模块、对接系统，具有推进剂箱的推进系统，以及引导导航和控制系统。加拿大MDA公司的专利US8074935B2主要涉及用于客户端卫星加注的控制系统，以及该控制系统的传感、定位系统。从该阶段的在轨加注系统的专利技术方案来看，主要涉及加注系统的总体设计，用于确保在轨加注的准确性和安全性。

2010年至今，自主在轨加注的专利申请主要来自加拿大MDA公司，我国也出现了相关技术创新。其中，MDA公司致力于商业卫星服务，研制开发了空间基础设施服务

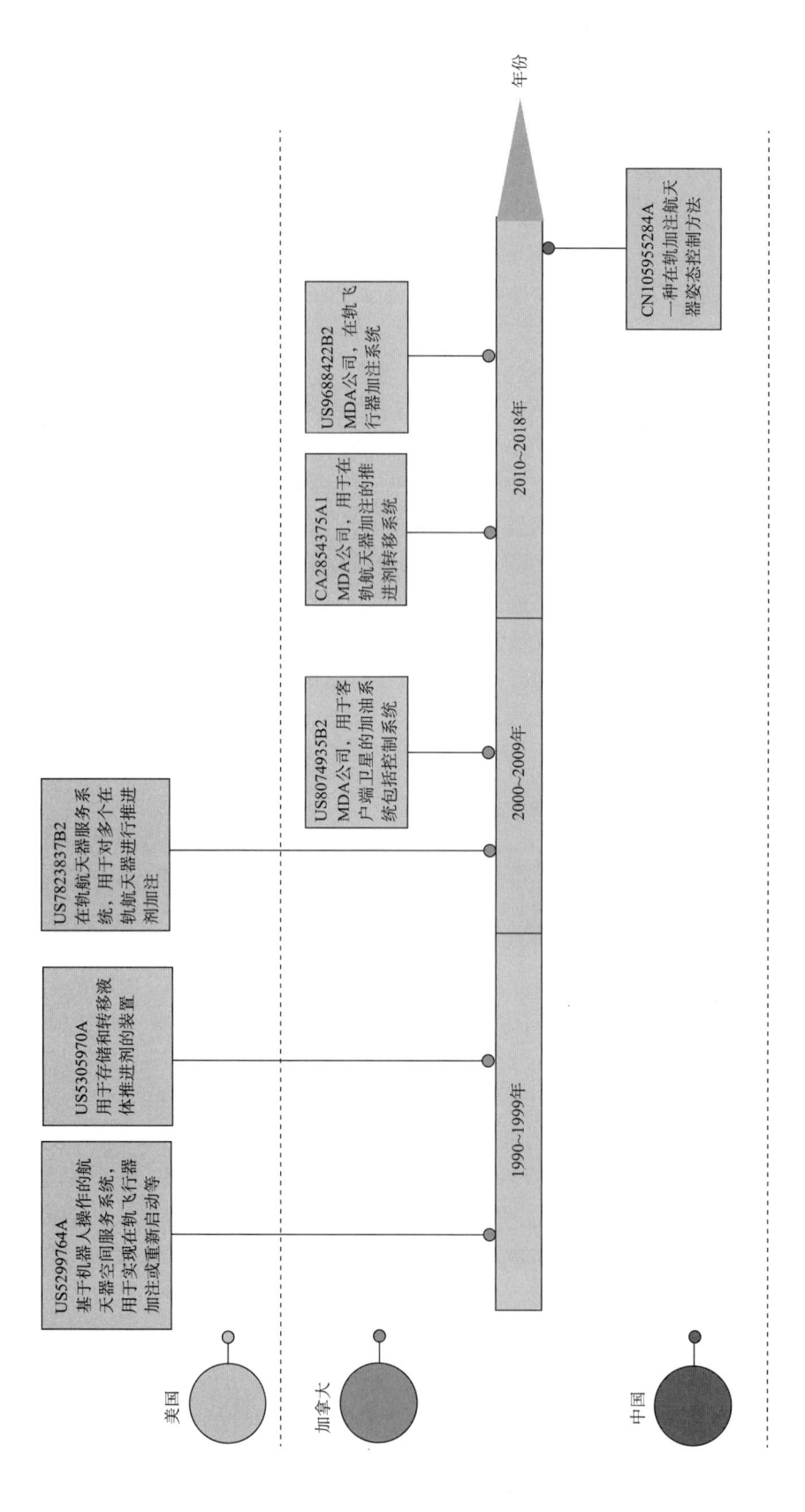

图6-5-2 自主在轨加注技术专利发展历程

（SIS）航天器，用于在 GEO 上开展在轨加注任务。基于该服务航天器，MDA 公司在 2011 年和 2015 年申请了多项在轨加注技术相关专利，主要涉及在轨航天器加注的推进剂转移系统和在轨飞行器在轨加注系统，专利技术方案侧重于在轨加注复杂操作和安全控制。

总之，通过上述自主在轨加注技术的发展历程情况来看，国内外在该技术领域的技术创新出现较晚，主要基于美国在轨加注项目和加拿大的商业卫星服务航天器研制项目，专利技术主要涉及美国轨道快车计划、机器人燃料加注任务（RRM）、复元－L 项目和 MDA 公司的空间基础设施服务（SIS）航天器相关技术方案。技术创新方向侧重于在轨加注复杂操作准确性、稳定性和安全性改进。

6.5.3 空间碎片清理技术发展历程

如图 6-5-3 所示，空间碎片清理技术的技术创新主要来自美国、日本、欧洲和中国。

日本在 1991 年申请了专利 JP03355669B2，主要涉及用于打捞不再运作的失效飞船的空间航天器系统，以保持空间环境清洁。

2000~2005 年，美国和日本针对空间碎片清理相继提出了绳系收集和电磁吸附离轨的技术方案。2002 年美国航空航天公司申请了专利 US6655637B1，涉及用于从太空轨道移除物体的航天器系统，具有将机械马达连接到抓取器的可充气指状物，轨道抓取物体的绳系，以及用于从轨道移除抓取物体的离轨器；同年，日本川崎重工申请了专利 JP03809524B2，涉及用于收集废弃空间碎片的系绳装置，其在捕获机构和系绳机构之间提供动力和交换操作信息信号；之后，2005 年日本川崎重工申请了专利 JP04538591B2，其主要采用电子吸附的方式进行空间碎片清理。

2006~2010 年，美国、欧洲和中国在空间碎片清理技术领域申请了大量具有代表性的专利，技术方案涉及绳系拖拽、导电胶带缠绕脱轨、磁场吸附和光纤缠绕脱轨等多种形式。其中，2009 年哈尔滨工业大学申请了专利 CN101767657A，其基于电动力绳系对卫星实施拖拽离轨；同年，系绳无限公司在 NASA 的资助下，申请了专利 US9016635B2，主要涉及一种终结器带卫星脱轨装置，利用可折叠的被动电动导电胶带，缠绕吸收航天器角动量，实现脱轨操作；之后，2010 年洛马公司申请了专利 US20120085869A1，其利用磁场吸附影响空间碎片轨迹，从而实现地球轨道空间碎片清理。同年，EADS 公司的专利 DE102010008376A1 采用了动量撞击的方式改变空间碎片的轨迹，实现碎片离轨；之后，雷神公司的专利 US8567725B2 提出了一种通过空间飞行器向废弃航天器释放光纤，利用这些光纤缠绕空间废弃飞行器，从而将其脱离轨道。

2011 年至今，美国、日本、欧洲和中国针对空间碎片清理均提出了相关技术改进专利，技术方案涉及绳系收集、减速离轨、鱼叉插取和飞网捕获等多种方式。其中，2011 年，EADS 的专利 DE201110100971A1 对星载绳系收集空间垃圾的技术方案进行了改进；日本 IHI 公司的专利 JP5781623B2 提出了一种空间碎片清除装置，可以在空间碎片旋转状态下在其上安装减速装置，从而实现碎片离轨操作；2012 年，北京航空航天大

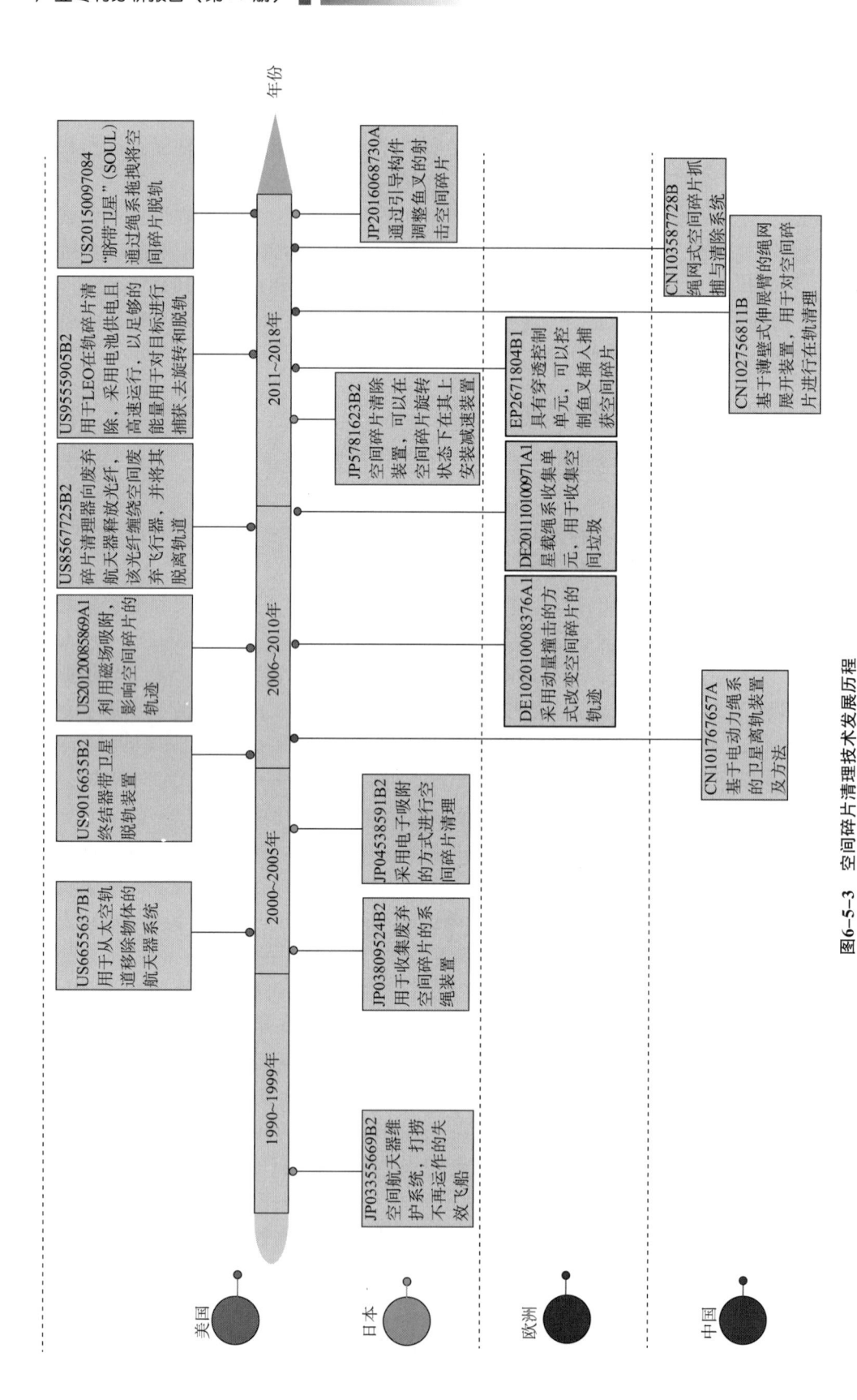

图6-5-3 空间碎片清理技术发展历程

学提出了一种基于薄壁式伸展臂的绳网展开装置，用于对空间碎片进行在轨清理；2013年，空中客车公司申请了专利 EP2671804B1，涉及一种利用具有穿透控制单元的空间碎片捕获装置，可以控制鱼叉进入碎片的角度和速度，从而控制碎片清理的有效性和安全性；2015 年，NASA 的专利 US9555905B2，用于 LEO 在轨碎片清除，采用电池供电且高速运行，以足够的能量用于对目标进行捕获、去旋转和脱轨。2017 年，日本 IHI 公司的专利 JP2016068730A，通过引导构件调整鱼叉的射击角度，近距离调整角度后发射鱼叉，可以降低鱼叉偏离误差，避免鱼叉弹射或击碎碎片的问题，从而准确地捕获碎片。

总之，从上述空间碎片清理技术的发展历程情况来看，国内外在该技术领域的技术创新开始时间较晚，20 世纪末才有相关专利申请出现，但近些年基于商业卫星运营的空间环境清理需求，以及各国以民掩军的发展策略推行，美国、日本、欧洲和中国在空间碎片技术领域进行了持续的技术创新，技术实现方案多样，具体包括绳系收集、电磁吸附离轨、减速离轨、动量撞击离轨、鱼叉插取和飞网捕获等。从各国或地区的发展情况来看，日本提出的空间碎片清理专利较多，且近年来的相关专利更侧重于空片清理安全性和节能性的提升。

6.6 国外重点项目与专利申请情况

本课题针对自主操作技术的专利进行筛选，获取了一些与国外在轨加注、在轨组装与制造以及空间碎片清理项目有关的专利，例如，MDA 公司的空间基础设施服务（SIS）航天器在轨加注技术相关专利，DARPA 资助波音公司申请的在轨加注专利，"蜻蜓"在轨卫星组装项目相关专利，"蜘蛛制造"空间制造系统相关专利，德国 IBOSS 在轨组装项目相关专利，欧洲空间碎片清理任务相关专利和 NASA 资助的轨道碎片清除项目相关专利。

以下针对上述国外重点项目与专利申请情况进行分析，以助于我国技术研发单位对国外先进技术进行了解，并明确相应的专利布局情况。

6.6.1 MDA 公司自主加注产品专利分析

MDA 公司研制的空间基础设施服务（SIS）航天器可以在 GEO 上开展在轨加注任务，[1] 可以携带推进剂箱到达 GEO，并装备了机械臂和工具箱来维护卫星，其工具箱可以打开大部分 GEO 卫星的推进剂系统，机械臂可以固定目标卫星，便于加注，也可以用于打开故障太阳能电池翼，并能提供废弃卫星离轨服务。围绕上述服务航天器的研制，MDA 公司申请了一系列的专利对其关键技术进行权利保护。

如图 6-6-1 所示，MDA 公司在 2008～2016 年提出了 75 项自主加注技术专利申请。

---

[1] MDA announces on-orbit satellite servicing business formation and contract awards for spacecraft and first life extension customer [EB/OL]. [2017-06-28]. http://sslmda.com/html/pressreleases/pr20170628.php.

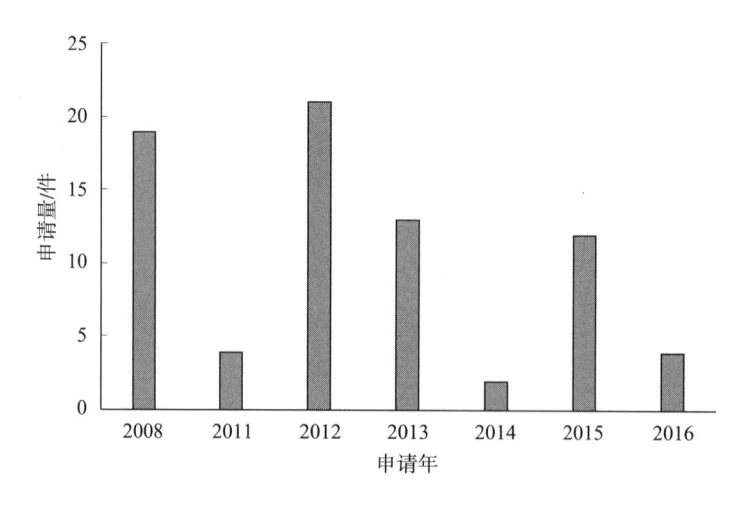

图 6-6-1　MDA 公司在轨加注产品专利申请趋势

如图 6-6-2 所示，上述的 75 项相关专利主要分布在美国、加拿大、日本、欧洲和俄罗斯，主要覆盖其产品未来市场国家或地区。

6.6.1.1　加注系统总体技术

MDA 公司加注系统总体技术专利主要涉及操作工具、阀门工具、定位机构等相关技术方案。

专利 US8074935B2 提供了一种在轨燃料加注的系统及方法，该在轨燃料加注系统包括一颗从地球、母体航天器或空间站发射的加注服务卫星，如图 6-6-3 所示。该专利的加注服务卫星包括机械臂、操作工具、存储工具箱。其中，操作工具可以固定在机械臂末端执行器上，机械臂可以接近、打开、关闭客户卫星的燃料加注阀。另外，存储工具箱用于存放操作工具和各种燃料加注阀盖。该专利的加注服务卫星由位于地球、母体航天器或空间站上的远程操作者进行远程操作。机械臂和末端执行上配置有摄像机，获得的图像传送给操作者，以允许操作者控制燃料加注程序。另外，该专利的燃料加注系统还可以根据配置计算机的控制程序进行自主操作。

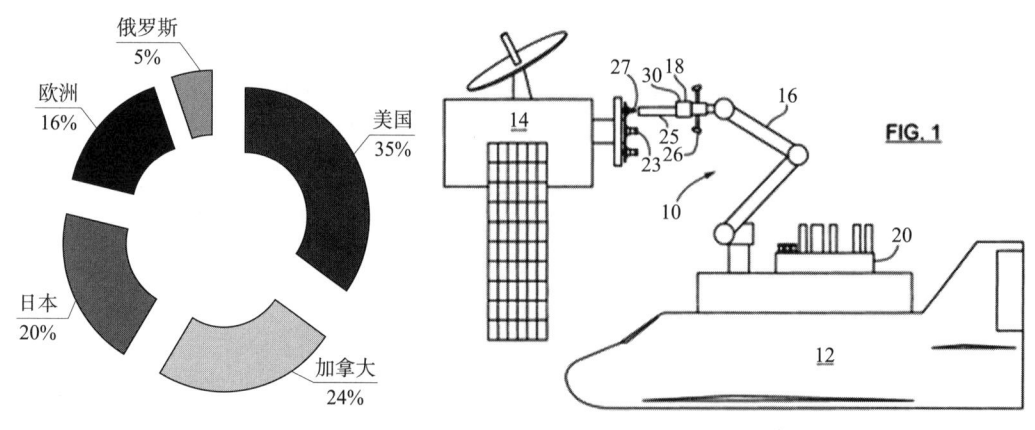

图 6-6-2　MDA 公司在轨加注产品专利市场分布

图 6-6-3　加注系统总体技术专利 US8074935B2 附图

在上述 MDA 公司加注系统总体技术专利中，公开了操作工具、阀门工具、定位机构等子系统的技术方案。另外，相关专利中的燃料加注系统包括定位机构，该定位机构连接传感阵列，相对于客户卫星的燃料端口和氧化剂端口定位操作工具，而且该燃料加注系统的控制系统根据传感阵列的反馈结果来控制操作工具进行具体操作。

6.6.1.2 推进剂转移控制技术

MDA 公司在轨加注产品的推进剂转移控制相关专利，主要涉及推进剂传输系统，以及在轨加注方法，具体包括加注过程，以及加注流量测量和控制等相关技术方案，主要用于提升在轨加注过程中的安全问题。

专利 US9260206B2 公开了一种推进剂输送系统，如图 6-6-4 所示，以及在轨航天器燃料加注方法。该系统和方法可以为双组元推进剂（氧化剂和燃料）或单组分推进剂（通常为肼）燃料的航天器进行再补给。该系统也可用作专门用于燃料加注的卫星。该专利将服务航天器（400）操纵靠近客户卫星（401），安装在服务航天器上的机械臂（403）可以握取或释放多功能工具，以及加油工具，并能打开或关闭灌装/排出阀（402），并测量客户卫星储罐中的压力。机械臂撤回后，服务航天器与客户卫星脱离，并将推进剂软管从加注阀排出。

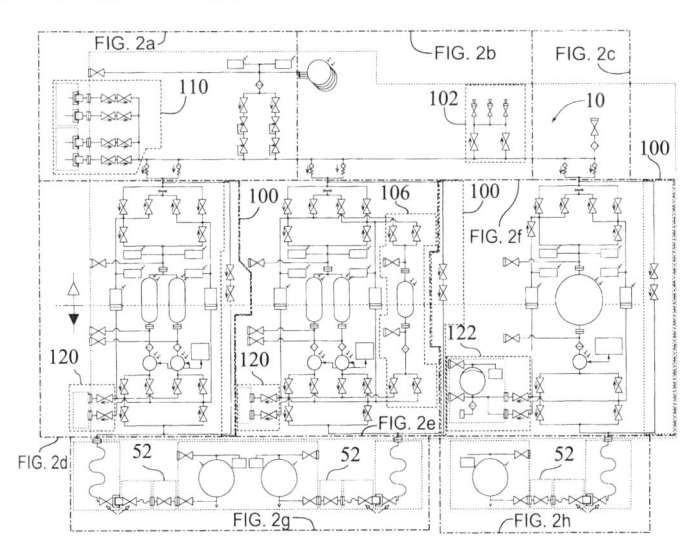

图 6-6-4 推进剂转移控制技术专利 US9260206B2 附图

从技术先进性角度来看，该推进剂传输系统包括流体存储和路由系统，以及配置流量控制系统，具有较高的燃料加注流量测量精度，并可避免敏感传感器部件与腐蚀性推进剂接触。另外，该专利技术方案不需要单独推进剂罐，因而可以降低服务航天器的重量。而且可以调节推进剂的流动速度，使得输送流速安全且连续，以受控和缓慢的方式在客户卫星中增加压力。

6.6.1.3 目标飞行器捕获与固定技术

在 MDA 公司的在轨加注产品中，涉及目标飞行器捕获与固定技术的专利申请在美国、加拿大、日本进行了广泛布局，其涉及的技术方案主要包括牢固捕获目标航天器，并建立刚性连接。具有代表性的专利申请包括专利 US20150314893A1 和 US9399295B2。

其中，专利 US20150314893A1 公开了一种捕获自由飞行航天器的系统，建立刚性连接，便于服务航天器对目标航天器进行在轨加注或维修，如图 6-6-5 所示。该捕获机制通过两个独立的机构快速捕获目标航天器。其中，一个机构用于快速抓捕目标，同时另一个机构在抓捕目标之间建立刚性连接，从而确保目标被牢固保持住。该专利的捕获系统（100）具有闭合/打开机构，其与快速抓捕机构的两个夹持爪（210，230）相连。快速抓捕机构的两个夹持爪联合起来抓住捕获部位，且通过调整两个夹持爪的位置来适应目标航天捕获部位的尺寸和形状变化。刚性保持机构将两个夹持爪压在一起，并与两个夹持爪内的捕获部位相接触，从而确保目标航天器捕获部位与服务航天器之间刚性连接。

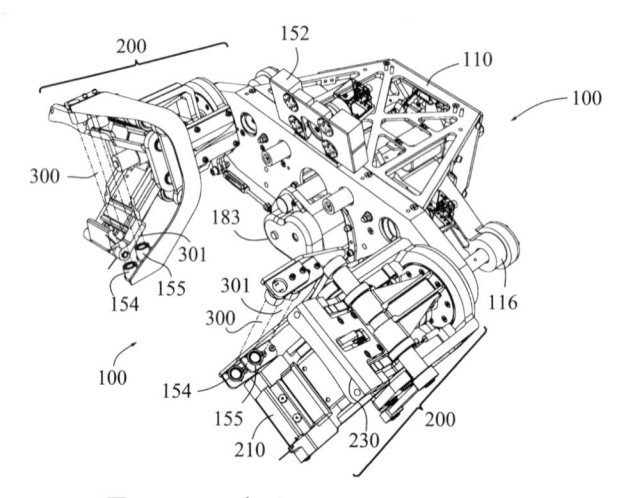

图 6-6-5　专利 US20150314893A1 附图

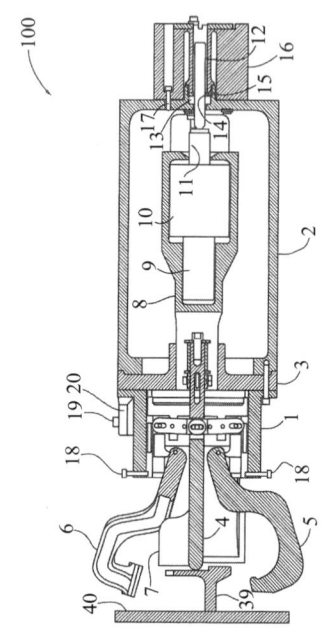

从技术先进性角度来看，上述专利的捕获机构可以对远距离目标进行快速抓捕，而且服务航天器可以不必精确地控制自身位置和姿态，从而降低了推进剂的使用量，而且不需要复杂的航空电子设备，从而降低整体任务成本。

另外，专利 US9399295B2 提供了一种用于捕获和锁定位于航天器/卫星的外表面上的马尔曼法兰的捕获机构，该捕获机构（100）具有两级抓捕工具，分别为可移动地安装在壳体（2）上快速抓握机构，以及刚性机构，如图 6-6-6 所示。当目标靠近且触发快速抓握机构时，法兰（39）的轮廓被快速抓握机构轻轻捕获，之后刚性机构将快速抓握机构及其抓握的法兰轮廓拉入壳体中，直到法兰轮廓与壳体中的刚性表面相接触，从而使目标航天器的轮廓和服务航天器刚性连接。

图 6-6-6　专利 US9399295B2 附图

从技术先进性角度来看，上述专利通过抓捕目标法兰轮廓（如 Marman 法兰接口），捕获自由飞行航天器或卫星（包括非合作或翻滚航天器），携带该捕获机构的航天器不必精确控制自身位置，可以降低推进剂使用量，降低整体任务成本。

6.6.1.4　在轨加注操作机构

在在轨加注操作过程中，涉及打开、关闭各种类型和尺寸的卫星燃料灌装/排出阀的操作。MDA 公司基于该技术问题，申请了多项相关专利技术。

其中，专利 US9688422B2 提供了一种可以安全操作卫星燃料灌装/排出阀的工具。该阀门操作工具（100）包括齿轮换档器（109）、至少一组第一可调扳手机构和第二可调扳手机构；其中，扳手机构该齿轮换档器（109）与马达（104）相连，如图 6-6-7 所示。差速齿轮箱（200）将齿轮换档器（109）接收的扭矩在可调扳手机构之间均匀分布。可调扳手机构对灌装/排出阀的旋转特征和静态特征施加相等且相反的力，以将扭矩施加到旋转特征上，同时在静态特征上的施加转矩。当扳手机构的第一轴线和第二轴线重合时，第一可调扳手机构与阀的旋转特征相匹配，第二可调扳手机构与静态特征相匹配。旋转特征和静态特征沿着第一轴线同轴对准。独立权利要求还包括以下内容：安装在服务航天器流体传送系统，该系统在服务航天器和客户航天器上的一个或多个设定流体储罐之间传送流体。另外，该专利还公开了一种可以远程控制打开客户卫星灌装/排出阀的方法。

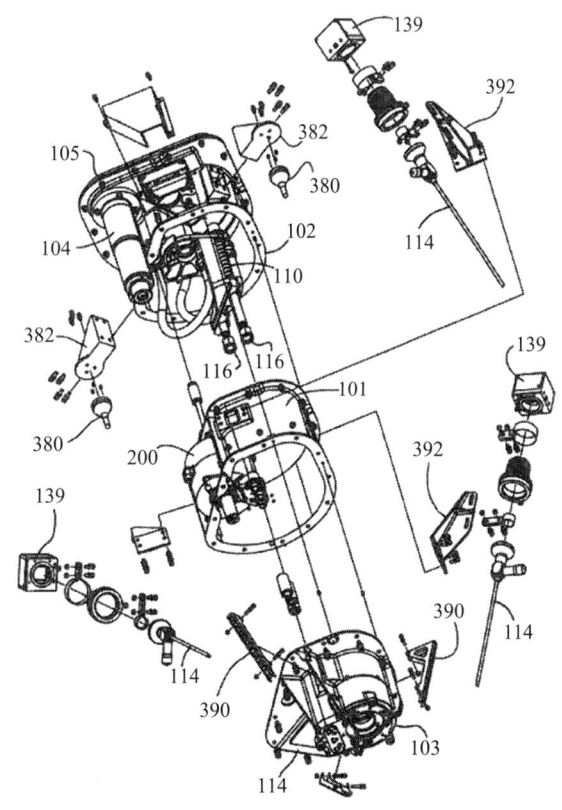

图 6-6-7　专利 US9688422B2 附图

从技术先进性角度来看，该专利提供的工具，可以打开、关闭各种类型和尺寸的卫星燃料灌装/排出阀，具有灵活的适配性能。

6.6.2 美国在轨自主加注和空间制造项目专利分析

美国是推行在轨自主加注和空间制造项目最多的国家。其中，美国DARPA于1999年年底提出了"轨道快车"计划，用于验证服务航天器对目标航天器自主进行推进剂加注、模块更换等在轨服务技术的可行性。2011年，NASA启动"机器人燃料加注任务"（RRM）项目，研究针对无专门在轨燃料加注接口的卫星实施在轨加注；2015年，劳拉空间系统公司从DARPA获得25万美元的资助，开展为期5个月的"蜻蜓"在轨卫星组装项目初始设计评审，研究如何利用自主在轨装配技术低成本部署大型地球静止轨道卫星；2017年，为了实现太空制造和装配，DARPA授予系绳无限公司研发合同，开始研发"太空制造与装配机器人概念"（OrbWeaver）。

基于上述美国在轨自主加注和空间制造项目的研究背景，本课题进行专利检索，获取了一些与美国研制项目相关的专利。

如图6-6-8所示，美国相关项目的专利申请主要来自项目承研单位，包括波音公司、劳拉空间系统公司和系绳无限公司，相关专利主要布局在美国、日本和欧洲，且部分专利采用PCT申请形式进入多个国家进行权利保护。

系绳无限公司：
WO2017123677A1
US20160067919

波音公司：
EP2530018B1
JP5124589B2
WO2008066512A3

劳拉空间系统公司：
US20160264264A1
EP3268282A1
WO2016144884A1

图6-6-8 美国在轨自主加注和空间制造项目专利

6.6.2.1 波音公司自主加注技术

波音公司是美国国防高级研究计划局（DARPA）"轨道快车"计划的主要承研单位。波音公司在"轨道快车"在轨演示验证中负责工作卫星在轨燃料补给和飞行器在轨重构技术的研发论证。在 DARPA 资助下，波音公司申请了在轨加注技术相关专利 EP2530018B1，资助合同号为 MDA972-00-9-0015。

专利 EP2530018B1 公开了一种航天器在轨加注的系统和方法（200），在一个实施例中，用于将推进剂（122，322）从第一航天器（110，330）传送到第二航天器（160，360）的方法（200），包括将第一航天器承载的第一推进剂导管（132a）可释放地连接（202）到第二航天器承载的第二推进剂导管（132b），以及将第一航天器承载的第一缺量导管（142a）可释放地连接（204）到第二航天器承载的第二缺量导管（142b）。该方法还包括通过第一和第二推进剂导管将推进剂从第一航天器携带的第一推进剂罐（120，320a，b）转移（210）到第二航天器携带的第二推进剂罐（170，170a，b）。当推进剂从第一推进剂罐流到第二推进剂罐时，该方法包括经由第一和第二缺量导管（142a，b）将缺量（123）从第二推进剂罐转移到第一推进剂罐，如图 6-6-9 所示。

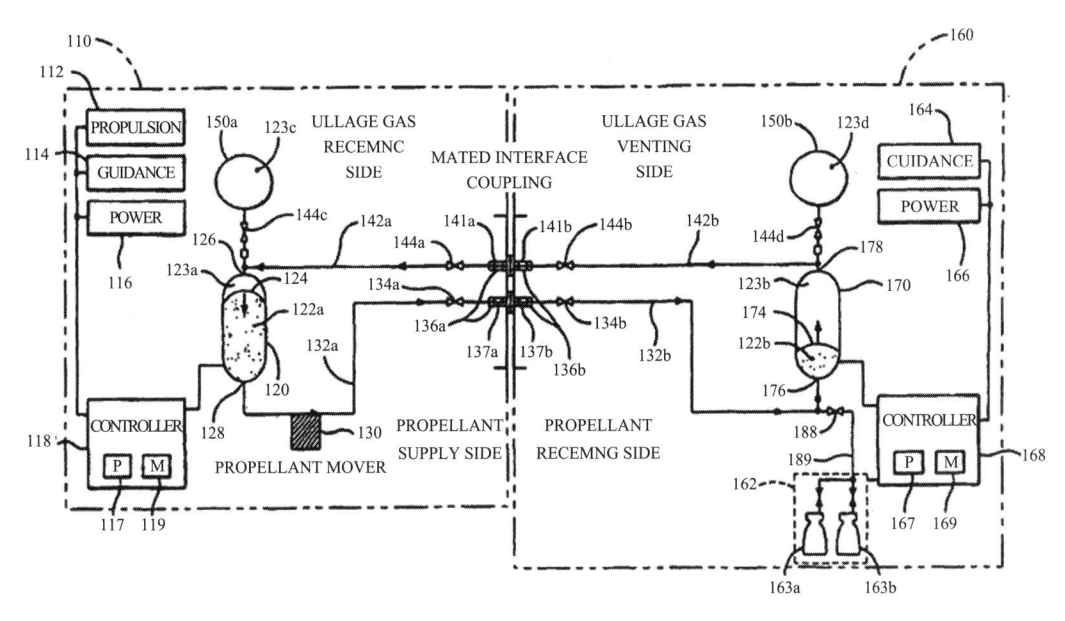

图 6-6-9　专利 EP2530018B1 附图

从技术先进性角度来看，该专利将客户航天器的接收罐的废液回收利用到服务航天器的供应罐，减少服务航天器需要输送的储存空间。

6.6.2.2 "蜻蜓"在轨卫星组装项目专利

美国劳拉空间系统公司（SSL 公司）于 2015 年 12 月 10 日宣布已经与 NASA 签署价值百万美元的合同，为其开发机器人在轨卫星组装技术，如图 6-6-10 所示，该项目是 NASA 与工业界合作的临界点计划的一部分。其中，临界点计划以 DARPA 资助的"蜻蜓"项目为基础，将开发地面演示验证方案。"蜻蜓"项目的应用目标包括军用和民用，其项目概念在于利用处于"有效贮藏"状态的卫星进行在轨自组装，该项目的关键点为大型射频天线反射器的安装与重构。

本课题组检索获得了与"蜻蜓"在轨卫星组装项目相关的专利,即劳拉空间系统公司在2015年申请的专利US20160264264A1。

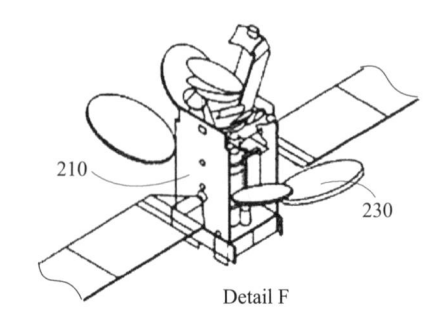

图6-6-10 SSL公司的在轨组装卫星示意图 **图6-6-11 专利US20160264264A1附图(1)**

该专利涉及通信卫星发射配置,以及在轨装配技术改进。航天器系统包括主体结构和至少1个第一可展开元件,如图6-6-11所示,该航天器从发射配置状态重新配置为在轨道配置状态。在发射配置中,第一可展开元件通过第一结构件与航天器主体结构机械连接。在在轨道配置中,第一可展开元件通过第二结构件与航天器主体结构机械连接。在转换配置中,第一结构件和第二结构件分别与第一可展开元件分离。其中,可展开元件可以是天线反射器,第一结构件为发射拦截装置,第二结构件为选自航天器的结构元件、铰链接头、执行器、双轴定位机构和三轴定位机构等。另外,还有一个独立权利要求公开了如何从发射配置状态重新配置为在轨道配置状态,如图6-6-12所示。

从技术先进性角度来看,该专利的航天在轨可展开元件的配置被大大简化,从而减少了装置的重量和发射成本。

6.6.2.3 "蜘蛛制造"空间制造系统专利

2015年4月,美国系绳无限公司研制了一种被称为"蜘蛛制造"的空间制造系统,该系统利用蜘蛛状机器人在轨进行大型空间结构集成。该系统能够在轨建造大型天线、航天器桁架和太阳电池帆板,如图6-6-13所示。"蜘蛛制造"旨在降低成本并提高效率,采用这种模式,需要将原料如碳纤维送入轨道,机器人将利用这些材料建造桁架结构,并将其装配、集成为一个大型系统。"蜘蛛制造"系统已经获得NASA创新先进概念(NIAC)计划两轮投资。另外,2017年6月,美国DARPA授予系绳无限公司合同,开始研发"太空制造与装配机器人(OrbWeaver)"。"OrbWeaver"是一种太空制造设备,可以通过增材制造技术制造天线反射器,并通过机器人将其同射频系统装配成一个小型通信卫星,旨在通过OrbWeaver系统,基于太空回收、制造、机器人装配技术,在轨构建小型高吞吐量通信卫星。

---

[1] NASA's Dragonfly Project Demonstrates Robotic Satellite Assembly Critical to Future Space Infrastructure Development [EB/OL]. [2017-09-13]. https://www.nasa.gov/mission_pages/tdm/irma/nasas-dragonfly-project-demonstrates-robotic-satellite-assembly-critical-to-future-space.html.

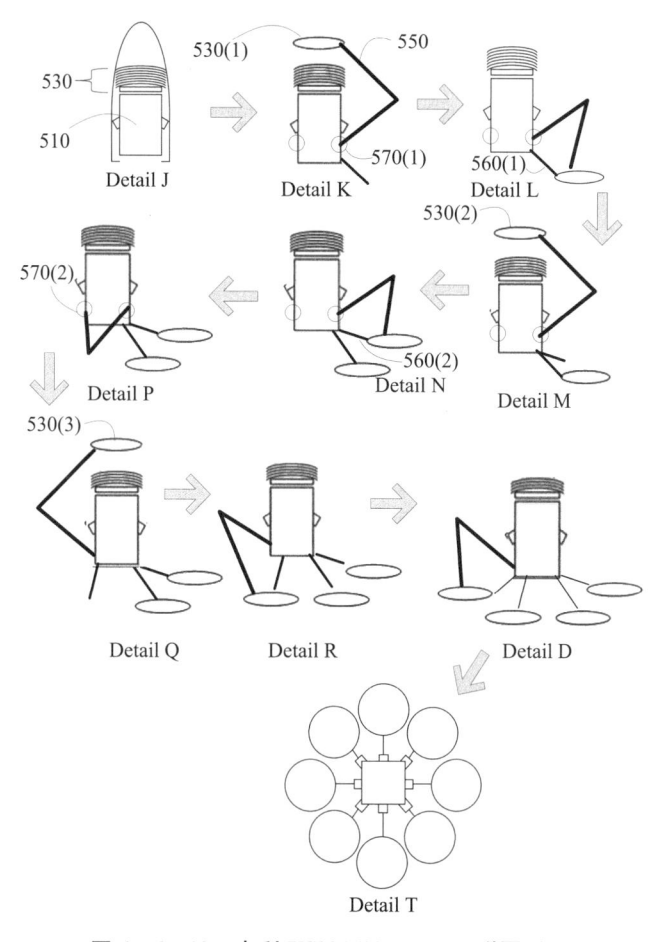

图 6-6-12　专利 **US20160264264A1** 附图（2）

图 6-6-13　系绳无限公司在轨制造卫星天线的示意图[1]

本课题组通过专利检索获取了两件美国系绳无限公司在轨制造技术相关的核心专利，分别为 WO2017123677A1 和 US20160067919。其中，专利 WO2017123677A1 公开

---

[1] Orbital Manufacturing and Construction Technologies [EB/OL]. [2018-08-15]. http://www.tethers.com/SpiderFab.html.

了在轨制造天线的技术方案；专利 US20160067919 公开了在轨制造桁架结构的系统和方法，该专利由 DARPA 资助，资助合同号为 HR0011－11－C－0107。上述两个专利的发明人 HOYT Robert 是"蜘蛛制造"空间制造系统的技术负责人。

其中，专利 WO2017123677A1 公开了一种天线制造与在轨组装的方法和系统，如图 6－6－14 所示。该天线制造与在轨组装系统，包括预制的主反射器中心部分、桁架式桁架组装机、相控馈源阵列、自定位定向工具、从上述桁架延伸的桁架、连接到所述桁架的次级反射器、机械手臂，以及安装在所述机械手臂上的尖头末端执行器和抓钩末端执行器；还包括用于制造主反射器的磨具、功率立方体和为功率立方体供能的太阳能阵列，以及加速器和 ESPA 环。其中，所述预制主反射器中心部分、桁架体和相控馈源阵列彼此固定连接。

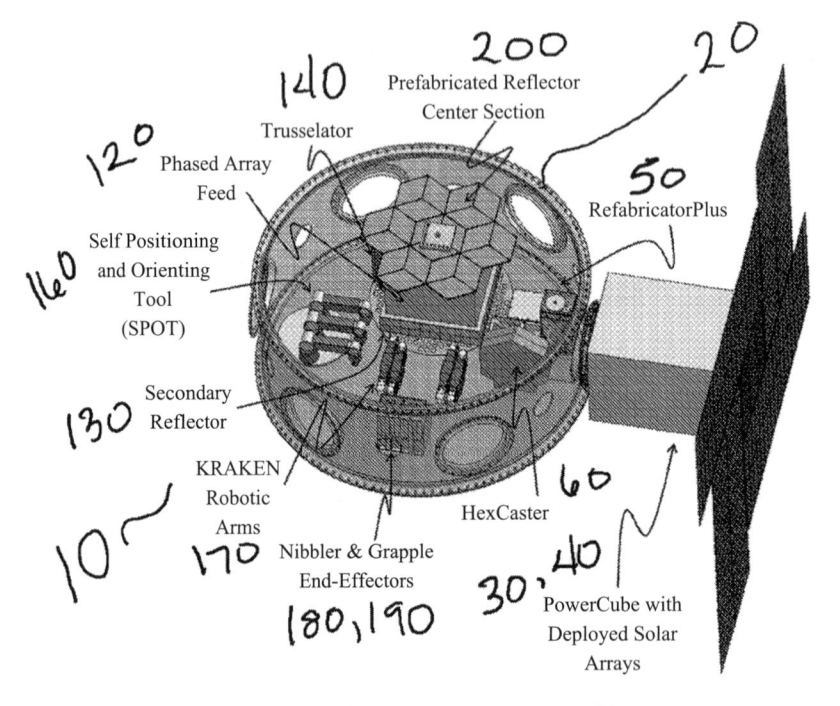

图 6－6－14　专利 WO2017123677A1 附图

从技术先进性角度来看，上述专利技术允许对在轨制造进行重新操作，降低了运输成本和设计方案选择风险。该装置能够使用刚性夹具进行重复操作定位和焊接，通过最小化自由度、降低柔顺性和约束运动，实现精密对准和焊接操作。

专利 US20160067919 提供了一种空间制造和组装桁架的装置及方法。该发明的桁架形成装置如图 6－6－15 所示，包括两个桁架制造器和一个横向工作台，其中，桁架制造器用于制造桁架，每个桁架制造器包括热模、具有温度传感器的加热器和芯轴；桁架制造器用于形成平行桁架元件和板条桁架；拉挤成型致动器沿着芯轴向下拉动平行桁架元件；板条致动器使得热模具围绕板条桁架旋转，该板条桁架使平行桁架元件彼此相连；另外，横向工作台包括热模，该热模穿过彼此连接的平行桁架之间的间隙，形成连接桁架的横向构件。

从技术先进性角度来看，上述专利允许空间系统的组成材料以紧凑、可靠的方式发射到空间，并在轨道上进行组装，即在空间环境中进行优化组装，从而减少或消除设计和发射成本。该设备增加了设定运载器可运载的系统尺寸，可以确保具有高抗拉强度纤维结构的制造。该装置消除了与加热的复合材料的大部分滑动接触，从而减少加工材料所需的张力，并提高工艺的清洁度和可靠性。

6.6.3 德国 IBOSS 在轨服务与组装项目专利分析

2010 年德国宇航局提出了 IBOSS 项目（Intelligent Building Blocks for On‒Orbit Satellite Servicing and Assembly），对航天器的结构模块化设计展开研究，在构型上提出了适用于以电子载荷为主的小型卫星的"搭积木"模式和适用于多载荷、高精度的大卫星的"蜂巢"模式。计划在 2017～2018 年实施技术攻关和地面验证，2020 年实施在轨演示验证。

IBOSS 主要采用标准化模块（IBOSS building blocks，iBLOCK，如图 6‒6‒16 所示）、智能单元和接口，形成可在轨组装和维修的航天器系统，提高了在轨航天器的可维护性、可升级性和可重新装配性。其中，IBOSS 项目中采用了一种智能空间系统接口（ISSI），如图 6‒6‒17 所示，该标准化多功能接口可用于标准化模块间的连接，以及标准模块与其他航天器系统或组件的连接，如太阳能电池板、附属有效载荷或其他专用单元等。这种高度集成的标准化多功能接口支持机械链接、热耦合以及电力和数据传输，具备四合一功能，采用阴阳耦合和对称的设计。

该项目的研究团队主要包括柏林工业大学航空航天研究所、研究中心计算机科学卡尔斯鲁厄、亚琛工业大学结构力学与轻量化设计研究所和 RIF 研究与转移研究所。其中，柏林工业大学作为项目总体负责单位，主要负责 iBLOCK 和接口技术相关研

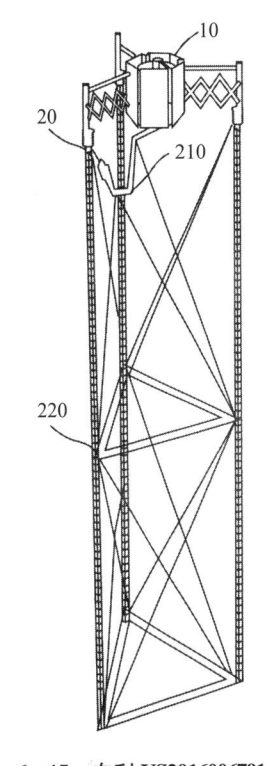

图 6‒6‒15 专利 US20160067919 附图

图 6‒6‒16 标准化模块（iBLOCK）[1]

---

[1] Thomas A. Schervan, Martin Kortmann, Prof. Kai‒Uwe Schröderc, Joerg Kreiseld. iBOSS Modular Plug & Play‒Standardized Building Block Solutions for Future Space Systems Enhancing Capabilities and Flexibility, Design, Architecture and Operations [C]. 68th International Astronautical Congress (IAC), Adelaide, Australia, 25‒29 September 2017.

究；研究中心计算机科学卡尔斯鲁厄主要负责卫星系统设计与 iCASD 软件优化；亚琛工业大学结构力学与轻量化设计研究所主要负责相关结构和接口设计；RIF 研究与转移研究所负责虚拟仿真系统。

图 6-6-17 智能空间系统接口（ISSI）[1]

从专利申请情况来看，在所有申请人中，仅有亚琛工业大学申请了与智能空间系统接口（ISSI）相关的专利 US20170015443A1。该专利公开了一种构造模块化结构航天器的阴阳耦接装置，如图 6-6-18 所示。为了连接各航天器模块，该专利的耦接装置具有多个耦接元件（30，32），耦接装置（10）能够耦接至具有相同结构的另外的阴阳耦接装置。耦接装置具有盖元件（18），盖元件以被动状态覆盖所述耦接元件（30，32），其中第一耦接元件（30）能够通过盖元件（18）向外移动，目的在于主动耦接至具有相同结构的另外的耦接装置。该专利还涉及一种模块，特别是用于构造模块化设计的航天器的模块，具有至少一个这样的耦接装置（10）。

在外空间的在轨操作中，涉及更换受损模块或系统重新配置操作时，可以采用上述专利的阴阳耦接装置。由于具有嵌入式的阴阳接口，在轨维护机器人可以拆卸并连接模块，其中机器人仅对卫星模块进行操纵，使所述卫星

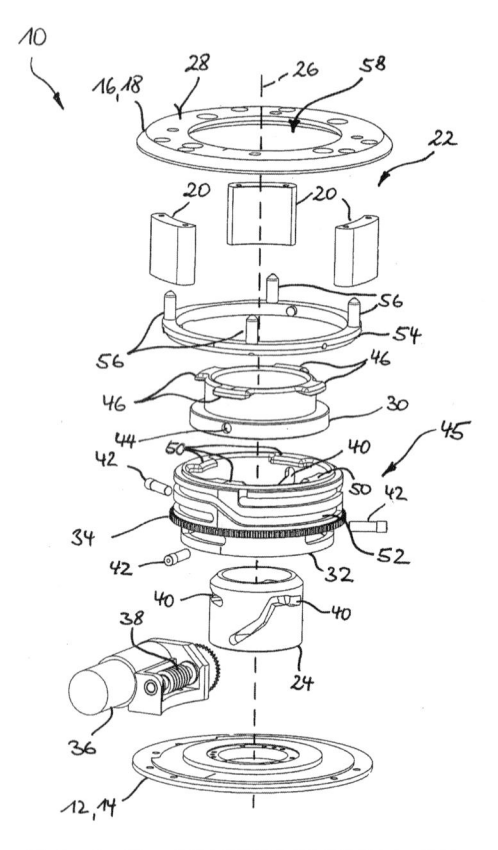

图 6-6-18 专利 US20170015443A1 附图

---

[1] Thomas A. Schervan, Martin Kortmann, Prof. Kai-Uwe Schröderc, Joerg Kreiseld. iBOSS Modular Plug & Play – Standardized Building Block Solutions for Future Space Systems Enhancing Capabilities and Flexibility, Design, Architecture and Operations [C]. 68th International Astronautical Congress (IAC), Adelaide, Australia, 25-29 September 2017.

模块相对彼此定向，而该专利的耦接元件会以自动方式进行实际耦接操作。考虑到其阴阳设计，可以与其他耦接装置连接，甚至在耦接失败时，通过耦接机构的冗余设计也可以确保拆卸连接。

6.6.4 欧美日空间碎片清理任务专利分析

为了缓解空间基础设施面临的空间碎片危害，欧洲、美国和日本在近些年致力于空间碎片清理研究，推出了多项技术研究和在轨飞行验证任务，对多种碎片清理方法进行试验验证。

6.6.4.1 欧洲空间碎片清理演示验证项目专利

E.Deorbit 任务属于 ESA 的清洁太空倡议工作，于2012年启动，目的是移除 800~1000km 太阳同步轨道和极轨道上的大质量非合作目标。E.Deorbit 演示验证航天器将在2023年执行首次主动碎片清除任务，该项目正在研究两种捕获技术，一种技术是配备夹持器的机械臂，可抓捕航天器上的附件；另一种技术是太空渔网，该装置将在投放后包裹住空间碎片，一旦空间碎片被勾住或被包裹住，E.Deorbit 航天器将利用自身推进器降低空间碎片的轨迹，并使其在大气层中销毁。

另外，欧洲预计将在2018年发射"空间碎片清除"演示验证任务，该任务将使用"太空渔网""鱼叉"和阻力帆装置，使2颗试验性立方体卫星从高度为400千米的轨道脱离。作为追猎器的卫星将释放用作空间碎片的试验性物体，其中一个物体将由系缚于追猎器卫星的5米大小的"太空渔网"捕获。"鱼叉"系统将对一个在吊杆上部署的固定目标进行试验。最后，追猎器卫星将利用阻力帆使自身快速再入大气层，最终在大气层中销毁。其中，在欧洲"空间碎片清除"演示验证任务中，空中客车公司是主要的研制单位。

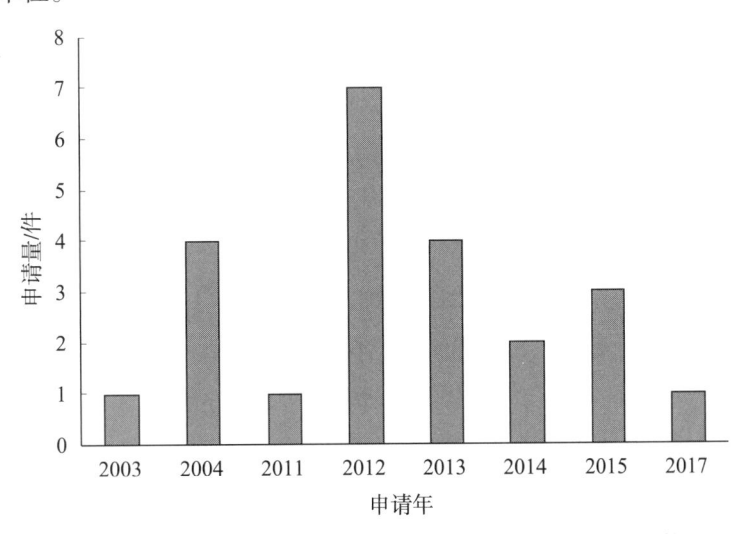

图 6-6-19 欧洲空间碎片清理演示验证项目专利申请趋势

如图 6-6-19 所示，基于上述欧洲空间碎片清理演示验证项目的研究背景，EADS 在 2003~2017 年在全球布局了23件相关专利申请。如图 6-6-20 所示，上述这些专利申请主要布局在欧洲、美国、德国、日本、加拿大和中国。这些专利主要涉及鱼叉空间碎片捕获或拦截技术和太空渔网清理技术。

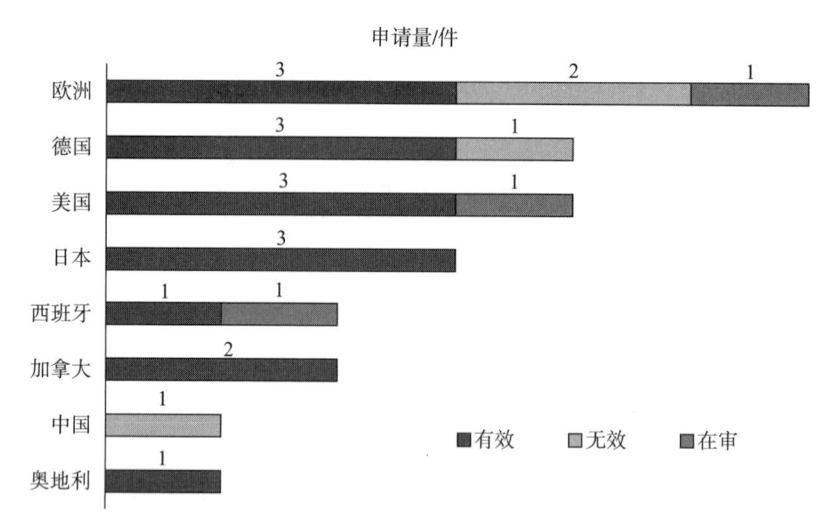

图 6-6-20 欧洲空间碎片清理演示验证项目专利区域分布

以下针对欧洲空间碎片清理演示项目的核心专利进行相应技术方案分析。

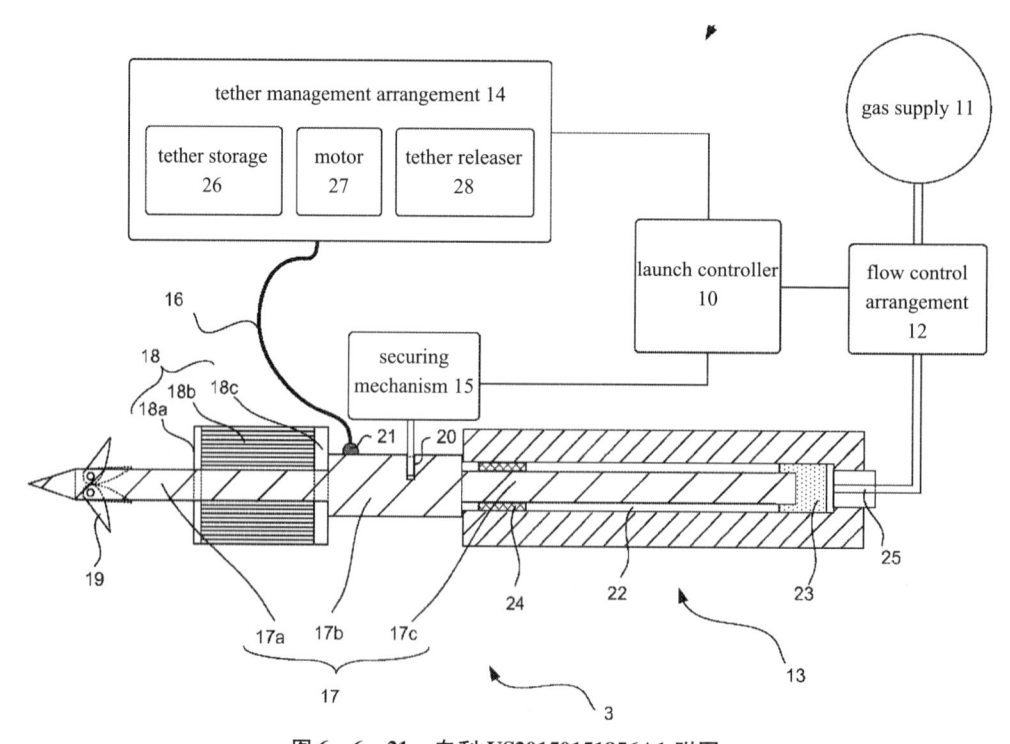

图 6-6-21 专利 US20150151856A1 附图

专利 US20150151856A1 提供了一种捕获空间碎片的装置，如图 6-6-21 所示，该装置具有穿透控制单元，可以控制鱼叉进入物体。该装置包括用于穿透物体的鱼叉元件，该鱼叉元件具有朝向物体发射的鱼叉部分；以及用于控制鱼叉元件穿入物体的穿透控制装置。穿透控制装置可以包括形成鱼叉部分的可压缩部件，用于吸收鱼叉的一些动能。另外，该装置还包括用于改变鱼叉发射速度的装置。该装置可以有效控制鱼叉元件穿透物体，因此可以根据捕获需求对具体捕获方案进行定制。该捕获设备可以用于捕获不同尺寸的碎屑物体，并且适用于不同厚度、不同材料的物体的捕获。

专利 EP3015369A1 提供了一种用于拦截空间在轨目标的飞行器，如图 6-6-22 所示。该用于拦截空间运动目标物体（21）的飞行器（10），包括用于将飞行器驶入轨道的发射部分（11），以及用于拦截在轨目标物体的拦截部分（13），其中，拦截部分包括用于与目标物体接合的装置（14），发射部分将所述飞行器驱动到第一椭圆轨道（24）中，该飞行器的第二椭圆轨道在截取点（25，28）处与目标对象轨道相交，第二椭圆轨道使得飞行器从拦截点向目标物体移动且接触。该专利还提供了一种控制飞行器拦截空间旋转目标物体的方法，包括控制飞行器进入第一椭圆轨道，以在拦截点处与目标物体的轨道相交，以及控制飞行器在拦截点与目标物体接合，并在与目标物体接合时采用第二椭圆轨道，其中第二椭圆轨道的设置，使得飞行器与目标对象接合后，从拦截点朝向地球大气移动。

专利 US9022323B2 提供了一种用于捕获飞行物体（如卫星）的打捞装置，具有配备位置控制推进器的载体飞行器，如图 6-6-23 所示。为了捕获卫星或其他在轨飞行物，该专利的装置具有一个或多个独立的可释放捕获单元。每个捕获单元具有推进剂装料和至少一个制动推力喷管，以及通过系绳线可释放地连接到捕获单元的可关闭捕获网。从捕获单元释放该捕获网以捕获在轨目标。运行载体飞行器的位置或姿态控制引擎用于对捕获单元和捕获网中的目标物组合体进行位置控制。然后，载体飞行器释放捕获单元，并且向捕获物体施加制动推力，以便让捕获单元将捕获物体脱轨。该专利采用空间渔网对空间目标进行捕获并实现脱轨，而且可以对多个目标进行操作。

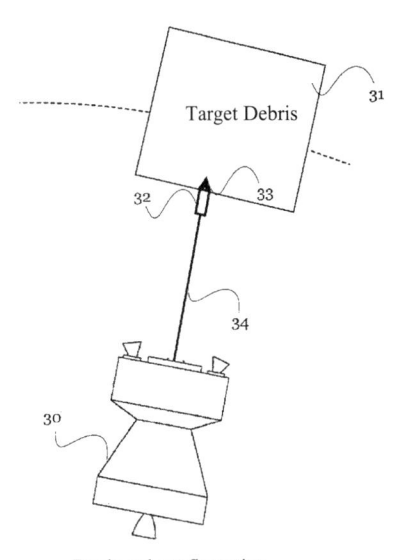

图 6-6-22　专利 EP3015369A1 附图

专利 US7168660B2 提供了一种用于捕获空间自由漂浮物体（如废弃卫星）的打捞装置，如图 6-6-24 所示。该打捞捕获设备安装在诸如航天器或公用卫星空间平台上。每个捕获装置包括存储在壳体中的折叠捕获网，连接到该网并容纳在弹簧加载的喷射管中的导向重物，该加载弹簧的弹射管相对于壳体的绕轴线以锐角定向；该捕获装置还包括可释放连接到捕获网的盖子，其覆盖壳体中的网，并将重物保持在喷射管中。当盖子被释放时，它在从外壳弹出的同时拉出并展开网，并将重物弹出喷射管，同时展开网。在网包裹空间中的自由飞行目标后，关闭机构卷绕网追踪线以收拢捕获网，该关闭机构通过绞盘上的系绳与空间平台相连。

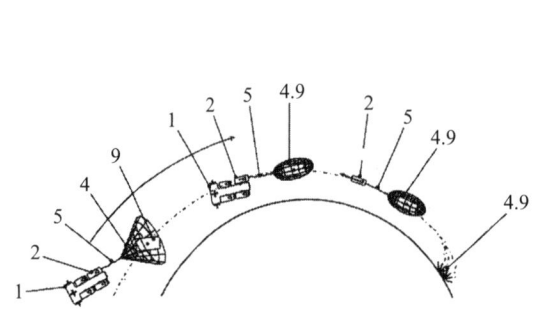

图 6-6-23　专利 US9022323B2 附图 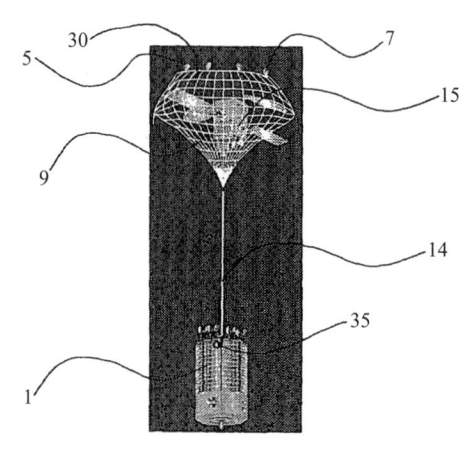　　图 6-6-24　专利 US7168660B2 附图

从技术先进性角度来看，上述专利的打捞捕获装置在捕获网的外边缘设置有至少 4 个导向重物，每个导向重物设定为向外加速射出，从而引导捕获网准确捕获目标。

6.6.4.2　NASA 资助的轨道碎片清除项目专利分析

NASA 于 2014 年 6 月推出一项政策，资助一些太空公司研发轨道碎片清除技术，例如 Busek 公司的"脐带卫星（SOUL）"、系绳无限公司的"卫星终结带"等。其中，Busek 公司于 2015 年 4 月赢得 NASA 的小企业创新研究计划合同，研发一种重 10kg 的卫星，该卫星装备有工具，并通过一根 100m 长的绳与一颗更大卫星相连，技术成熟度为 4~5 级，美空军和海军资助 SOUL 的早期研发工作，回收重达 1000kg 左右的太空垃圾，将其拖曳至其他轨道。系绳无限公司的立方体卫星脱轨模块"卫星终结带"，该装置包括一条 250m 长的执行带，在任务结束时展开，并产生足够的拖曳力降低卫星轨道，该技术的成熟度已达到 8 级，已开展飞行试验，目前该模块的市场售价为 7000 美元。

本课题组通过专利检索获得了与 Busek 公司"脐带卫星（SOUL）"相关的专利 US20150097084，该专利由美国海军和空军资助，资助合同号分别为 FA9453-10-M-0187 和 FA9453-11-C-0195；此外，本课题组获得了系绳无限公司"卫星终结带"相关专利 US9016635B2，该专利由美国空军资助，资助合同号为 FA953-09-M-0099；最后，本课题组还筛选了一件 NASA 申请的空间碎片清理技术专利 US9555905B2，该专利主要涉及空间清除碎片的系统和方法。

专利 US20150097084 提供了一种用于空间碎片处理的航天器系统，如图 6-6-25 所示，该航天器系统的命令模块可以确定机器人相对于目标的方向，并且发出用于控制机器人运动的推进器控制命令。该航天器系统包括具有底座和脐带放出装置的平台。机器人连接到由脐带放出装置放出的脐带上，并可从码头重复展开。机器人包括一个或多个成像器、惯性测量单元和多个推进器。命令模块从一个或多个机器人成像器和惯性测量单元接收图像数据和测量数据。对象识别模块被配置为从接收的图像数据中识别一个或多个对象。命令模块确定机器人相对于物体的方位，并发出推进器控制命令，以根据机器人方位来控制机器人的移动。脐带线上的空间平台和机器人的组合可用于将目标物体拖到不同的轨道位置。该专利的机器人重量低且伴随低动量，所以对卫星损坏的可能性较小，而且不需要地面控制指令，可以进行自主操作。该机器人可以定位卫星部件，并向其移动进行成像和检查；机器人可以使航天器与卫星之间保持安全距离，尽量减少碰撞危险。

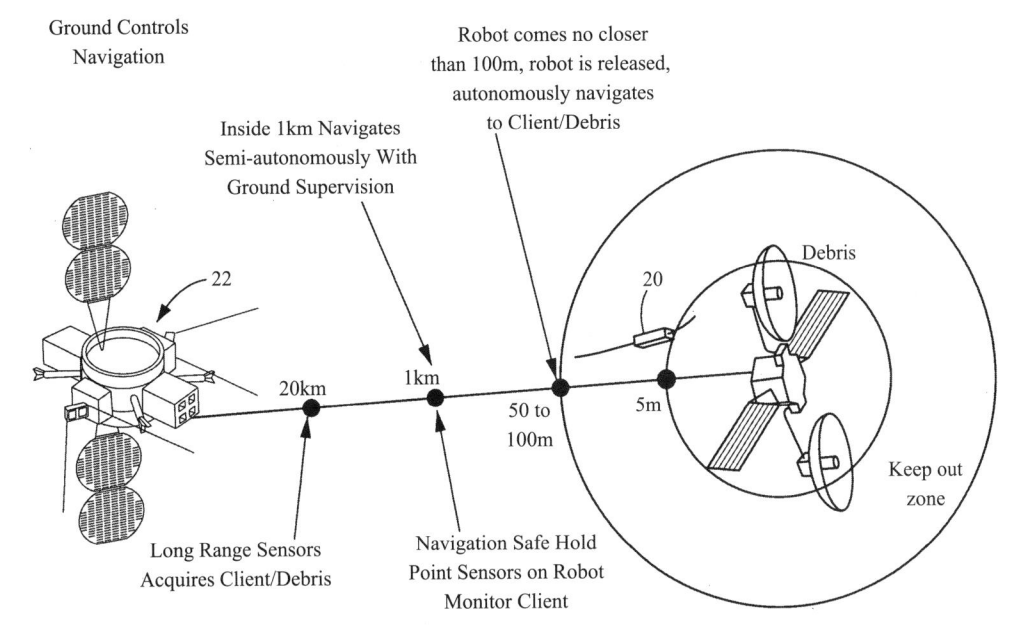

图 6-6-25　专利 US20150097084 附图

专利 US9016635B2 提供了一种用于卫星脱轨的装置，如图 6-6-26 所示。该脱轨装置，包括可折叠的无源电动导电带，其长度为 10 米到数百米；存放盒子，其宽度足以容纳所述导电带的宽度，使所述可折叠无源电动导电带可以折叠后收纳在该盒子内。其中，所述可折叠无源电动导电带的一端与航天器连接。该导电带为一种磁带，可以增加空气动力学阻力和无源电动阻力，从而加速航天器的轨道衰减，进而实现废弃卫星脱轨。

专利 US9555905B2 提供了一种空间碎片清除系统，如图 6-6-27 所示，可用于 LEO 在轨碎片的清除。该装置包括一个飞行器控制单元，用于将该装置控制导航至目标位置；还包括一个动态目标特征单元，用于识别目标的运动特征和捕获特征。该装置还包括捕获和释放单元，用于捕获目标并将其离轨，或是将其释放。该系统可以作为一种航天器，由运载火箭一次运载多个并在轨发射，这些航天器可以彼此独立操作，实现对多个碎片的清理。

从技术先进性角度来看，上述专利用于清理空间碎片的航天器，采用电池供电且高速运行，以足够的能量对目标进行捕获、去旋转和脱轨。该航天器从捕获和控制操作中收集控制性能信息，以尽量减少推进剂消耗。该航天器最后被解轨，因此不会造成轨道碎片问题。该航天器计算机可以基于目标和可用推进剂等特性建立最佳规划，推进剂将主推进系统引擎和反应控制系统引擎的功能相结合，以在最短时间内安全地捕获目标，而不会过度控制航天器。

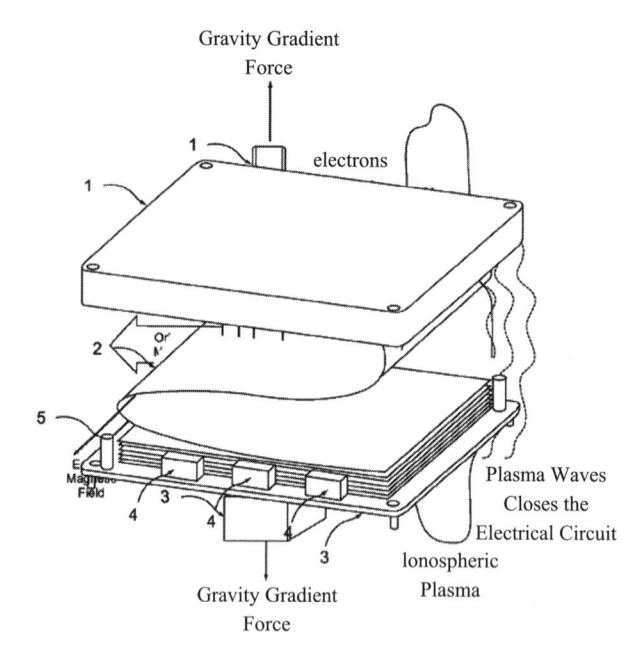

图 6-6-26 专利 US9016635B2 附图

图 6-6-27 专利 US9555905B2 附图

6.6.4.3 日本的空间碎片清除技术专利

日本是最早开展空间碎片清理技术研究的国家之一,早在 1991 年日本就申请了相关专利,主要涉及用于打捞不再运作的失效飞船的空间航天器系统,以保持空间环境清洁。从 20 世纪开始,日本针对空间碎片清理相继提出了绳系收集和电磁吸附离轨的技术方案。例如,日本川崎重工的专利 JP03809524B2,涉及用于收集废弃空间碎片的系绳装置,其在捕获机构和系绳机构之间提供动力和交换操作信息信号;而该公司的专利 JP04538591B2 则主要采用电子吸附的方式进行空间碎片清理。之后,日本空间碎片清理的技术方案开始呈现多种形式共同发展趋势,日本 IHI 公司曾提出了一种空间碎片清除装置,可以在空间碎片旋转状态下在其上安装减速装置,从而实现碎片离轨操作;之后,日本 IHI 公司又申请了鱼叉插取空间碎片的相关专利,通过引导构件调整鱼叉的射击角度,近距离调整角度后发射鱼叉,降低鱼叉偏离误差,避免鱼叉弹射或击碎碎片的问题,从而准确地捕获碎片。

如图 6-6-28 所示,日本在空间碎片清理技术领域的技术创新主体主要包括 IHI 公司、Astroscale 公司、川崎重工和日本宇宙航空研究开发机构(HXA)。如图 6-6-29 所示,日本空间碎片清理技术专利主要分布在日本、欧洲、俄罗斯、美国和加拿大等国家或地区,具有广泛的目标市场分布。

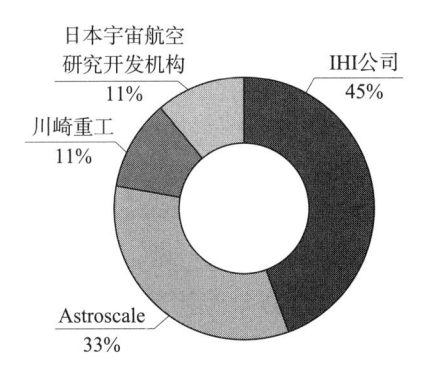

图6-6-28 日本空间碎片清理技术主要创新主体专利分布

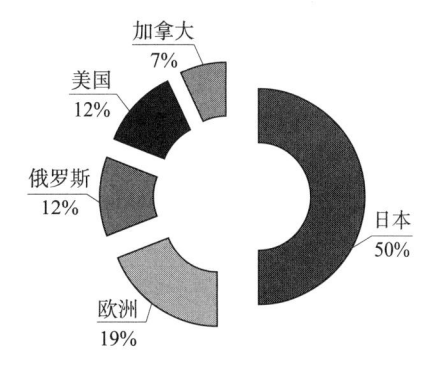

图6-6-29 日本空间碎片清理技术专利布局国家或地区

近些年,日本的空间碎片清理技术发展较快,取得了较大技术突破。以下筛选了三项日本空间碎片清除技术核心专利进行分析,包括日本 IHI 公司的专利 US9463884B2 和 US20170113818A1,以及日本 Astroscale 公司的专利 US20170015444A1。

专利 US9463884B2 提供了一种空间碎片清除装置及其清除方法,可以用于对在轨运行且对地旋转的卫星进行去除,且不限于军事卫星、通信卫星、科学观测卫星或导航卫星。该装置可以在空间碎片旋转状态下在其上安装减速装置。该空间碎片清除装置如图6-6-30所示,包括用于对目标碎片进行接近和姿态控制的推进装置;具有能够朝向目标碎片喷射鱼叉的捕获装置;用于通过观察目标碎片的运动来计算捕获位置和捕获姿态的观测装置,在该捕姿态下,鱼叉可以被驱动到目标碎片的槽(中空部分)中;直接或间接地连接到所述鱼叉的减速装置,用于使所述目标碎片减速;以及用于安装推进装置、捕获装置、观测装置和减速装置的主体部。

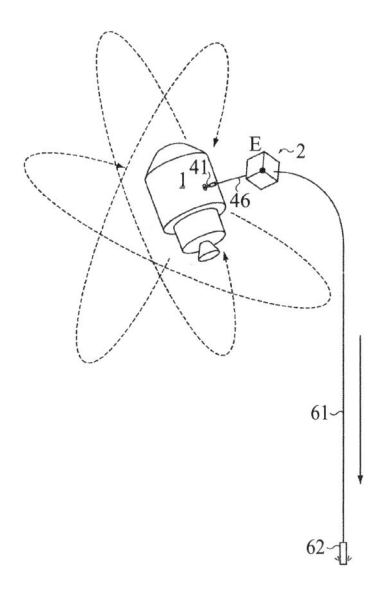

图6-6-30 专利 US9463884B2 附图

从技术先进性角度来看,上述专利可以捕获目标碎片,使得减速装置可以较容易地附接在目标碎片上;另外,该专利使用推进装置来抑制目标碎片的滚动运动,使减速装置的操作状态更稳定,连接到鱼叉的线可以用于稳定减速装置的运行状态,最终达到碎片清理目的。

专利 US20170113818A1 提供了一种空间碎片清除装置及其清除方法,适用于军事卫星、通信卫星、科学观测卫星或导航卫星。该专利的碎片清除装置,如图6-6-31所示,包括适于接近目标碎片的端部件(2);可分离地安装在端部件上的碎片捕获装置(3);以及将碎片捕获装置(3)和端部件(2)彼此连接的系绳(4)。碎片捕获装置（3）包括适于穿入碎片的鱼叉（31）；适于发射鱼叉的射击装置（32）；以及引导鱼叉射击角度的引导构件（33），用于调节鱼叉射向碎片表面；以及将射击信号发送到射击装置的开关模块（34）。当鱼叉穿入碎片时，端部件（2）与碎片捕获装置（3）分离，并将系绳（4）释放到外部空间。

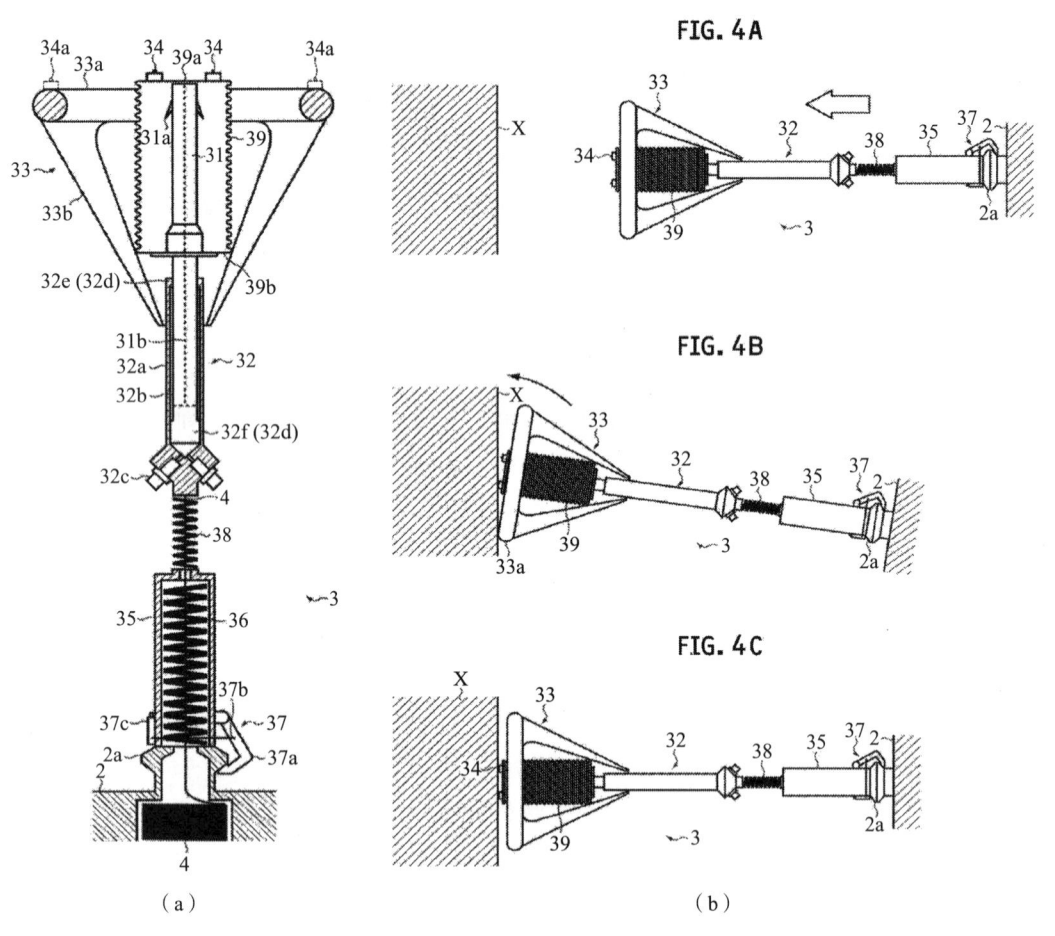

图 6-6-31 专利 US20170113818A1 附图

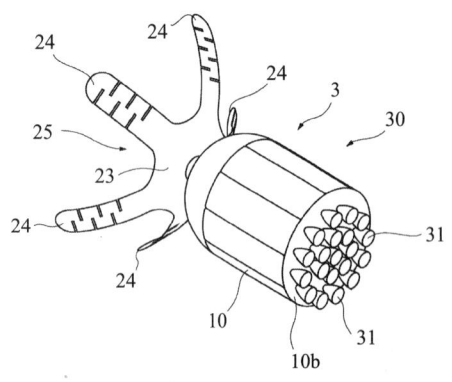

图 6-6-32 专利 US20170015444A1 附图

从技术先进性角度来看，上述专利通过引导构件调整鱼叉的射击角度，不是从远距离发射鱼叉，而是近距离调整角度后发射鱼叉，可以降低鱼叉偏离误差，避免鱼叉弹射或击碎碎片的问题，从而准确地捕获碎片。另外，由于鱼叉在碎片邻近位置发射，所以射击鱼叉所需的能量降低，反作用力也适当降低。

专利 US20170015444A1 提供了一种空间碎片清除装置及其清除方法。该碎片清除装置（3），如图 6-6-32 所示，包括主体部分（10）；将主体部分（10）黏附在空间碎片上的黏附部分；用于在空间碎片特定方向上产生制动力的制动部件（30）；以及用于控制制动力的产生时刻的定时控制部分（40）。在主体部分（10）和空间碎片一起绕着轨道旋转期间，当主体部分（10）位于轨道上的特定区域时，定时控制部分（40）产生制动力，在该特定区域，制动力的方向与轨道平面平行且与轨道的切线平行，而且与空间碎片旋转方向相反。该专利适用于对大尺寸空间碎片进行清理，而且不需要复杂的操作抑制碎片旋转。

总之，从近些年日本专利技术的分析结果来看，其空间碎片清理技术方案多样，适用于多种尺寸的碎片清理，技术改进方向主要侧重于碎片捕获准确性、安全性、节能性等方面。

6.7 我国的专利技术情况

在在轨服务机器人自主操作技术领域，我国相关专利申请出现较晚。如图6-7-1所示，我国从2009年以后才开始出现在轨自主操作技术相关专利，近些年在自主在轨加注技术、在轨模块更换与装配技术和空间碎片清理技术领域均申请了相关专利。

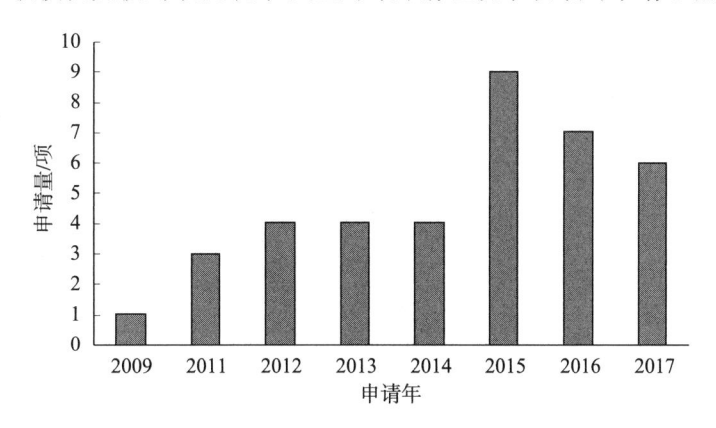

图6-7-1 我国自主操作技术专利申请趋势

从图6-7-2的创新主体统计结果来看，我国在自主操作技术领域的专利主要来自于国防高校和航天研究院所，包括西北工业大学、哈尔滨工业大学、北京控制工程研究所、国防科技大学等。另外，由于我国在轨服务机器人领域的项目涉密程度较高，部分技术创新申请了国防专利，而且航天研究院所的更多技术方案以技术秘密形式进行保护，因此该分析结果仅能体现我国技术发展的部分情况。

以下筛选了部分我国科研院所和高校的自主操作技术专利，主要涉及在轨加注、在轨装配与维修和空间碎片清理技术。其中，中国运载火箭技术研究院的专利CN103950554B、中国空间技术研究院的专利CN105217057B、国防科技大学的专利CN105955284A涉及在轨加注技术；哈尔滨工业大学的专利CN102490181B涉及自主在轨模块更换与装配技术；上海宇航系统工程研究所的专利CN105438504A涉及空间碎片清理技术。

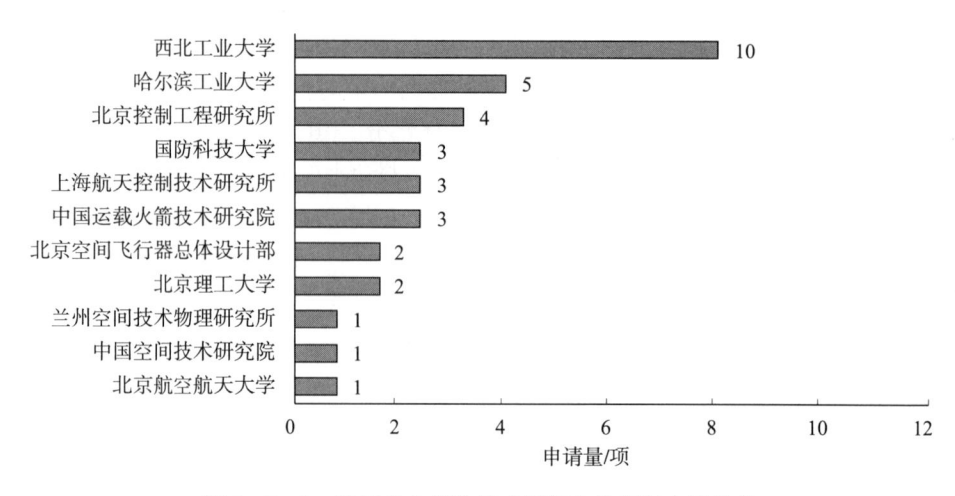

图 6-7-2   我国自主操作技术创新主体专利申请排名

专利 CN103950554B 公开了一种航天器推进剂在轨加注系统及方法，如图 6-7-3 所示，针对如何将补给的推进剂稳定地传输到目标航天器中的问题，提供了一种航天器推进剂在轨加注系统及方法。该专利采用了先一次排气后再增压加注的技术，使得目标贮箱和加注贮箱不需要气路和液路同时连接，只用单一的液路进行连接，简化了对接机构。

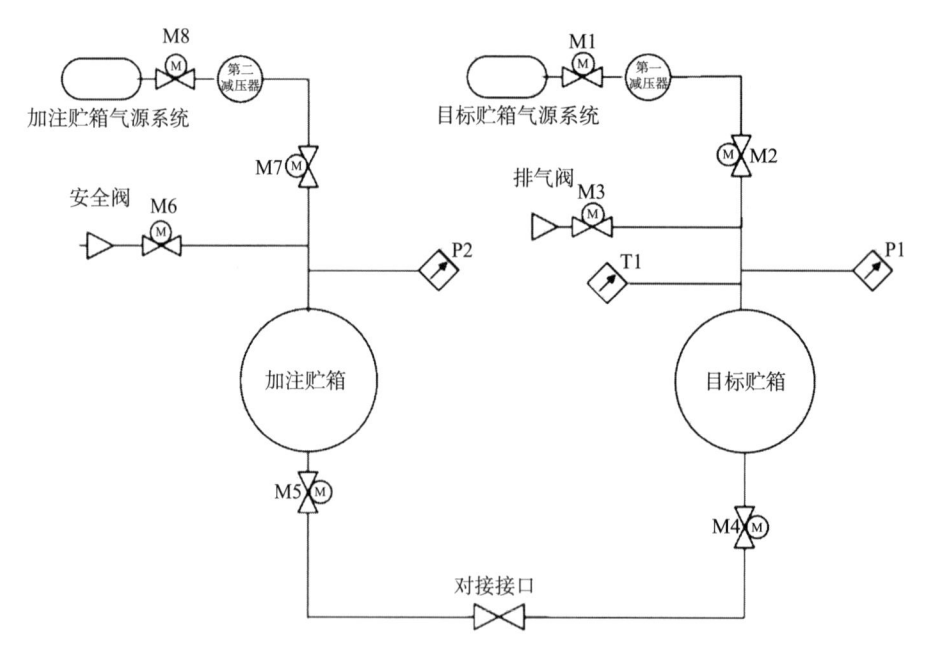

图 6-7-3   专利 CN103950554B 附图

专利 CN105217057B 提供了一种基于绳系对接的星间能量传输装置，如图 6-7-4 所示，解决目前近距离卫星编队或卫星集群内的能量传输时无线能量传输系统结构复杂、效率低，卫星交会对接能量传输周期长、燃料消耗大的问题，实现近距离运行的两颗卫星间高效的能量传输。该专利技术由于采用了对接后的直接充电或近距离电磁耦合充电，与无线能量传输方式相比具有结构简单、传输效率高的优点。由于采用了绳系终端器的交会对接，与两颗卫星直接交会对接相比，绳索避免了产生电动力干扰，具有燃料消耗低、对接周期短的优点，可以提高系统的重复使用寿命。

专利 CN105955284A 针对现有技术只能用于目标姿态与实际姿态相差较小的情况，还需要事先获得加注过程中航天器系统转动惯量的变化规律等问题，提供了一种在轨加注航天器姿态控制方法，如图 6 - 7 - 5 所示，可以对航天器进行大角度姿态调整。该专利提供的在轨加注航天器姿态控制方法，以全维空间无奇异点的非线性姿态动力学模型为被控对象，无须姿态误差小量化假设，适用于全维空间中任意大范围姿态变化的航天器，提高了控制系统的适应性。

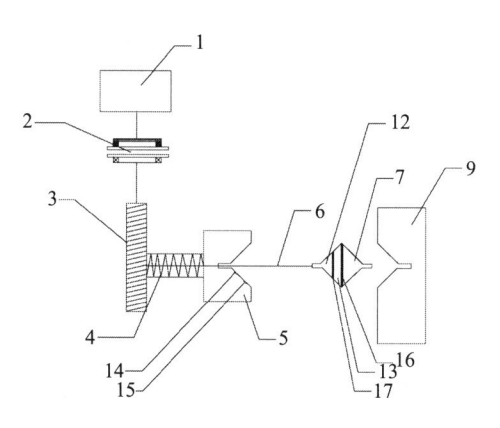

图 6 - 7 - 4 专利 CN105217057B 附图

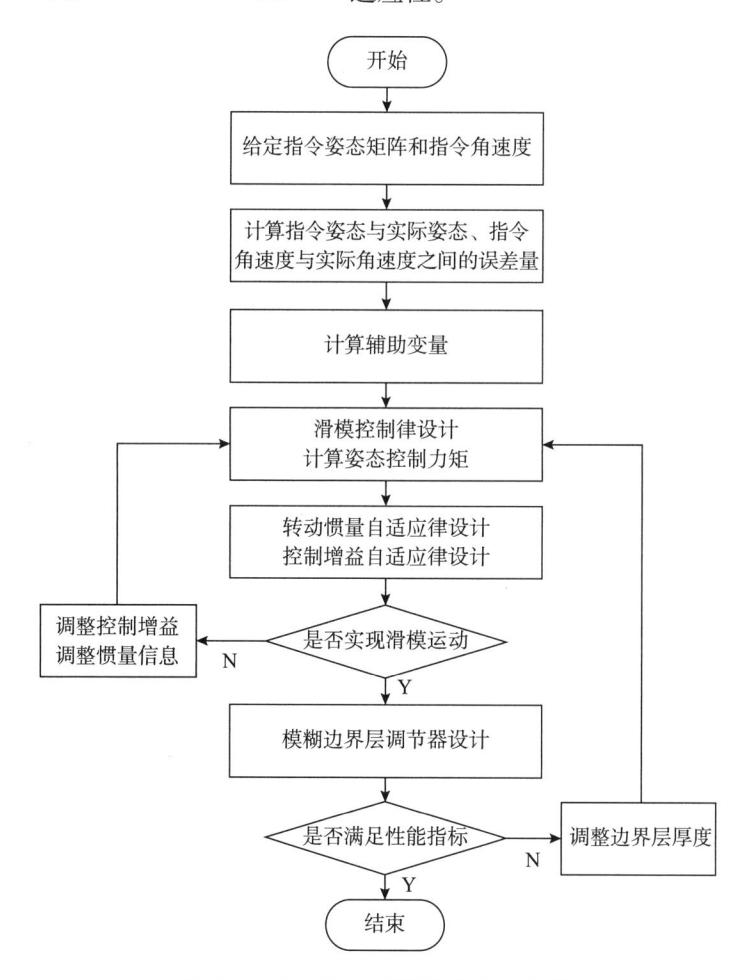

图 6 - 7 - 5 专利 CN105955284A 附图

专利 CN102490181B 涉及空间在轨模块更换机构，如图 6-7-6 所示，该机构的步进电机安装在主动架体内，主动架体的上端面上连接有过渡盘，过渡盘的上端面上设有锥形定位体，锥形定位体外部罩着被动架体，锥形定位体的下部对称装有两个径向布置的定位柱，螺杆上端与锥形定位体螺纹连接，螺杆上连接有楔形滑块，螺杆的下端与步进电机连接，锥形定位体上开有第二豁口，第二豁口的顶部卡装有管柱，输送管与管柱的沉孔连通，管柱的斜面与楔形滑块相抵靠，挡片与锥形定位体之间设置有弹簧。该机构结构紧凑，体积小，质量小，工艺性好，实现了精确的捕获定位，稳定性高，定位精度高，锁紧与输液或输电管路合二为一，实现了安全可靠的对接过程，能够方便、有效、快捷地完成日益繁多的航天器在轨模块服务和在轨连接任务。

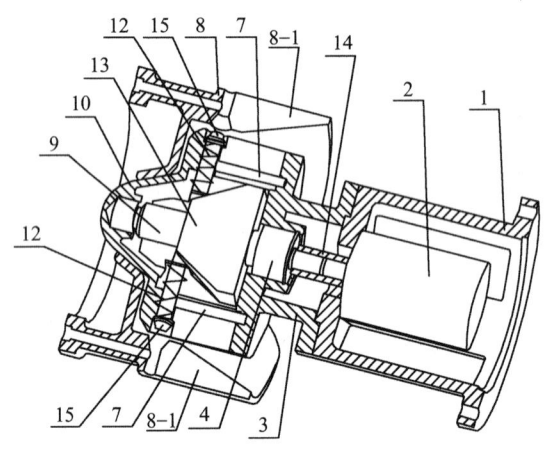

图 6-7-6 专利 CN102490181B 附图

专利 CN105438504A 涉及空间碎片清理技术，公开了一种多绳轮收索及释放装置，如图 6-7-7 所示，以解决现有技术中无法利用一套飞网收索及释放装置完成对多套飞网和飞爪装置的控制的问题。该多绳轮收索及释放装置，该装置包括收索部及释放部，收索部包括绳轮驱动轴、依次套设在绳轮驱动轴上的多个绳轮、与各绳轮对应的弹射机构、收索驱动齿轮、收索电机组合及其他连接件；释放部包括释放螺杆、螺杆驱动齿轮、释放电机组合及其他连接件。该装置在多套飞网或飞爪顺序发射释放后，能对飞网或飞爪进行收索拉紧以及后续释放的一般装置，尤其是一种适用于空间碎片清除所用的多套飞网在发射释放后能完成后续飞网的收索及释放装置。

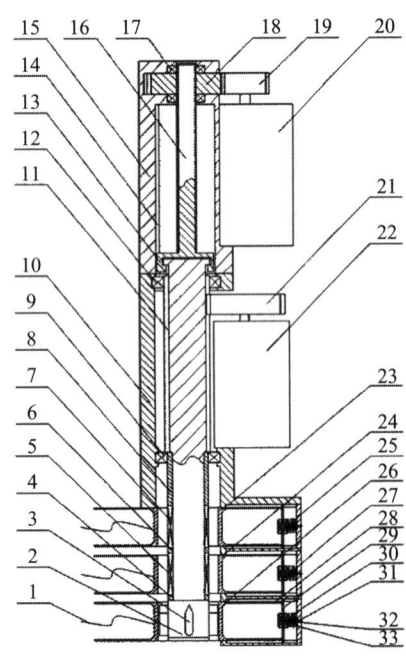

图 6-7-7 专利 CN105438504A 附图

从技术创新性角度来看，该专利仅利用两个驱动源就能够实现对多套飞网的收索和释放操作，能够大幅度的降低多套飞网系统使用时的各方面资源配置需求，且该装置具有原理简单、工作可靠等有益效果。

6.8 小　结

　　针对空间机器人的自主操作技术相关专利文献数据，本章进行了专利申请趋势、专利区域分布、主要创新主体分析、关键技术发展历程分析、国外重点项目与专利申请情况分析，以及我国相关专利技术分析。

　　在专利申请趋势分析中，本报告将自主操作技术发展趋势划分为萌芽期（1976～2001年）、发展期（2002～2017年）。在萌芽期，自主操作技术的专利申请量较低，美国和加拿大创新主体的专利技术方案仅是概念性总体方案，作用仅体现在方案可行性论证方面。在发展期，自主操作技术专利申请量呈现逐年上升趋势，该时期专利申请涉及自主加注、自主模块更换与组装、空间碎片清理等，其中空间碎片清理的专利申请量最多。另外，本报告对每个发展阶段的代表性专利进行了梳理，以了解各阶段的技术创新热点。

　　在专利区域分布中，主要进行了主要申请国家或地区的专利占比分析和技术构成分析，以及自主操作技术的技术流向分析。其中，自主操作技术的技术创新主要来源地包括美国、日本、中国和欧洲。在自主在轨加注技术方面，美国提出的技术创新较多，具有较大技术优势；在在轨模块更换与装配方面，美国、日本和欧洲的专利申请相对较多，基于在轨验证项目实现了较多的技术突破；另外，从自主操作技术的技术流向来说，各国在全球的专利布局较少，主要以本国提交专利申请为主，这主要是由于目前全球的自主操作技术均处于方案论证和在轨试验阶段，技术方案相对不是很成熟，因此各国选择了较为保守的专利区域分布策略。

　　在主要创新主体分析中，主要统计了自主操作的专利申请量排名情况，并对主要申请人进行技术构成分析。其中，在自主操作技术领域，美国创新主体的技术创新侧重于自主在轨加注；欧洲和日本的技术创新则以空间碎片清理技术为主。

　　在关键技术发展历程分析中，分别对自主在轨模块更换与装配、自主在轨加注技术和空间碎片清理技术的发展历程进行梳理。其中，在自主在轨模块更换与装配技术的发展历程中，国内外在该技术领域的技术创新概念提出较早，主要用于卫星、天线、望远镜等航天系统的在轨模块更换装配，但总体处于技术探索阶段；自主在轨加注技术创新主要基于美国在轨加注项目和加拿大的商业卫星服务航天器研制项目，技术创新方向侧重于在轨加注复杂操作准确性、稳定性和安全性改进；在空间碎片清理技术的发展历程中，国内外在该技术领域的技术创新开始时间较晚，但近些年基于商业卫星运营的空间环境清理需求，以及各国以民掩军的发展策略的推行，美国、日本、欧洲和中国在空间碎片清理技术领域进行了持续的技术创新，技术方案实现方案多样，具体包括绳系收集、电磁吸附离轨、减速离轨、动量撞击离轨、鱼叉插取和飞网捕获等，从各国的发展情况来看，日本提出的空间碎片清理专利较多，且近年来的相关专利更侧重于碎片清理安全性和节能性的提升。

在国外重点项目与专利申请分析中，本报告围绕 MDA 公司自主在轨加注产品、美国在轨自主加注和空间制造项目、欧美日空间碎片清理任务的相关专利进行了分析，对其专利申请与全球布局，以及核心专利技术方案进行了分析。通过这些重点项目的专利申请情况分析，实现了国外相关技术研究情况挖掘，为我国在轨服务机器人的自主操作技术发展提供支撑。

之后，对我国在自主操作技术领域的技术发展情况进行了梳理，并对主要专利技术进行技术方案分析，以了解我国的技术创新方向，以及与国外的技术发展的差距。在该小节分析中，由于我国在轨服务机器人领域的项目涉密程度较高，部分技术创新申请了国防专利，而且航天研究院所的更多技术方案以技术秘密形式进行保护，因此专利分析结果仅能体现我国技术发展的部分情况。

总之，通过本章的分析内容，可以了解在轨自主操作技术的技术发展过程、技术优势国家、技术研究热点，帮助国内创新主体了解主要技术竞争对手的技术发展情况、专利布局情况和重要项目核心技术借鉴价值。

第7章 重要申请人分析

7.1 MDA 公司

加拿大麦克唐纳·德特威勒公司（以下简称"MDA 公司"）❶是加拿大最大的航天设备制造商，也是加拿大航天局承担国际空间站建设工作的主承包商；同时该公司基于先进的空间机器人技术，已成为美国在轨服务项目的主要研制方之一。本节主要针对 MDA 公司的技术发展和专利申请情况进行梳理，以了解 MDA 公司的技术发展特点和全球专利布局情况。

7.1.1 MDA 公司的总体发展情况

MDA 公司是加拿大航天信息服务和产品供应商，掌握先进的空间机器人技术，可以承担低地球轨道和地球静止轨道等无人空间任务，包括卫星服务、碎片清除和基础设施维护等。

MDA 公司从 20 世纪 80 年代开始空间机器人技术研究，参与了航天飞机加拿大臂（Canadarm）和空间站遥控机械臂系统（MSS）的研制。其中，加拿大臂（Canadarm）全长 15.2m，重为 480kg，具有六个自由度，自由度的分配与人臂相似，如图 7-1-1 所示；宇航员通过 Canadarm 实现了对哈勃望远镜的维修、部件更换与升级，完成了国际空间站建造等大量在轨服务任务，Canadarm 是迄今为止最为成功的空间机器人系统。

图 7-1-1　MDA 公司研制的加拿大臂 Canadarm❷

---

❶ MDA［EB/OL］. https://mdacorporation.com/.
❷ Canadarm［EB/OL］. https://mdacorporation.com/docs/default-source/brochures/brochures/geoint-2017/canadarm.pdf?sfvrsn=4.

MDA 公司作为美国自主在轨服务项目的主要研制方之一，其参与了美国的 FREND 项目、"轨道快车"计划、"凤凰"计划和"蜻蜓"项目。其中，在美国 2002 年启动的 FREND 项目中❶，NASA 投入 6000 万美元用于 MDA 公司的机械臂研制，该机械臂如图 7-1-2 所示；2003 年 MDA 公司与波音公司合作为"轨道快车"计划研制机器人系统，"轨道快车"计划中的航天器对接如图 7-1-3 所示，MDA 公司主要负责提供捕获卫星和执行维修的机器人系统、监控与控制机器人操作的地面部分、所有的 ORU 承载器及接口；2012 年，MDA 公司赢得了 DARPA "凤凰"计划中的 3000 万美元合同，合同要求开展地球同步轨道在轨服务卫星试验验证；2015 年，MDA 公司的子公司劳拉空间系统公司获得了 NASA 和 DARPA 资助，开展机器人在轨卫星组装技术研究，并基于"蜻蜓"项目提供地面演示验证方案。

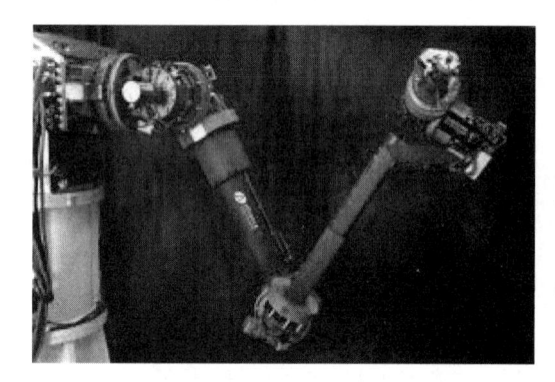

图 7-1-2　MDA 公司为 FREND 项目研制的机械臂❷

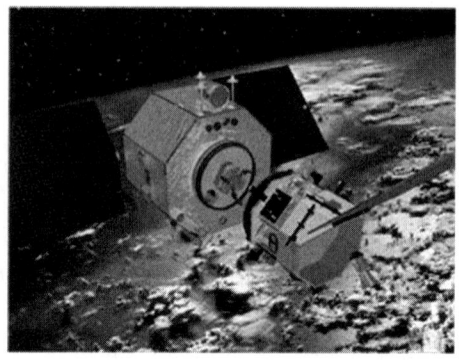

图 7-1-3　MDA 公司在"轨道快车"计划中的航天器对接示意图❸

目前，MDA 公司的空间在轨服务业务技术主要涉及❹：

（1）在轨机械和机电解决方案。MDA 公司通过 Canadarm、ISS 系统和火星车等空间机器人研制项目，已经具有可靠的设计和开发能力，能够满足商业和政府客户的在轨服务需求。该公司提供的在轨机械和机电解决方案，涵盖单个执行器平台到 15 个自由度的 Dextre 机器人，可用于执行精细的在轨维护任务。MDA 公司在空间执行器的设计、制造、测试和集成方面拥有丰富的经验，利用其经过飞行验证的机器人方案，可以很好地满足空间航天器部署和运营需求。

（2）机械手/工具/接口，增加伸展范围、灵活性和传感功能。作为空间机械臂领域的技术引领者，MDA 公司最为人所知的包括加拿大臂（Canadarm）、加拿大臂 2

---

❶ 闫海江，范庆玲，康志宇. DARPA 地球静止轨道机器人项目综述 [J]. 机器人，2016，38（8）：633-640.

❷ Debus T J, Dougherty S P. Overview and performance of the Front - End Robotics Enabling Near - Term Demonstration (FREND) robotic arm [C]. AIAA Info tech at Aerospace Conference and Exhibit and AIAA Unmanned Unlimited Conference. Reston, USA: AIAA, 2009.

❸ DARPA Tactical Technology Office, OE Mission Page [EB/OL]. http://www.darpa.mil/orbitalexpress/index.html.

❹ Robotics Solutions: Robotics and On - Orbit Servicing Exploration Sensors and Autonomous Systems Space - Based Robotics Solutions [EB/OL]. https://mdacorporation.com/isg/robotics - automation/space - based - robotics - solutions.

（Canadarm 2）和 Dextre 机器人系统，现已应用于航天飞机和国际空间站。在这些应用中，MDA 公司在硬件和软件中采用了可维护的通用可访问接口，便于进行后续工具的开发，以增加机械臂触及范围、灵活性和传感功能。例如为了满足国际空间站的维修需求，MDA 公司开发了由加拿大臂2配合的 Dextre 机器人，用于执行高精度的灵巧任务，如更换电池和操控有效科学载荷等。

（3）捕获/对接接口，为航天器访问国际空间站提供转移接口。MDA 公司可以提供多种系列的捕获/对接接口产品，以满足各种航天器的机械和电气要求，便于空间机器人进行操作处理。经过30多年的飞行验证，MDA 公司拥有150多种捕获装置及其相关硬件配件，适用于国际空间站元件和商业航天器，而且可以根据客户具体需求进行定制。按照 MDA 公司未来的技术发展计划，下一代机器人和抓捕工具接口的目标是降低集成复杂性、质量和体积，并提供机器人之间兼容的简化解决方案。MDA 公司设想未来的商业和政府空间基础设施可以模块化，以便于空间机器人进行维护和升级。

（4）机器人的远程操作。MDA 公司在机器人和控制系统设计方面的能力，已在数十年的航天飞机和国际空间站计划任务中得到了验证。MDA 公司为 NASA 开发了机器人工作站，包括各种控制接口、操作杆和显示器，使得宇航员可以从国际空间站上指挥和控制加拿大臂2的机械手。这种人机交互实现方式也成为自主轨道服务机器人飞行演示任务的地面监控部分，以及国际空间站 Dextre 机器人的地面控制部分。为了满足在轨远程操作的需求，MDA 公司开发了一种具有增强态势感知功能的远程飞行地面测试平台，并将其作为下一代加拿大臂计划（NGC）的一部分；该远程飞行地面测试平台旨在支持未来空间机器人的应用，如卫星加油和维修等。

另外，MDA 公司研制的空间基础设施服务（SIS）航天器可以在 GEO 上开展在轨加注任务；也可以携带推进剂箱到达 GEO，然后利用机械臂和工具箱来维护卫星。其工具箱可以打开大部分 GEO 卫星的推进剂系统；机械臂可以用于固定目标卫星，便于加注，也可以用于打开故障太阳能电池翼，并能提供废弃卫星离轨服务。

7.1.2 主要子公司情况

MDA 公司在1999年收购了 SPAR 空间公司的机器人部门，成立了 MDA 空间任务部门的子公司 MD Robotics。另外，MDA 公司在2012年收购了劳拉空间与通信公司的卫星制造分部——劳拉空间系统公司。

MD Robotics 公司在1981年研制了加拿大臂（Canadarm），也被称为 SRMS 机械臂，该机械臂总长15.2m，由肩关节、肘关节和腕关节组成，其主要功能是将卫星投放进入恰当的轨道，以及维修失效卫星等，该机械臂还修理过哈勃太空望远镜。在此基础上，MD Robotic 公司后续开发了应用于空间站的遥控机械臂系统（MSS），该系统主要包括空间站遥控机械臂系统（SSRMS）和专用灵巧机械臂（SPDM），其中 SSRMS 又被称为加拿大臂2（Canadarm 2）。

劳拉空间系统公司制造的机器人已经在航天飞机、国际空间站、火星着陆器和火星车上得到认可。2016年，劳拉空间系统公司宣布收到 DARPA 拨款2070万美元，为地球同步卫星机器人服务（RSGS）项目设计并制造机器人手臂硬件。劳拉空间系统公司还通过 MDA 公司美国分部基金会获得资金赞助，与负责 RSGS 项目合同的美国海军研究实验室（NRL）合作，制造两个完整的机器人手臂，它们将能够精确捕捉并停留在非对接卫星附近。

7.1.3 专利申请情况

在空间机器人技术领域内，MDA 公司在 1976~2017 年申请了 88 项在轨服务机器人技术相关专利。以下通过对 MDA 公司的专利申请趋势、专利技术构成、重要专利技术特点进行分析，以了解 MDA 公司的技术发展动态和专利布局情况。

7.1.3.1 MDA 公司专利申请趋势

以下将 MDA 公司专利申请趋势与 MDA 公司的项目研制时间进程进行综合分析，了解 MDA 公司在各研究项目背景下的技术创新情况。

MDA 公司的专利申请趋势如图 7-1-4 所示，最早的专利申请出现在 20 世纪 70 年代末，在 1976~2006 年专利申请量较少，年专利申请量仅有 1~5 项。其中，1976~1984 年，MDA 公司（该时期的公司名为 SPAR 公司）研制了 SRMS 机械臂和遥控机械臂系统 MSS，其实现了对哈勃望远镜的维修、部件更换与升级，完成了国际空间站建造等大量在轨服务任务。从该时期的专利申请技术方案来看，主要涉及利用机械臂实现模块更换与升级任务，用于延长在轨飞行器寿命，具体技术方案涉及卫星模块更换机器人系统、空间卫星捕获与释放操作、卫星在轨服务总体技术，以及空间机械臂的轨迹规划和重定位系统等，代表性专利包括 US4079904A、GB2043011B、US4449684A、US4585388A 和 CA1238672A1 等。1985~2004 年，MDA 公司参与了美国 FREND 项目、"轨道快车"计划，主要负责机械臂研制和飞行在轨对接飞行验证，该时期的专利申请技术方案主要侧重于操作末端精细操作、多功能操作工具改进，以及空间飞行器捕获对接。

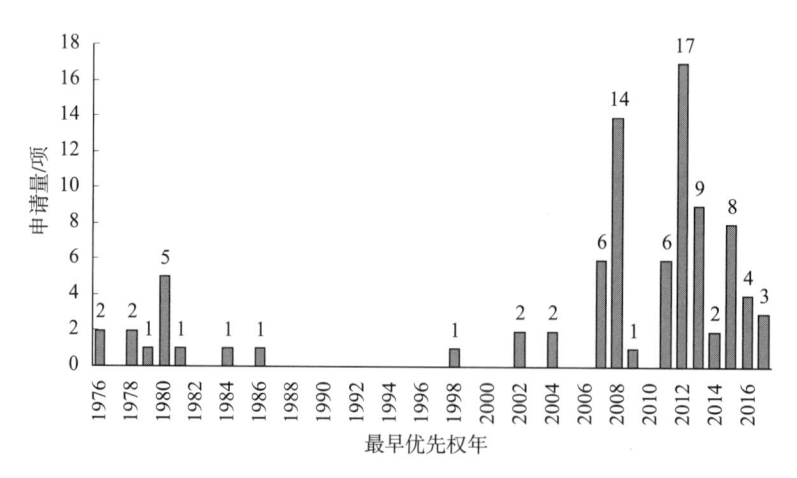

图 7-1-4 MDA 公司专利申请量分析

从 2007 年以后，MDA 公司的专利申请量开始上升。这一时期 MDA 公司广泛参与了美国在轨服务项目研制，包括"凤凰"计划、"蜻蜓"项目、RSGS项目等，主要涉及在轨维修与组装，以及在轨加注等任务。该时期MDA公司的专利申请主要侧重于自由飞行器捕获、在轨加注工具与安全操作，以及通信卫星在轨组装等。

7.1.3.2 MDA公司专利技术构成

以下通过统计MDA公司专利在三个关键技术领域内的技术分布情况，了解MDA公司的技术创新热点和技术发展方向。

MDA公司在空间机械臂、操作末端和自主操作技术领域均有相关专利分布，如表7-1-1所示。其中，在空间机械臂技术领域，MDA公司有11项相关专利，该技术领域的技术创新主要涉及空间冗余构型设计和机械臂遥操作技术；在操作末端技术领域，MDA公司有28项相关专利，主要涉及空间目标对接技术、灵巧操作工具和跟踪测量技术方面的技术创新；在自主操作技术领域，MDA公司有37项相关专利，且主要涉及自主在轨加注和在轨模块更换与装配技术。

表7-1-1　MDA公司在各关键技术领域的专利申请量统计

关键技术领域		专利申请量/项	申请量占比
空间机械臂	空间冗余构型设计	9	12%
	机械臂遥操作技术	2	3%
操作末端	灵巧操作工具	12	20%
	空间目标对接技术	11	14%
	跟踪测量技术	5	7%
自主操作技术	自主在轨加注	29	11%
	在轨模块更换与装配	8	10%

通过上述数据统计结果可以看出，MDA公司的专利申请主要集中在自主操作技术领域，且以自主在轨加注技术为主。其中，MDA公司在2007～2015年共申请了36项与自主在轨加注技术相关专利，具体涉及卫星燃料加注系统总体技术、控制工具、推进剂转移技术等，具有技术代表性的专利包括US8074935B2、US9260206B2、US9688422B2和US9399295B2。US8074935B2公开了在轨燃料加注的系统及方法，具体包括操作工具、阀门工具、定位机构等相关技术方案；US9260206B2公开了推进剂传输系统，以及在轨加注方法，具体包括加注过程，以及加注流量测量和控制等相关技术方案；US9688422B2提供了一种可以安全操作卫星燃料灌装/排出阀的工具，可以打开、关闭各种类型和尺寸的卫星燃料灌装/排出阀；US9399295B2公开了捕获目标航天器的机械机构。上述这些专利与MDA公司研制的空间基础设施服务（SIS）航天器的技术方案相关。

另外，MDA公司控股的劳拉空间系统公司的机器人技术已经在航天飞机、国际空间站、火星着陆器和火星车上得到认可，并与DARPA及NASA共同开发机器人在轨卫星装配技术。在2010年以前，劳拉空间系统公司申请的专利主要涉及空间目标捕获与跟踪技术，具体涉及卫星定轨、测姿；2015年劳拉空间系统公司获得DARPA授予的合同,参与"蜻蜓"项目,研究地球静止轨道通信卫星在轨组装技术,并在2015年申请了卫星在轨组装技术相关专利,如US20160264264A1、WO2016144884A1等。

7.1.3.3 MDA公司专利区域分布

MDA公司作为全球著名的航天信息服务和产品供应商,在空间机器人技术领域为全球提供卫星服务、碎片清除和基础设施维护等。在广泛的国际技术合作研发和市场产品供应中,MDA公司基于88项专利技术创新,在全球共分布了290件同族专利,具体如表7-1-2所示。从表7-1-2来看,MDA公司的在轨服务机器人专利申请主要分布在美国、加拿大、日本和欧洲等国家或地区。

表7-1-2 MDA公司全球专利区域分布 单位:件

专利申请国家或地区	有效	失效	在审	总计
美国	100	16	2	118
加拿大	62	16	4	82
日本	34	2	0	36
欧洲	22	4	6	32
俄罗斯	8	0	0	8
法国	0	4	0	4
英国	0	4	0	4
德国	0	2	0	2
韩国	0	2	0	2
荷兰	0	2	0	1

如表7-1-2所示,MDA公司的在轨服务机器人技术的目标市场以美国、加拿大、日本和欧洲等国家或地区为主。在美国,MDA公司共申请了118件专利,包括100件有效专利、16件失效专利和2件在审专利。在加拿大,MDA公司申请了82件专利,包括62件有效专利、16件失效专利和4件在审专利。在日本,MDA公司申请了36件专利,包括34件有效专利和2件失效专利。在欧洲,MDA公司主要以欧洲专利局专利为主,另外在德国、法国和英国也布局了相关同族专利。

图7-1-5分析对比了MDA公司在美国、加拿大、日本和欧洲等国家或地区的专利申请趋势。在美国,MDA公司在20世纪70年代就开始布局相关专利,随着MDA公司参与美国在轨服务项目越来越多,其在美国的专利申请量也呈现大幅上升趋势。加拿大作为MDA公司的本部所在地,其专利布局数量比美国低,这主要是由于美国的部分研制项目要求MDA公司的技术研制在美国进行,相应技术创新也优先考虑在美国申请专利;另外,MDA公司在日本和欧洲等国家或地区也有较多专利分布,但申请趋势对比来看,MDA公司近些年更注重在日本的专利布局。

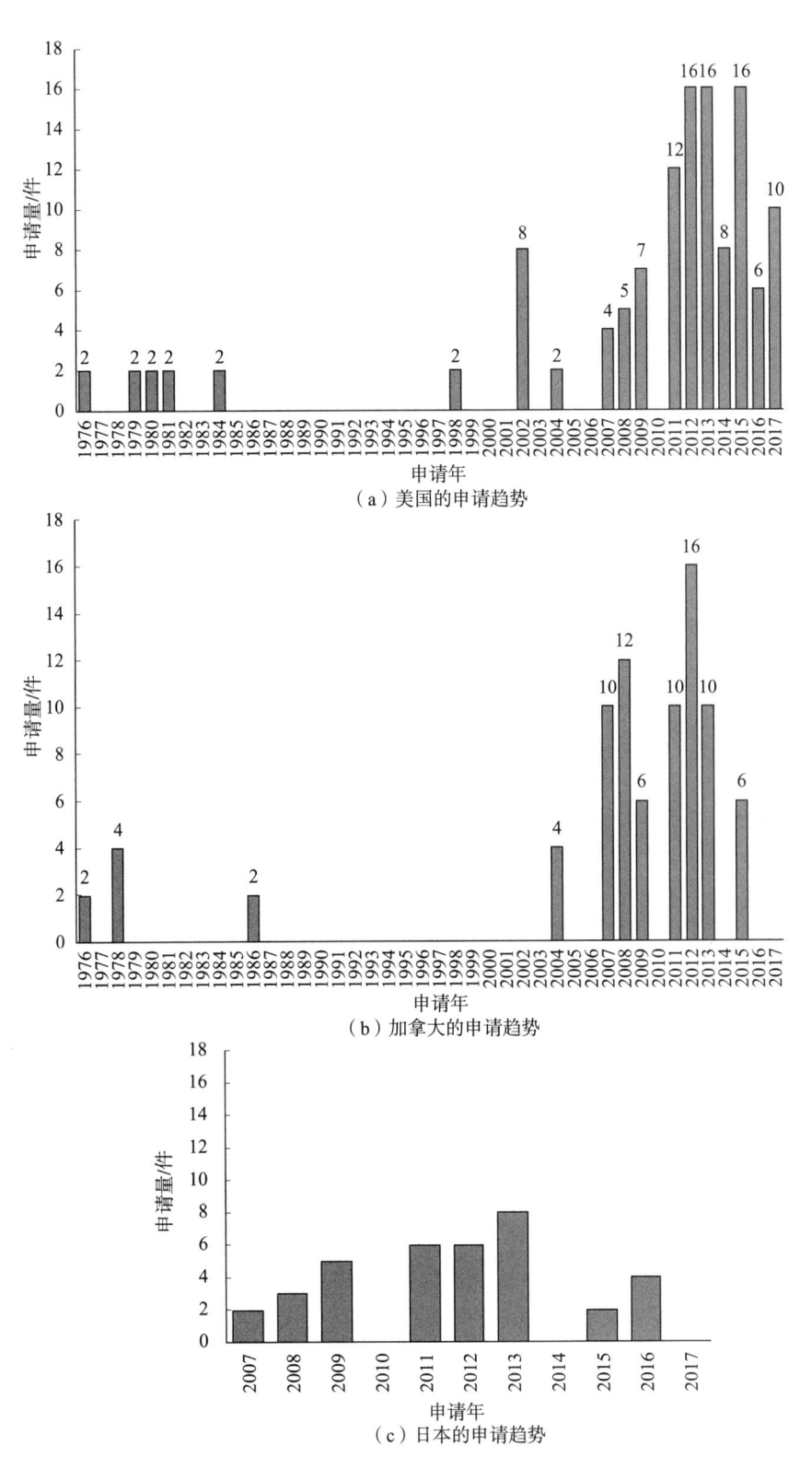

图 7-1-5　MDA 公司在主要国家或地区的专利申请趋势分析

(d) 欧洲的申请趋势

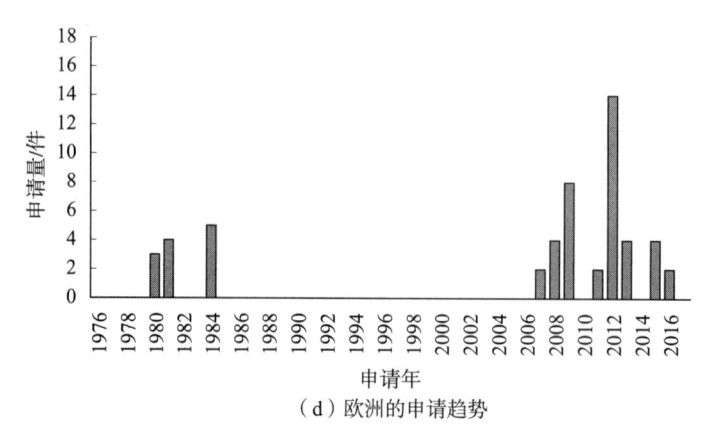

图 7-1-5 MDA 公司在主要国家或地区的专利申请趋势分析（续）

7.1.3.4 MDA 公司重要专利分析

在在轨服务机器人技术领域，MDA 公司的技术实力处于世界领先地位，其在各关键技术领域的技术创新对我国技术发展均具有较大的借鉴价值。表 7-1-3 示出了 MDA 公司近些年的部分重要专利。

表 7-1-3 MDA 公司重要专利

技术主题	公开号	申请日	技术要点	附图	相关型号产品
机械臂	US9321175B2	2013-02-28	七自由度机械臂的轨迹规划方法		
机械臂	US6749533B2	2002-05-24	空间机械臂关节的高容量和高比率的齿轮箱齿轮箱		

续表

技术主题	公开号	申请日	技术要点	附图	相关型号产品
灵巧操作工具	US9676096B2	2012-10-15	空间机械臂操作末端的多功能工具		灵巧机械臂 Dextre
操作末端	US8702341B2	2011-02-15	可与多自由度机械臂一起使用的可扩展通用接口板系统		遥操作机械臂 SRMS、SSRMS 相关
操作末端	US20150314893A1	2015-05-04	捕获自由飞行航天器的系统，建立刚性连接，便于服务航天器对目标航天器进行在轨加注或维修		与 MDA 公司的 SIS 航天器、加拿大航天局下一代灵巧臂相关
空间飞行器捕获	US6969030B1	2004-07-14	航天器对接结构，用于服务航天器捕获客户航天器，并实现耦合连接		

续表

技术主题	公开号	申请日	技术要点	附图	相关型号产品
在轨加注	US8074935B2	2008-03-10	在轨燃料加注的系统及方法，具体包括操作工具、阀门工具、定位机构等相关技术方案		
在轨加注	US9260206B2	2014-11-26	在轨航天器燃料加注方法		与MDA公司的SIS航天器、加拿大航天局下一代灵巧臂相关
在轨加注	US9688422B2	2015-08-14	安全操作卫星燃料灌装/排出阀的工具		
在轨加注	US9399295B2	2013-03-15	通过抓捕目标法兰轮廓（如Marman法兰接口），捕获自由飞行航天器或卫星		

7.1.4 小　结

本小节对加拿大 MDA 公司在在轨服务机器人领域的全部专利申请情况进行了分析。

在 MDA 公司的专利申请趋势分析中，了解到其最早的专利申请出现在 20 世纪 70 年代末，在 1976~2006 年专利申请量较少，主要涉及卫星模块更换机器人系统、空间卫星捕获与释放操作、卫星在轨服务总体技术，以及空间机械臂的轨迹规划和重定位系统等；2007 年以后，随着 MDA 公司广泛参与美国在轨服务项目研制，其专利申请量开始上升，该阶段的技术创新主要侧重于自由飞行器捕获、在轨加注工具与安全操作，以及通信卫星在轨组装等。

在 MDA 公司的专利技术构成进行分析中，了解到其在各关键技术领域的技术创新方向。其中，在空间机械臂技术领域，MDA 公司的技术创新主要涉及空间冗余构型设计和机械臂遥操作技术；在操作末端技术领域，MDA 公司的技术创新主要涉及空间目标对接技术和灵巧操作工具方面；在自主操作技术领域，其技术创新主要侧重于自主在轨加注和在轨模块更换与装配技术。其中，相比较而言，近些年 MDA 公司的专利申请主要集中在自主操作技术领域，且以自主在轨加注技术为主，具体涉及卫星燃料加注系统总体技术、控制工具、推进剂转移技术等。

在 MDA 公司专利区域分布分析中，了解到 MDA 公司在轨服务机器人的专利申请主要分布在美国、加拿大和欧洲等国家或地区。其中 MDA 公司在 20 世纪 70 年代就开始在美国布局相关专利，随着 MDA 公司参与美国在轨服务项目越来越多，其在美国的专利申请量也呈现大幅上升趋势；MDA 公司在加拿大的专利布局数量低于美国，近些年呈现上升趋势；与欧洲相比，MDA 公司近些年更侧重于在日本进行专利布局。

另外，在本小节对 MDA 公司近些年的部分重要专利进行了梳理，以助于我国科研单位进行技术借鉴和改进。

7.2　NASA

美国宇航局（National Aeronautics and Space Administration，NASA）是美国负责空间机器人试验研制项目规划的主要政府机构，从 20 世纪 70 年代开始启动和规划了十余项在轨服务机器人和星表移动机器人项目，在空间机器人技术领域具有较广泛的研究成果和专利分布。本节主要针对 NASA 的空间机器人研究计划开展情况和全球专利申请情况进行梳理，以了解 NASA 的技术发展特点和全球专利布局情况。

7.2.1　NASA 的空间机器人研究计划

7.2.1.1　在轨服务机器人相关项目

NASA 提出的自主在轨服务计划和项目包括 DART 计划、机器人航天员 2、机器人燃料加注任务等，以及与 DARPA 联合管理的"轨道快车"计划等。

NASA 的 DART 计划❶旨在验证自主空间交会技术。NASA 在 2001 年起开始着手工程研制和各种技术准备工作，并在 2005 年 4 月成功发射了飞行演示试验卫星。飞行演示试验卫星的任务是在轨道上与目标卫星进行一系列自主交会、逼近和绕飞操作，验证其敏感器、推进系统、控制器及软件的性能。DART 计划中验证的自主交会对接技术可实现美国航天器之间的全自动对接，有助于美国未来航天系统的在轨组装、维修或进行其他自主交会操作，还可使美国防部对敌方卫星进行近距离侦察。

NASA 与通用公司（GM）联合研制的第二代机器人航天员（Robonaut 2）❷ 在 2011 年进入国际空间站，是空间拟人机器人发展的里程碑。Robonaut 2 的研制目的是研究与人协同工作、用于代替航天员进行舱外作业，以及从事其他太空研究和探索工作。Robonaut 2 的主要特点为：①在形体上具有头部、颈部、躯干、双臂、多指灵巧手等人类的特征，Robonaut 2 全身共 42 个自由度，其中包括三自由度颈部、两个七自由度的手臂、两个 12 自由度的五指灵巧手以及一自由度腰部，因此可接近人的工作能力；②五指灵巧手的灵活程度与航天员相当，可直接使用航天员的工具，五个手指共 12 个自由度，运动灵活，可辅助航天员完成部分空间操作任务；③集成了视觉可见光、红外视觉、六维腕力觉、接触力觉、角度及位移等多达 350 个传感器，是典型多传感器集成的复杂系统；④空间拟人机器人需着重解决五指灵巧手的设计、多传感器集成与信息融合、机器人学习及自主控制、人机交互等难题。

2011 年，NASA 启动机器人燃料加注任务项目，❸ 研究针对无专门在轨燃料加注接口的卫星实施在轨加注。机器人燃料加注任务由 NASA 和加拿大航天局共同开发，设计利用国际空间站上的灵巧专用机械手（Dextre）验证遥控机器人的在轨服务能力。机器人燃料加注任务标志着灵巧专用机械手的首次非国际空间站维护性作业及首次用于研究和开发项目，并例证了国际空间站逐步被用作技术试验平台的过程。机器人燃料加注任务分为两个阶段：第一阶段验证可用于服务和加注在轨卫星的新技术、新工具和新技能；第二阶段始于 2015 年 4 月，在机器人燃料加注任务模块上安装新硬件，进一步验证机器人的能力。2011~2016 年，机器人燃料加注任务项目经过系列试验，成功验证了利用机械臂为安装在空间站外部、无专用燃料加注接口的模拟卫星加注燃料的可行性。当时机器人拆除了两个安全螺帽，切割了两条细的连接锁线，最终将一小部分液态乙醇传输到洗衣机大小的模块中。机器人燃料加注任务预计在 2018 年发射空间机器人入轨，演示验证使用氙气和低温液体的加注任务。

7.2.1.2 星表移动机器人相关项目

NASA 从 1961 年到 1972 年组织实施的一系列载人登月飞行任务，又称"阿波罗计划"，目的是实现载人登月飞行和人对月球的实地考察，为载人行星飞行和探测进行技

---

❶ Double Asteroid Redirection Test (DART) Mission [EB/OL]. https://www.nasa.gov/planetarydefense/dart.
❷ Robonaut 2 Technology Suite Offers Opportunities in Vast Range of Industries [EB/OL]. https://robonaut.jsc.nasa.gov/R2/.
❸ Robotic Refueling Mission (RRM) [EB/OL]. https://www.nasa.gov/mission_pages/station/research/experiments/778.html.

术储备。早期参与月球车概念设计的主要公司包括通用公司、Grumman 公司和 Bendix 公司，后来经过外场试验，通用公司设计的 SLRV 车辆因其越野行驶能力明显优于其他公司设计的月球车样机而胜出，至此，通用公司设计的三段式六轮底盘结构被认为是最适合于月球车行走系统的结构，并在此后一段时间被拓展应用于火星车原理样机的研制和开发。1971 年 7 月 30 日、1972 年 4 月 27 日和 1972 年 12 月 7 日先后有三辆月球车成功登陆到月球表面，即由阿波罗 15 号、16 号和 17 号携带的折叠式载人月球车 LRV。然而这三辆月球车并没有采用三段式六轮底盘结构，而是采用了与地面越野车辆类似的四轮独立驱动的移动系统，并且采用了有人驾驶的模式。此后三十多年，美国没有再实施登月计划。直到小布什总统执政期间，美国为了重返月球，提出了"星座计划"，由 NASA 组织研制了密封式月球车，航天员在车内可以不穿登月服，但随后奥巴马总统执政，"星座计划"被取消。

在 20 世纪 90 年代初，美国就开始将目光转向了火星探测，开展了大规模的火星探测车研制。由于火星登陆计划要求车辆的尺寸和质量都不大，因此之前的三段式车辆不宜于在小尺寸空间中安置控制系统、电缆、科学仪器等，JPL 的工程师重新设计了一种摇臂悬架式底盘方案，采用这一悬架的底盘可以获得足够大的灵活性并且机构最为简单。20 世纪 90 年代初期，JPL 工程师制作了最早的基于摇臂悬架的模型，被称为 Rocky。基于该 Rocky 行走系统，JPL 研制了自主式机器人车辆 Sojourner 火星车，该车由 Mars Pathfinder 航天器搭载，于 1997 年 7 月 6 日撞击火星并被释放，基于摇臂悬架（rocker-bogie）结构，六轮驱动，四轮转向，采用地面遥控操作和半自主方式控制，首次开展了火星表面行走探测，证明了 Rocky 行走系统的有效性。此后，第二代火星车 Spirit（勇气号）/Opportunity（机遇号）火星车先后登陆火星并成功工作，它们的总体设计思路继承了 Sojourner 火星车，但在总体性能指标方面有了大幅度的提高。在移动性能方面，勇气号和机遇号均采用六轮驱动、摇臂-转向架式悬挂系统，该系统未使用任何弹簧，但它可以在接头处产生弯曲，这种构造使得火星车能够翻越比车轮直径（约 26cm）更大的岩石，可承受 45°的倾斜。火星车前轮和后轮的独立控制允许其在适当位置转弯，或者沿平缓的弧线行驶。在导航系统方面，二者均携带了十台相机，分为工程相机和科学相机两大类。工程相机包括下降相机、导航相机、危险避让相机，科学相机包括全景相机和显微成像相机。下降相机安装在着陆器上，在任务的进入、下降和着陆阶段采集着陆过程的图像，到达火星表面后寿命结束。其他九个相机安装在火星车上，使其移动性能得到了显著增强。在通信方式方面，之前的 Sojourner 火星车是通过着陆器作为中继通信站建立起与地球之间的通信链路，而勇气号和机遇号则在着陆后，直接与地球通信，或者通过火星全球勘测者 MGS 和奥德赛号中的一个进行通信。

美国目前最先进的火星车是 2011 年 11 月 26 日"火星科学实验室 MSL"搭载的好奇号火星车。与之前的勇气号、机遇号一样，好奇号火星车沿用的是六轮驱动、摇臂转向架式悬挂结构，在翻越多岩石的不平整表面时具有最大程度的稳定性，采用六轮驱动，四轮转向，两个前轮和两个后轮分别具有独立的转向发动机，能够原地转弯 360°，所不同的是好奇号火星车的尺寸要大得多，而且悬架系统还用于着陆时的减震，能够翻越 65~75cm 高的障碍物，越过直径约为 50cm 的坑，在平整坚硬的地面上行驶的最高速度为 4cm/s，每个车轮上的花纹除了提供行驶摩擦力之外，还通过摄像机拍摄车轮轨迹用于评判行驶距离，采用两对导航相机和四对避障相机进行长距离自主导航，根据行驶过程中遇到的不同情况采取 3 种不同标准的导航模式。好奇号计划工作时间为 1 个火星年，到目前为止还在工作。

此外，好奇号火星车的着陆方式和以前勇气号和机遇号采用的气囊缓冲方式不同，采用了"反推火箭+空中吊车"的方式着陆，反推火箭在上，车体在下，将着陆点控制在一个 20km×7km 的椭圆范围内，显著优于当年勇气号和机遇号的 150km×20km 椭圆范围，这标志美国具备了将 1 吨量级的大质量着陆器和表面巡视器精确投送至火星表面的能力。

7.2.2　NASA 的专利申请情况

在空间机器人技术领域，NASA 在 1970~2018 年申请了 97 项自主在轨服务机器人技术相关专利，以及几十项星表移动机器人相关专利。以下对 NASA 的专利申请趋势、专利技术构成、重要专利技术特点进行分析，以了解 NASA 的技术发展动态和专利布局情况。

7.2.2.1　在轨服务机器人专利申请趋势

NASA 的在轨服务机器人专利申请量排名第一，在 1970~2018 年申请了 97 项相关专利。如图 7-2-1 所示，NASA 最早的专利申请出现在 1970 年（公开号为 US3631737A）涉及零重力环境下的遥操作机械臂，之后随着各项研制计划的推进 NASA 的专利申请量呈现波动上升趋势。上述数据统计仅涉及 NASA 作为专利权人的专利，NASA 资助其他公司申请的专利不在此统计范围内。

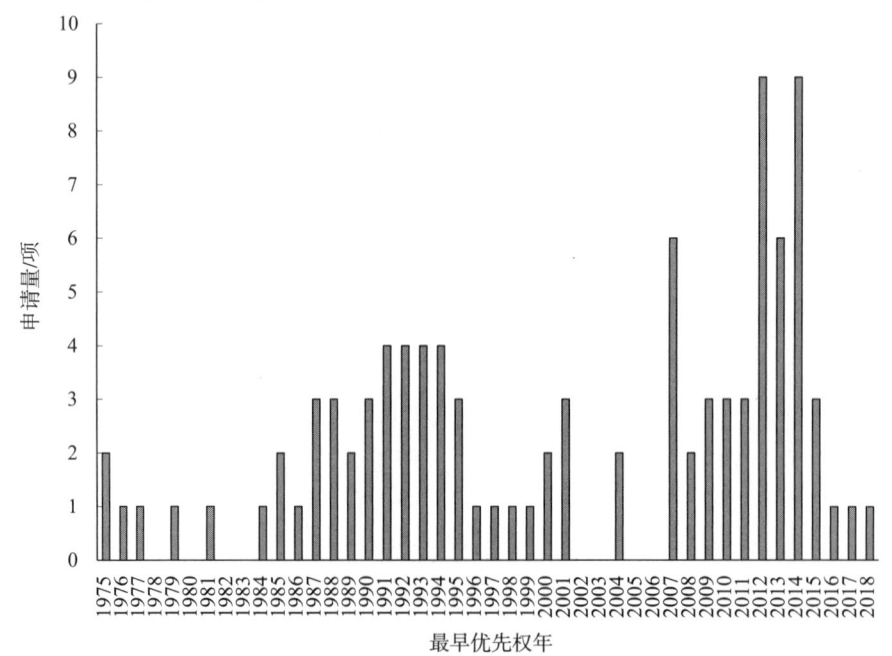

图 7-2-1　NASA 在轨服务机器人专利申请趋势

从 2001 年开始，NASA 的 DART 计划着手工程研究，并在 2005 年 4 月完成实验卫星发射。此外通过专利检索发现，NASA 在机器人燃料加注任务中采用灵巧专用机械手验证遥控机器人的在轨服务能力，并与通用公司合作研制了第二代机器人航天员（Robonaut 2），在 NASA 资助（合同号 SAA – AT – 07 – 003）下，NASA 和通用公司在 2008~2015 年联合申请了 42 项与第二代机器人航天员 2（Robonaut 2）相关的专利，具体如附表 2 所示。

在表 7 – 2 – 1 中，对 NASA 在 1970~2015 年申请的代表性专利进行了梳理。其中，1970~1984 年，NASA 的专利申请主要侧重于遥操作机械臂技术创新，具体侧重于机械臂的传动、遥控操作等方面，应用平台主要针对航天飞机。从 1985 年开始出现多项针对冗余机械臂设计与控制的专利申请，如 US4738583A、US5430643A 和 US5294873A，其专利技术方案主要涉及六自由度或七自由度机械臂的应用和稳定控制；从 20 世纪 90 年代末开始，NASA 开始申请了大量涉及空间仿人灵巧手的专利，主要涉及灵巧手的肌腱控制和信号传感方面的技术创新，这些专利技术主要与第二代机器人航天员 2 的研究相关。从 2005 年开始，NASA 出现自主在轨操作技术方面的专利申请，申请量较少，主要涉及在轨维修和空间碎片清零。

表 7 – 2 – 1　NASA 各技术发展阶段的代表性专利

技术主题	公开号	申请日	技术要点	附图
机械臂遥操作	US3631737A	1970 – 09 – 18	用于零重力环境中远程操作物体的铰链机械臂	
机械臂遥操作	US3893573A	1973 – 08 – 20	航天飞机用远程控制机械臂，具有混合模式双边主从控制系统	
机械臂传动技术	US4545723A	1983 – 09 – 30	机械臂致动装置	
操作末端抓捕与锁定装置	US4718709A	1984 – 12 – 16	具有 V 型捕获窗口的在轨操纵末端执行器，用于抓捕空间望远镜	

续表

技术主题	公开号	申请日	技术要点	附图
机械臂遥操作	US4685535A	1985-07-31	移动式遥控操作机械臂飞行器系统，可以在空间站方形桁架结构上进行装配，维修和物流运输	
机械臂空间冗余构型	US4738583A	1986-09-30	空间蜘蛛机械臂，用于在空间结构上或附近组装各种部件	
操作末端	USN6921577N	1986-10-21	空间机械臂末端执行器，被动激活夹持手指	无
操作末端-磁吸附	US4921292A	1988-09-23	用于空间遥操作机械手的磁性操作末端	
机械臂控制	US4999553A	1989-12-28	对具有冗余关节的机器人进行配置控制的方法和装置	
机械臂空间冗余构型	US5430643A	1992-03-11	具有六自由度末端执行器的七自由度机器人臂的处理器控制方法	

续表

技术主题	公开号	申请日	技术要点	附图
机械臂控制技术	US5294873A	1992-10-27	冗余机械臂的配置控制方法	
空间仿人灵巧手	US6244644B1	1999-01-25	紧凑的灵巧机器人手,具有手掌壳支撑指和可移动手掌构件	
空间目标对接技术	US6726153B1	2003-03-19	环形绳系空间目标捕获对接装置	
自主在轨维修	US7240879B1	2005-05-06	利用机器人自主捕获和维修自由飞行航天器的方法和装置	
操作末端传感与控制	US20070108993A1	2005-09-30	响应于末端执行器的运动调节,提供六个自由度的感测信息	
空间目标对接技术	US7686529B1	2007-12-18	用于航天器对接系统的双轴连接组件,可用复杂多轴机械臂	

续表

技术主题	公开号	申请日	技术要点	附图
自主在轨维修	US7513460B2	2007-02-05	用于维修自由飞行航天器的机器人系统，具有多轴操纵抓钩臂，包括末端执行器，以及具有两端的灵巧臂	
自主在轨维修	US20070125910A1	2007-02-02	用于维修卫星的空间机器人系统，具有相对和绝对导航传感器的离轨模块，用于确定与目标航天器之间的绝对姿态和相对姿态	
机械臂传动	US8176809B2	2008-12-10	用于机器人手臂的平面扭转弹簧，在不增加机械臂尺寸的前提下有效提高机械臂强度	
空间仿人灵巧手	US8060250B2	2008-12-15	用于灵巧机器人系统的肌腱驱动机械手的扭矩控制方法	
空间仿人灵巧手	US8412378B2	2009-12-02	用于机器人手指的体内肌腱张力校准方法涉及定位肌腱驱动的机器人操纵器，使得机械手不与障碍物接触且不突破机械手关节极限	

续表

技术主题	公开号	申请日	技术要点	附图
空间仿人灵巧手	US8291788B2	2009-09-22	用于灵巧人机器人上臂组件的旋转致动器组件	
空间目标对接技术	US7815149B1	2009-02-18	磁捕获对接机构，用于对微纳卫星进行捕获对接	
空间仿人灵巧手	US20110071673A1	2009-09-22	用于灵巧类人机器人的下臂组件，具有安装在臂支撑件的一侧上的一组腕式致动器，以及安装在臂支撑件另一侧的一组手指致动器	
空间仿人灵巧手	US8255079B2	2009-09-22	机械臂操作手指，具有包括微控制器的肌腱驱动系统，利用算法确定拉力作为抓力的函数	

续表

技术主题	公开号	申请日	技术要点	附图
空间机械臂	US9168659B2	2013-04-17	一种张力加强和肌腱致动的机械臂，可以适用于空间、月球或其他行星装置，可以在零重力环境和具有重力场环境中获取或精确地操纵有效载荷	
空间仿人灵巧手	US8857874B2	2013-03-14	用于执行任务的机器人手组件，具有与另一个关节运动学连接的关节	
空间碎片清理	US9555905B2	2015-09-02	空间碎片清除系统，可用于 LEO 在轨碎片的清除	

7.2.2.2 在轨服务机器人专利技术构成

以下通过统计 NASA 在空间机械臂、操作末端和在轨自主操作技术领域内的技术分布情况，了解 NASA 的技术创新热点和技术发展方向。

如表 7-2-2 所示，NASA 在空间机械臂、操作末端和自主操作技术领域均有相关专利分布。其中，在空间机械臂技术领域，NASA 有 46 项相关专利，该技术领域的技术创新主要涉及空间冗余构型设计和机械臂遥操作技术；在操作末端技术领域，NASA 有 46 项相关专利，主要涉及空间仿人灵巧手技术、空间目标对接技术和操作末端抓捕与锁定装置方面的技术创新；在自主操作技术领域，NASA 仅有 5 项专利，且主要涉及在轨模块更换与装配技术。

表7-2-2　NASA在各关键技术领域的专利申请量统计

关键技术领域		专利申请量/项	申请量占比
空间机械臂	空间冗余构型设计	19	20%
	机械臂遥操作技术	18	19%
	轨迹规划技术	4	4%
	机械臂控制技术	2	2%
	机械臂传动技术	2	2%
	机械臂其他技术	1	1%
操作末端	空间仿人灵巧手技术	14	14%
	空间目标对接技术	22	23%
	操作末端抓捕与锁定装置	8	8%
	灵巧操作工具	1	1%
	操作末端其他技术	1	1%
自主操作技术	在轨模块更换与装配	4	4%
	空间碎片清理	1	1%

通过上述数据统计结果可以看出，NASA专利申请主要集中在空间机械臂和操作末端技术领域。

在机械臂技术领域，NASA早在20世纪70年代就开始申请了相关专利，如US3631737A和US3893573A，主要涉及用于航天飞机的遥操作机械臂，早期NASA的机械臂技术专利主要采用铰链驱动，遥操作模式采用双边主从遥控方式；之后，NASA针对空间站的装配需求，从20世纪80年代开始申请可移动多自由机械臂专利，侧重于机械臂操作控制和多冗余设计，以满足空间站维护任务多样性的要求，如US4685535A和US4738583A，涉及可在空间站桁架结构上自由移动的机械臂系统。近些年，NASA的机械臂技术专利主要涉及空间灵巧机器人和在轨维修航天器的机械臂系统，驱动方式侧重于肌腱驱动，如US9168659B2公开了一种可用于零重力场环境下精确操纵有效载荷的肌腱驱动机械臂，这种机械臂由于采用了肌腱结构，可以大大提高关节和机械臂刚度，以及机械臂运动范围和灵活性。

在操作末端技术领域，NASA的专利申请主要侧重于空间仿人灵巧手技术创新。从1999年开始，NASA申请了一系列空间仿人灵巧手相关专利，具体涉及灵巧机器人手机械构件、肌腱驱动机械手指、手指肌腱张力控制与校正、手指手臂协调操作的致动器等，目前NASA在灵巧手方面的技术创新主要侧重于精确传感、基于多维传感的精确实时操作，以满足精细化操作需求。

在自主操作技术领域，NASA 的专利申请较少。在该技术领域，NASA 主要采用资助企业创新为主，例如 NASA 于 2014 年 6 月推出一项政策，资助一些太空公司研发轨道碎片清除技术，包括 Busek 公司的"脐带卫星（SOUL）"、系绳无限公司的"卫星终结带"等。

7.2.2.3 在轨服务机器人专利区域分布

NASA 作为美国在轨服务机器人项目的主要政府机构之一，在空间机器人技术领域进行了各项在轨服务试验验证工作，并支持欧洲、加拿大、日本等国家或地区的创新主体进行在轨服务机器人领域的技术创新。在技术合作过程中，NASA 基于上述 98 项专利技术创新，在全球共分布了 286 件同族专利，具体区域分布情况如表 7-2-3 所示。

表 7-2-3 NASA 全球专利区域分布   单位：件

专利申请国家或地区	有效	失效	在审	总计
美国	98	57	6	161
日本	50	7	0	57
德国	48	2	3	53
中国	5	1	0	6
加拿大	0	4	0	4
欧洲	0	4	1	5

从表 7-2-3 的分析结果来看，NASA 在轨服务机器人的专利区域布局主要侧重于美国、日本和德国等国家，且在中国也进行了专利布局。其中，在美国，NASA 共申请了 161 件专利，包括 98 件有效专利、57 失效专利和 6 件在审专利。在日本，NASA 申请了 57 件专利，包括 50 件有效专利和 7 件失效专利；在德国，NASA 申请了 53 件专利，包括 48 件有效专利、2 件失效专利和 3 项在审专利。

图 7-2-2 分析对比了 NASA 在美国、日本和德国等国家的专利申请趋势。在美国，NASA 在 20 世纪 70 年代就开始布局了相关专利；但是，在 2009 年以后，NASA 才开始在日本和德国等国家布局相关专利。通过对日本和德国等国家的同族专利进行技术方案分析，发现这些同族专利是在 NASA 资助（合同号 SAA-AT-07-003）下申请的，这些同族专利主要涉及第二代机器人航天员 2（Robonaut 2）的相关技术方案。目前，第二代机器人航天员 2 作为 NASA 和通用公司联合研制的空间拟人机器人，在危险环境操作应用、物流与分发应用、医疗应用等民用领域具有广泛的应用潜力，NASA 针对该空间机器人相关专利进行了大范围的技术转移操作，从而也推动了其在各国家的专利布局。

(a) 美国的申请趋势

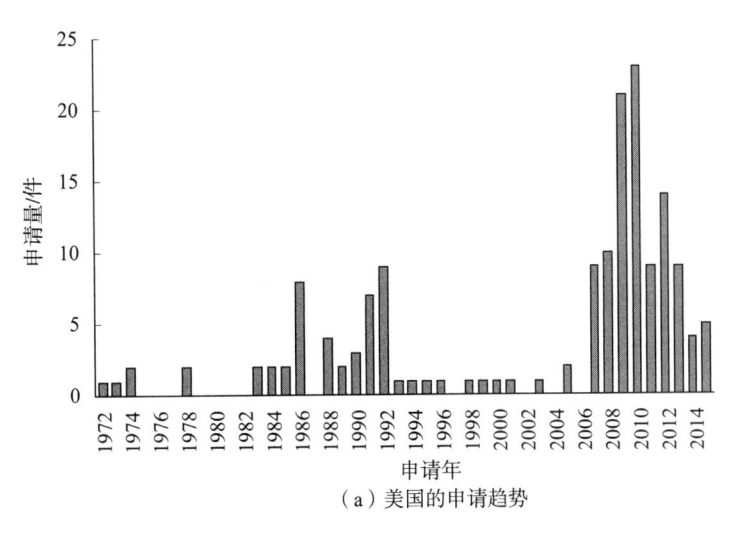

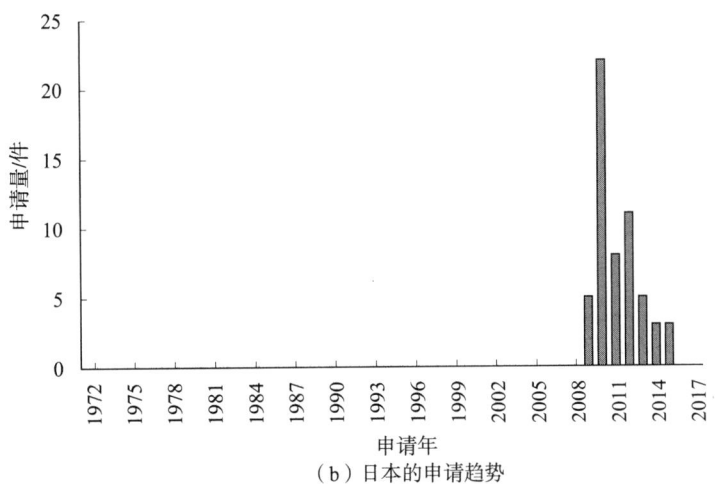

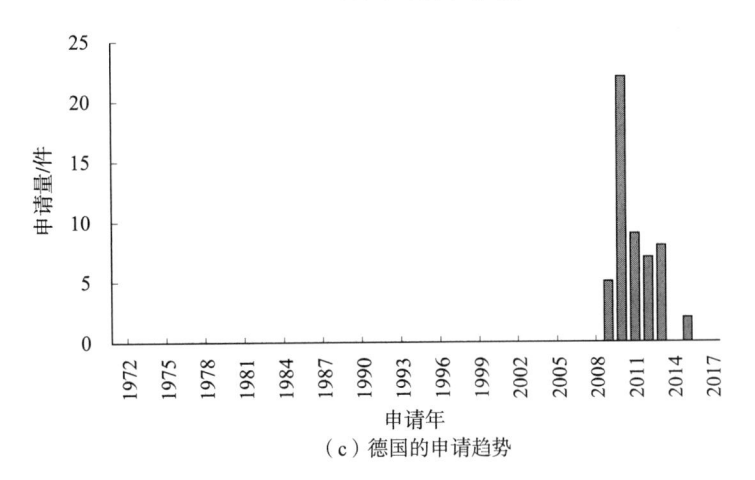

(b) 日本的申请趋势

(c) 德国的申请趋势

图 7-2-2 NASA 的专利区域分布

（d）中国的申请趋势

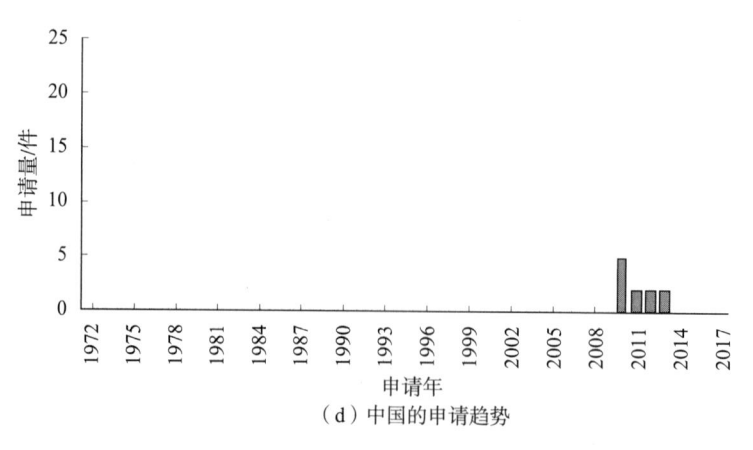

图 7-2-2　NASA 的专利区域分布（续）

值得关注的是，针对第二代机器人航天员 2（Robonaut 2）的关键技术，NASA 在中国也布局申请了 6 件相关专利，具体专利情况如表 7-2-4 所示。

表 7-2-4　NASA 在中国分布的在轨服务技术专利

公开号	发明名称	申请日	技术要点	附图
CN104049573B	机器人系统及其任务规划方法	2013-11-27	用于自动机器人的任务规划的系统和方法，尤其涉及一种可用于这种任务规划的具有可扩展的编程环境的机器人任务指挥器	
CN101947786B	用于类人机器人自动控制的方法和装置	2010-04-30	涉及用于控制具有多个关节和多自由度的类人机器人的系统和方法	
CN101947787B	分级的机器人控制系统和用多个操纵器对选择的物体自由度进行控制的方法	2010-04-30	涉及用于控制具有多个关节和多自由度的一个或多个类人机器人的系统和方法	

续表

公开号	发明名称	申请日	技术要点	附图
CN101976772A	连接器管脚和方法	2010-04-30	一种连接器,适用于机器人手臂或手指在空间受限的环境中使用	
CN102029610A	欠驱动的腱驱动机器人手指的转矩控制	2010-04-30	涉及欠驱动的腱驱动机器人手指的转矩控制	
CN102145489A	在腱驱动的机器人手指内的张力分配	2010-04-30	用于在机器人系统中的腱驱动手指的腱之间分配张力的方法,其中手指的特征在于 n 个自由度和 n+1 个腱	

7.2.2.4 星表移动机器人专利情况

美国 NASA 在月球车和火星车方面均有成功的实践经验,但实际公开的专利数量并不多,对 NASA 及其资助单位的专利申请进行统计,结果如表7-2-5所示。通用公司、JPL 和洛马公司作为 NASA 的三个重要的合作单位,其在轮式移动机器人领域的专利申请,可以代表 NASA 的相关研究情况。需要说明的是,JPL 行政上属于加州理工学院管理,因此其专利申请人为加州理工学院。

表7-2-5 NASA 及其相关支撑单位相关专利

技术分支	公开号	标题	技术要点	附图	专利权人	申请年	法律状态
轮式移动机器人	US7726426B2	轮毂驱动器及其使用方法	用于运载人员,货物和设备的轮式地面车辆,具有变速轮毂内传动装置,其具有连接到轮毂马达的输入和连接到车轮的输出,用于相对于底盘旋转车轮		洛马公司	2006	有效

续表

技术分支	公开号	标题	技术要点	附图	专利权人	申请年	法律状态
轮式移动机器人	US4840394A	铰接式悬挂系统	适用于全地形车辆的铰接式悬架使用补偿梁来保持所有车轮与地面接触		NASA	1988	无效
轮式移动机器人	US20090020351A1	铰接式车辆悬挂系统	车辆具有可通过肩关节旋转的车轮组件，每个接头具有壳体和与壳体和驱动器接合的变速器，以在驱动壳体时降低驱动马达的速度		洛马公司	2008	无效
轮式移动机器人	US3730287A	用于行星勘探的车辆	该车辆的特征在于多个相互独立可操作的推进单元，每个推进单元包括与车辆框架连接的延伸支腿，用于围绕与其横向相关的轴线旋转，并由具有车轮和环形的操作属性的可操纵基座支撑。通过可选择性操作的动力传动系统跟踪和可用于沿给定表面推进车辆，该动力传动系统用于驱动支腿围绕其轴线旋转和/或以车轮驱动和/或履带式操作模式启动基座		NASA	1971	无效

续表

技术分支	公开号	标题	技术要点	附图	专利权人	申请年	法律状态
轮式移动机器人	US20170129280A1	适用于越野机动性的刚性轮及其抓地设计	用于在软地面上行驶的机械车辆的车轮系统中的刚性车轮，轮子具有沿圆形轮主体的外圆周设置的齿轮，并且包括能够绘制第一切线的接触表面，其中第一切线与第一切线的旋转方向相反地倾斜。车轮主体从车轮主体的中心线开始。该履带板包括投射单元，其中投射单元设置成从车轮主体的中心线与车轮主体的旋转方向相反地倾斜，并且包括矩形形状的接触表面		加州理工学院	2016	审查中
轮式移动机器人	US8030873B2	走路和滚动机器人	移动机器人单元具有支撑主体即车身的多个支腿，并使主体绕基面向前和反向移动。腿包括轮子以沿着基部表面滚动。驱动组件包括可操作地与髋关节和膝关节相关联的马达和用于独立地驱动髋关节和膝关节的枢转运动以及轮的滚动运动的轮。该组件包括驱动轴，该驱动轴向臀部和膝关节施加驱动枢转运动并向车轮施加滚动运动		NASA	2008	有效

续表

技术分支	公开号	标题	技术要点	附图	专利权人	申请年	法律状态
轮式移动机器人	US3568748 A	弹性轮	用于月球探测的弹性轮，包括中心支撑件，其周边由弹性线壳围绕到胎面表面，其中对角定位的枢转互连的胎面条附接到该胎面表面，优选使用聚酰亚胺制成所述条带。所述车轮由连接到一系列横向弯曲带的圆环形成的框架支撑		NASA	1969	无效
轮式移动机器人	US8720614B2	机器人两轮车	机器人轮式车辆具有与车轮相关联的机构，该机构用于支持仪器和/或传感器。该机构被配置成呈现第一位置，以便部分地塌缩以缩回仪器和/或传感器。该机构配置成呈现第二位置，以便从车轮展开仪器和/或传感器。所述仪器和/或传感器位于机构的头部		加州理工学院	2013	有效
轮式移动机器人	US8978807B2	带有微型挂钩车轮的地形穿越装置	该装置具有微型车轮组件，其包括圆形平面转子，其具有安装在柔性悬架上的微型钩，其容纳微型钩之间的可变啮合角度和地形表面上的不规则性。微型车轮组件安装在轴上，使得微型车轮组件的圆形平面转子可在一个方向上		加州理工学院	2014	有效

续表

技术分支	公开号	标题	技术要点	附图	专利权人	申请年	法律状态
			旋转。一个马达容纳在圆柱形壳体中并且连接到轴以在一个方向上旋转微型车轮组件以推动地形穿越装置横穿地形表面				
轮式移动机器人	US9085302B2	模块化机器人车辆	该车辆具有推进控制组件和制动控制组件,其分别包括推进控制器和制动控制器,它们一起控制线控推进制动模块。主控制器与转向控制器、推进控制器和制动控制器以及驾驶员输入装置通信。主控制器被编程为与电子模块eModule通信并独立控制eModule以响应来自多个驾驶员输入设备的驾驶员输入命令而建立不同的操作模式		NASA	2013	有效
轮式移动机器人	US9254866B2	控制模块化车辆转向的方法	该方法涉及当确定转向输入装置的位置在主控制器中的中心附近时确定模块化机器人车辆的速度。对应于驾驶模式将驾驶模式请求发送到一组转向控制器。根据所确定的转向输入装置的位置、所确定的车辆速度和主控制器中的驱动模式来确定一组模块化电子转角组件(e模块)所需的转向角。电子转角组件设置为各自确定的转向角		通用公司	2013	有效

续表

技术分支	公开号	标题	技术要点	附图	专利权人	申请年	法律状态
轮式移动机器人	US9266518B2	用于车辆的部件控制系统	中央操作系统包括用于控制模块化部件的部件控制系统，例如电动转向、推进、制动和悬架子系统部件。与控制系统可操作通信的主要和次要主控制器被配置为同时向组件控制系统发送命令。仅当主控制器中发生故障时，组件控制系统才接受来自辅助主控制器的命令		通用公司	2013	有效
轮式移动机器人	US9726268B1	多辐条轮组件	用于遥控车辆的辐条轮组件的装置具有可绕中心轴线旋转的太阳齿轮，多个第一行星齿轮设置成与太阳齿轮啮合，其中第二行星齿轮设置成与第一行星齿轮啮合。轮子连接到每个第二行星齿轮。可旋转的制动齿轮围绕第二行星齿轮的中心轴线设定。制动齿轮由制动机构操作		NASA	2013	有效
轮式移动机器人	US4932491A	车身转向全地形车	车辆包括辅助车轮，其可以被展开以避免在横穿斜坡时转弯时翻车，以在翻车时爬上路堤并使车辆右转		NASA	1989	无效

续表

技术分支	公开号	标题	技术要点	附图	专利权人	申请年	法律状态
腿式行走机器人	US7996112B1	机器人和机器人系统	用于外星环境的机器人,具有身体和腿部对,其中腿部的每条腿可枢转地附接到身体并且约束成在与身体的纵向轴线垂直的腿对平面中枢转,该机器人可以在零重力条件下有效地移动和执行任务,并且可以从位于远程位置的主计算机控制		NASA	2007	无效

结合表7-2-5可以看出,上述15项相关专利申请的年份分布在1969~2014年,其中绝大多数为轮式移动机器人相关的技术方案,仅有1项涉及腿式行走机器人,有8项申请处于授权后保护的状态,1项申请正在审查中,另外6项申请已经失效。其中由洛马公司申请的US7726426B2和US20090020351A1均拥有33项INPADOC同族专利,分别涉及"轮毂驱动方法"和"铰接式车轮悬架系统"。

7.2.3 小 结

本小节对NASA在空间技术领域的研究计划推进情况和专利申请情况进行了分析。

在在轨服务机器人领域,NASA推进的研究计划和发展项目最多,其专利申请量也处于领先定位。从专利申请趋势来看,NASA最早的专利申请出现在1972年(US3631737A)涉及零重力环境下的遥操作机械臂,之后随着NASA各项研制计划的推进,其专利申请量呈现波动上升趋势;从专利技术构成来看,NASA专利申请主要集中在空间机械臂和操作末端技术领域,空间机械臂的技术创新主要涉及空间冗余构型设计和机械臂遥控操作技术,操作末端则以空间仿人灵巧手技术、空间目标对接技术和操作末端抓捕与锁定装置技术创新为主。从专利区域分布来看,NASA的专利布局以美国本地为主,仅有部分涉及第二代航天员推行技术转移的专利才在德国、日本和中国等国家进行了布局。

在星表移动机器人领域,NASA的专利申请量较少,仅有其资助的通用公司、JPL和洛马公司申请了15件专利,且这些专利的技术创新主要侧重于轮式移动机器人。

7.3 欧洲宇航防务集团

欧洲宇航防务集团(European Aeronautic Defense and Space Company,EADS)是继波

音之后世界上第二大航空航天公司。该公司的在轨服务机器人专利申请量排名第四，在1998~2017年申请了57项相关专利，具体专利申请趋势如图7-3-1所示。

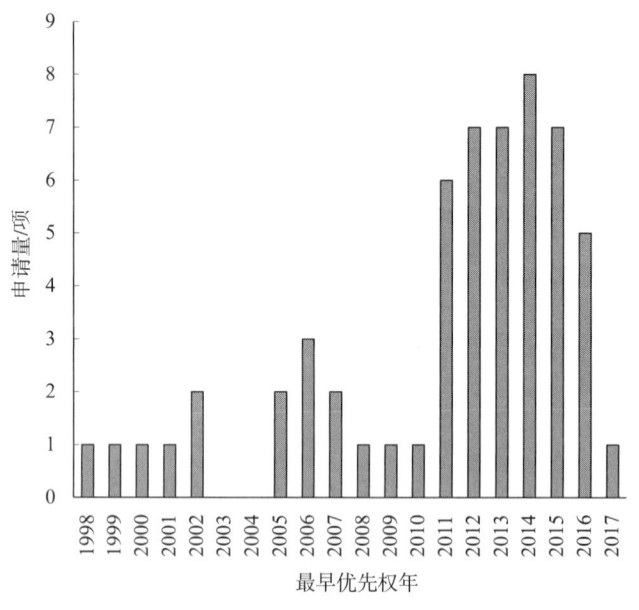

图7-3-1 EADS全球专利申请趋势

EADS的专利申请主要来自其控股的Astrium公司和空中客车公司。其中，Astrium公司在2013年获得了法国空间局（CNES）的"低轨地球轨道碎片"合同，在2010~2012年申请了51项空间碎片清理和空间目标对接技术的专利申请，具体涉及抓取或电吸附空间碎片的操作末端，以及收集空间碎片的装置等。另外，空中客车公司负责欧洲太空局"空间碎片清除"的关键技术研制，其目的是确保失效航天器不会再对太空中的其他航天器构成威胁，该公司申请了10项相关专利。

EADS的专利技术构成分析结果如图7-3-2所示。其中，EADS的专利申请以操作末端和自主操作技术专利为主，具体包括28项空间目标对接技术专利、12项空间碎片清理专利；并在跟踪测量、自主在轨加注、传感与控制、机械臂冗余构型等相关技术领域申请了专利。

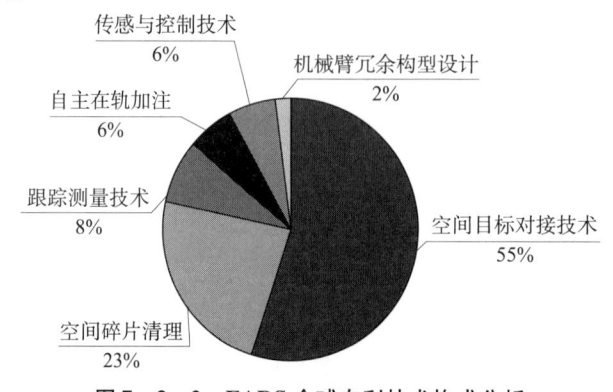

图7-3-2 EADS全球专利技术构成分析

EADS 在轨服务机器人专利在全球分布的同族专利共有 83 件，主要分布在欧洲，以欧洲专利局的专利为主，另外，EADS 还将美国、德国、日本、法国和中国作为其市场国家，申请布局了相关专利，如表 7-3-1 所示。

表 7-3-1　EADS 全球专利区域分布　　　　　　　　单位：件

专利申请国家或地区	有效	无效	在审	总计
欧洲	14	7	0	21
美国	10	4	2	16
德国	5	7	0	12
日本	6	2	1	9
法国	5	3	0	8
中国	4	1	0	5
西班牙	5	0	0	5
加拿大	1	1	1	3
英国	0	3	0	3

7.4　波音公司

波音公司作为 DARPA "轨道快车" 计划的主要承研单位，提供了作为维修卫星的 "自主空间传送机器人轨道器"（Autonomous Space Transport Robotic Orbiter，ASTRO），并进行了在轨卫星自动服务演示。其中，"轨道快车" 计划的目的是验证卫星交会、捕获、停靠、维修以及补充燃料等空间技术，而波音公司进行的在轨演示验证内容包括卫星在轨燃料补给和飞行器在轨重构技术，合作单位包括玻尔航宇公司、TRW 公司、MD 机器人技术公司以及查尔斯·斯塔克·德雷伯实验室。

在在轨服务机器人领域，波音公司的专利申请量排名第六，1999~2015 年申请了 43 项相关专利，具体专利申请趋势如图 7-4-1 所示。

波音公司的专利申请主要是受 NASA 和 DARPA 资助。其中，在 NASA 的资助（合同号 NAS8-01099）下，波音公司在 2006~2015 年申请了 7 项与飞行器在轨服务相关专利，具体涉及卫星与服务飞行器对接技术、推进剂转移技术、在轨服务飞行器系统等；在 DARPA 的资助（合同号 MDA972-00-9-0015）下，波音公司在 2006~2010 年申请了 6 件与在轨加注技术相关的专利，这些专利涉及波音公司参与 "轨道快车" 计划的飞行器在轨燃料加注系统技术方案。

在在轨服务机器人领域，波音公司的专利技术构成分析结果如图 7-4-2 所示。其中，波音公司的专利申请以操作末端和自主操作技术专利为主。在操作末端技术领域，波音公司的技术创新主要侧重于空间目标对接和操作末端跟踪测量技术方面；在

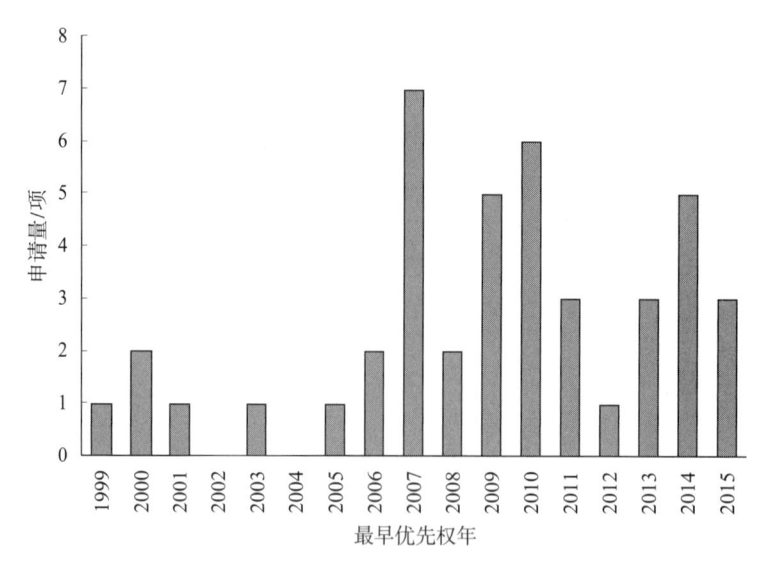

图7-4-1 波音公司全球专利申请趋势

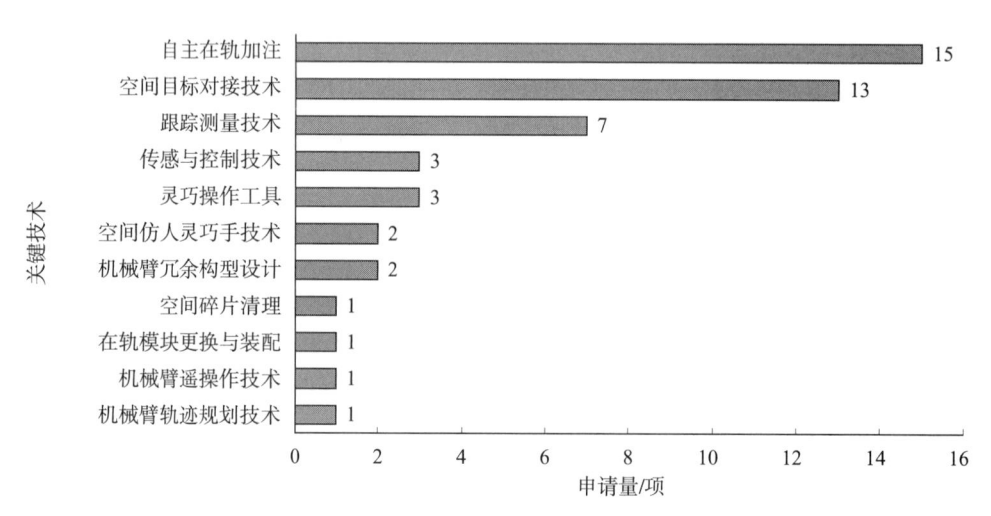

图7-4-2 波音公司在各关键技术领域的专利申请量

自主操作技术领域,波音公司的技术创新主要侧重于自主在轨加注技术。根据波音公司的技术发展情况看,在"轨道快车"计划中,波音公司负责为一个能够对在轨卫星进行自动维修、修理和补给燃料的系统研制一个先进技术验证装置,这个系统的功能将包括会合与对接、自由飞行物捕获与停泊、卫星对卫星的轨道替换单元(ORU)转移、功率转换与数据转换以及在轨补给燃料。

通过对波音公司的专利技术方案分析后发现,在空间目标捕获方面,波音公司在NASA的资助下,申请了7项与在轨飞行器相关专利,资助合同号为NAS8-01099。其中,US9302793B2涉及一种航天器与空间目标对接的系统及实现方法,适用于航天飞机与卫星对接以执行维护、组件更换或在轨加注等。另外,在空间目标捕获方面,波音公司的专利技术侧重于非合作目标捕获与控制,例如US7823837B2提供了一种对在轨合作和非合作航天器进行接近、对接、耦合和维修的系统,该系统的服务飞行器具有用于不同客户航天器的通用对接适配器,并可将客户航天器从非合作方式转换为合作方式。

在自主加注技术方面,波音公司在美国 DARPA 资助下(资助合同号为 MDA972 - 00 - 9 - 0015),申请了多项在轨加注相关专利。其中,EP2530018B1 公开了一种在轨卫星加注的系统和方法,将客户航天器的接收罐的废液回收利用到服务航天器的供应罐,减少服务航天器需要空间输送的储存空间。

波音公司在轨服务机器人专利的全球分布同族专利共有 86 件。如表 7 - 4 - 1 所示的专利区域分布结果所示,波音公司的专利主要分布在美国、欧洲和日本等国家或地区。其中,在美国,波音公司的在轨服务机器人相关专利申请有 34 件;波音公司在欧洲的专利申请主要以欧洲专利局的专利为主;在日本,波音公司有 10 件在轨服务机器人相关专利。另外,值得注意的是,波音公司在中国也已经布局了在轨服务机器人相关专利,主要涉及空间目标对接技术。

表 7 - 4 - 1 EADS 全球专利区域分布 单位:件

专利申请国家或地区	有效	失效	在审	总计
美国	27	5	2	34
欧洲	17	1	1	19
日本	10	0	0	10
加拿大	5	0	0	5
中国	5	0	0	5
奥地利	2	2	0	4
英国	3	0	0	3
澳大利亚	2	0	0	2
西班牙	2	0	0	2
德国	1	0	0	1
俄罗斯	0	0	1	1

7.5 哈尔滨工业大学

哈尔滨工业大学是我国空间在轨服务机器人的主要技术创新主体,具有较为广泛的技术研发和试验论证的研究基础,其研究创新方向在某种程度上可以代表我国的技术关注方向。本节主要针对哈尔滨工业大学的技术发展和专利申请情况进行梳理,以助于对比分析国内外空间机器人的技术发展差别,以及我国未来的技术发展需求。

7.5.1 哈尔滨工业大学技术简介

哈尔滨工业大学在 2007 年成立了机器人技术与系统国家重点实验室，是我国最早开展机器人技术研究的单位之一。该重点实验室的前身主体是 1986 年成立的哈尔滨工业大学机器人研究所，目前该重点实验室设有国家"863 计划"智能机器人机构网点开放实验室、国家"863 计划"成果产业化基地、黑龙江省机器人技术重点实验室、黑龙江省机器人技术工程中心、中德空间机器人技术联合实验室、宇航空间机构及控制技术国防科工委重点学科实验室等机构。

从我国的"十五"计划（2001～2005 年）开始，哈尔滨工业大学机器人技术与系统国家重点实验室的刘宏教授、刘伊威副教授等针对机械手在空间维修维护中的潜在应用，开展了灵巧手、机械臂、柔顺控制、人机协同及遥控操作等前沿方向的创新性研究，实现了人机协同操作中的安全性、灵巧性、交互性等关键技术的突破。2016 年，哈尔滨工业大学研制的空间机械手成功完成了"天宫二号"人机协同在轨维修科学实验，展示了哈尔滨工业大学在空间飞行器自主在轨服务技术领域的技术先进性。在星表移动机器人方面，哈尔滨工业大学也开展了系统而深入的研究工作，已经研制出从两轮到十二轮的多个月球车模型，向公众展示过三种型号的样车，包括两轮并列式、六轮摇臂－转向架式以及行星轮式。这三种型号针对不同环境对月球车的平衡性、越障性、速度和抗颠覆性等要求而设计。

7.5.2 哈尔滨工业大学的专利申请情况

在在轨服务机器人领域，哈尔滨工业大学的专利申请量排名第三，2002～2018 年共申请了 106 项相关专利，具体申请趋势如图 7－5－1 所示。

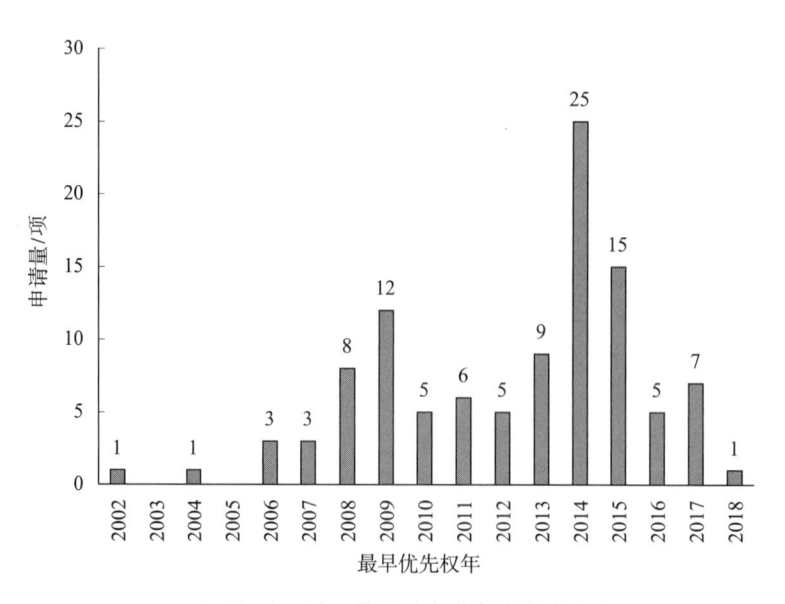

图 7－5－1 哈尔滨工业大学专利申请趋势

在在轨服务机器人领域,哈尔滨工业大学的相关专利最早出现在21世纪初期,专利申请主要集中在近十年。其中,哈尔滨工业大学从我国的"十五"计划(2001~2005年)开始,参与国家的机器人技术研究与创新,并在2007年成立了机器人技术与系统国家重点实验室。基于该重点实验室的研究成果,哈尔滨工业大学在近十年的专利申请量呈现上升趋势。其中,与哈尔滨工业大学研究团队的研制情况相对应,本课题检索获得了20多项刘宏教授、刘伊威副教授的专利,主要涉及空间大型机械臂及末端执行器、大容差柔性捕获机构、轨迹规划方法、交会对接和轨道工作更换器等。

表7-5-1对哈尔滨工业大学的专利技术构成进行了分析。由分析结果可见,哈尔滨工业大学的技术创新涵盖了在轨服务机器人和星表移动机器人,以在轨服务机器人专利为主。其中,在空间机械臂技术领域,哈尔滨工业大学的技术创新覆盖面比较广,在各相关技术方面均有技术创新,相对而言,其在空间冗余构型设计和轨迹规划技术方面的专利申请较多。在机械臂其他技术方面,哈尔滨工业大学的技术创新主要涉及机械臂关节、机械臂设计模拟仿真、机械臂控制系统等多个技术方面。在操作技术方面,哈尔滨工业大学的技术创新主要集中在空间目标对接技术和操作末端抓捕与锁定装置。在自主在轨操作方面,哈尔滨工业大学的专利申请较少,主要涉及在轨模块更换与装配、空间碎片清理技术。

表7-5-1 哈尔滨工业大学在各关键技术领域的专利申请量统计   单位:件

机器人类型	关键技术领域		专利申请量
在轨服务机器人	空间机械臂	机械其他技术	13
		空间冗余构型设计	8
		轨迹规划技术	7
		传动技术	4
		机械臂控制技术	2
	操作末端技术	空间目标对技术	28
		抓捕与锁定装置	4
		跟踪测量技术	1
	自主操作技术	在轨模块更换与装配	3
		空间碎片清理	2
星表移动机器人	轮式移动机器人	车轮设计	7
		悬架设计	13
		整体结构设计	9
	腿式行走机器人	腿部总体技术	2
	轮腿组合式机器人		3

7.6 波士顿动力公司

波士顿动力公司是 1992 年由麻省理工学院（MIT）Leg Laboratory 的教授 Marc Raibert 创办的，起初是为美国陆军提供机器人研究制造的企业，服务过包括 DARPA 在内的很多军方机构。源于创始人对足式机器人技术的极致追求，波士顿动力公司的机器人不停地更新迭代，其发布的各种机器人可以实现行走、攀爬、奔跑、跳跃、携带重物、越障等在内的多种功能。

7.6.1 波士顿动力公司的多足机器人研制情况

波士顿动力公司的多足机器人产品包括以下几种：

（1）Big Dog

Big Dog 是最早让波士顿动力公司声名远播之作。Big Dog 是一款能适应复杂地形条件的四足机器人。它能行走、奔跑、攀爬以及负载重物，体格与一只大狗或小骡子相当，由液压系统驱动引擎，四条腿和动物一样拥有关节，可吸收冲击，每迈出一步就回收部分能量，以此带动下一步，控制系统保持躯体平衡，在不同的地形选择不同的运动和导航方式，该产品的研制由 DARPA 提供资金支持。

（2）Little Dog

Little Dog 是一款专用于研究移动的四足机器人，用来探测运动学、动态控制、环境感知与复杂地形移动之间关系的四足机器人样机，在麻省理工学院、斯坦福大学、卡耐基梅隆大学、南加州大学、宾夕法尼亚大学等高校均有所应用，同时也是 DARPA 资助的先进机器人项目。

（3）Cheetah/Wild Cat

Cheetah 是世界上速度最快的腿式机器人，其奔跑速度超过 47 公里/小时，背部结构是关节型的，能够随着每一个动作灵活地来回移动，提高了步幅和奔跑速度，驱动力来自外部的液压泵，DARPA 为其提供资金支持。

Wild Cat 是 Cheetah 的自由运转版本，虽然它的速度尚未达到 Cheetah 的水平，但这种四腿机器人无论遇到哪种地形均能以 25 公里/小时的速度奔跑，还可以快速跳跃和转身。

（4）Spot/Spot mini

Spot 是 2015 年 2 月发布的四足机器人；Spot Mini 是 Spot 机器人的新型且更加小型的版本，采用纯电动，一次充电可以跑 90 分钟，而且具有防水功能，身上安装了大量传感器，能够完成各项复杂的动作以及巡航。

（5）RHex

RHex 是一款六足仿生蟑螂机器人，能克服各种障碍，其弯臂式腿部设计能灵巧地爬过障碍物，从而应对恶劣的天气、水、泥土、沼泽等复杂崎岖地形。RHex 是波士顿动力公司与密歇根大学、伯克利大学和加拿大 McGill 大学共同研制的。

(6) Handle

2017年2月，波士顿动力公司推出了首款轮足式机器人Handle，整个机器人由电池供能，一次充电续航24公里，轮子能够以14公里/小时的速度前进，身体纵跳可达1.2米，能够轻松越过障碍物，代表了波士顿动力公司机器人技术的新高度。

7.6.2 波士顿动力公司专利情况

2013年，谷歌公司收购了波士顿动力公司，但由于过于超前的技术和短期内难以实现商业化，2016年5月谷歌公司又将波士顿动力公司转手给了丰田公司。本课题共检索到14项波士顿动力公司的专利和7项谷歌公司的专利，全部涉及腿式行走机器人，具体如表7-6-1和表7-6-2所示。

表7-6-1 波士顿动力公司腿式行走机器人相关专利

公开号	标题	技术要点	附图	申请年	法律状态
US10017218B1	在腿式机器人中实现目标步态行为的方法	涉及确定腿式机器人的瞬时状态是否满足与处理器对步态控制器的有序列表的第一步态控制器的相应步态相关联的有效性检查，第一步态控制器的相应步态包括目标步态。基于与处理器的目标步态相关联的多个输出参数，指示腿部元件和腿部关节致动，从而使得腿式机器人实现目标步态		2016	有效
US9833899B1	腿式机器人对负载的自适应响应方法	涉及确定腿式机器人设备的脚的力分配以用于腿式机器人设备的步态并确定机器人设备的力和扭矩，从而防止腿式机器人装置翻倒		2015	有效
US9878751B1	腿式机器人的三活塞脚踝机构及相关控制系统	用于执行特定任务的机器人具有液压系统，该系统包括用于控制从源到第一腔室的流体流动的阀，同时控制从第二腔室排放到液压回流管线的流体流动		2015	有效

续表

公开号	标题	技术要点	附图	申请年	法律状态
US9895804B1	基于检测到机器人装置的即将发生的不稳定配置从第一步态转换到第二步态的方法	该方法包括基于接收的传感器数据确定偏差超过预设阈值，提供控制系统的指令，行程长度从相应的第一部分减小到相应的致动范围的第二部分。减小的行程长度以相应致动范围的中点为中心		2014	有效
US9908240B1	腿式机器人的地平面补偿	机器人控制系统，具有处理器控制机器人的执行器，当估计平面的斜率包括正斜率时，使机器人在机器人的行进方向上俯仰机器人的躯干		2016	有效
US9969087B1	机器人设备中避免腿部碰撞的方法	用于在不实现机器人腿部碰撞的情况下通过使用双足机器人来辅助用户的功能的方法，涉及基于速度更新触地位置，通过双足机器人将摆动脚移动到更新的触地位置		2016	有效
US7398843B2	可重配置的机器人驱动器	机器人用于例如移动平台，轮子配置为交替连接到车轮中心的轴和偏离车轮中心的位置，以便在平坦和较粗糙的地形上移动		2005	有效
US8849451B2	跳跃机器人	在飞行中使用的跳跃机器人具有相对于底盘枢转的腿部，以在选定的发射轨迹角度向上俯仰底盘，通过避免围绕中间惯性轴的旋转，可以在飞行期间减少机器人的不受控制的翻滚，可以有效降低跳跃机器人的损伤，确保飞行稳定性		2011	有效

续表

公开号	标题	技术要点	附图	申请年	法律状态
US9925667B1	用于减轻腿部机器人在环境中行进期间机器人脚的滑动的迭代方法	该方法包括通过控制系统确定附肢位置和调整的过滤器位置之间的距离。基于距离确定施加到机器人附肢的力。致动器将力施加到机器人附件上。确定以通过控制系统检查距离是否大于阈值距离。如果距离小于控制系统的阈值距离，则维持调整的滤波器位置以在迭代期间立即在另一次迭代之后使用		2016	有效
US9926025B1	避免机器人脚部滑动的方法	该方法涉及确定以表面的法向力为中心并且由处理器垂直于表面指向的锥体，其中锥体的半径基于摩擦系数。由处理器在脚上确定由表面施加的目标地面反作用力，其中目标地面反作用力包括大小和方向，并且方位在锥形内，使得脚通过处理器在表面上施加力，其中力基于目标地面反作用力		2017	有效
US9931753B1	用于自动步态转换的方法和设备	方法涉及确定两个步态，使机器人设备能够根据修改的第一组操作标准和第二组操作标准在给定速度的环境中移动，并选择其中一个步态，从而减小耗电量。基于确定相应的步态包括使机器人设备能够以给定速度在环境中移动的低功率步态，向机器人设备提供指令以执行所选择的步态		2015	有效

续表

公开号	标题	技术要点	附图	申请年	法律状态
US7734375B2	机器人腿部机制	腿部驱动机器人具有与外展/内收臀部相关联的连杆机构,其沿着预定路径移动腿部,以便最佳地进行爬壁		2004	有效
US9969082B1	用于任务评分和选择的机器人系统和方法	机器人系统具有致动器和配置为包含指令的存储器。处理器被配置为执行指令以根据信息确定外部环境状态并确定机器人系统要执行的可能任务组。当执行涉及至少一个致动器的至少一个任务时,基于预期的性能能力确定相应的任务组分数。根据任务组分数从可能的任务组中选择任务组,并使机器人系统执行所选的任务组		2016	有效
US9975245B1	用于规划机器人设备的身体位置的方法和系统	涉及指示机器人装置在末端部件沿参考步路径移动时致动附肢以实现身高的新高度和新的俯仰,从而实现对机器人装置主体定位的精确控制		2017	有效

表7-6-2 谷歌公司腿式行走机器人相关专利

公开号	标题	技术要点	附图	申请年	法律状态
EP3172015A1	由计算装置操作的自动扶正机器人装置的方法	该方法涉及确定有腿机器人设备的底表面的方向,确定有腿机器人装置处于不稳定位置。提供指令将有腿机器人设备返回到稳定位置的第		2015	审查中

续表

公开号	标题	技术要点	附图	申请年	法律状态
		一动作，即有腿机器人装置的腿伸展。接着执行第二动作以使有腿机器人装置返回到稳定位置。第二动作包括使有腿机器人装置的第一腿的远端延伸远离主单元			
US20180172121A1	用于腿式机器人的螺杆致动器	机器人腿式机器人，具有安装在上腿元件的上部并连接到螺杆轴的马达，与螺母同轴安装的托架，使得螺母布置在托架的近端，并且联接部件联接到托架，利用较小惯性的较小传动部件，从而允许较小的电动机在整体惯性减小时实现所需的加速度		2016	审查中
EP3172450A2	用于液压致动器的位置力控制的方法	涉及通过使用控制器来改变到阀组件的信号，以使得腔室中的液压流体在远离止挡的方向上施加力到活塞上，以便降低活塞的速度，从而提供了对致动器运动的增强控制，以防止端部止挡处的压力或力冲击		2015	审查中
EP3186041A2	使用机器人执行操作的方法	配置有基于反馈的状态观察器的控制系统接收测量的角动量和聚合角速度，并提供机器人装置的角动量的降噪估计，从而基于估计的机器人的总体取向来提供控制机器人的关节肢的指令		2015	审查中

续表

公开号	标题	技术要点	附图	申请年	法律状态
US20180172080A1	腿式机器人过载保护的传动装置	腿式机器人具有弹簧，其配置为在垫上施加轴向预载，其中轴向预载定义了当机器人单元上的扭矩负载超过时输出单元相对于垫滑动的扭矩限制		2016	审查中
US20180169868A1	用于腿式机器人的电机和控制器集成	腿式液压机器人具有逻辑级印刷电路板，其包括与功率级PCB通信的处理器。旋转位置传感器安装在逻辑级PCB的表面上，其中逻辑级PCB的表面面向功率级PCB的表面。功率级PCB布置在电动机和逻辑级PCB之间。功率级PCB和逻辑级PCB布置在相应的轴向间隔的平面上。轴连接到电动机的转子并适于延伸通过功率级PCB。磁铁安装在轴的一端并适于面向旋转位置传感器，从而减少电线损坏和布线复杂性，提高组件的可靠性		2016	审查中
US20180162469A1	基于动态平衡法对腿式机器人的全身操作	动态控制腿通过反作用力使机器人保持平衡，并支持末端执行器的操作。在末端执行器的操作期间由腿提供的动态平衡构成了整体操纵，其更接近真实人类的实际运动。下身控制系统		2016	审查中

续表

公开号	标题	技术要点	附图	申请年	法律状态
		控制腿部，使得来自表面的反作用力提供动态平衡，允许上身控制系统与末端执行器一起执行任务			

结合表7-6-1和表7-6-2可以看出，从2004年到2017年，波士顿动力公司一直致力于腿式行走机器人尤其是腿机制和行走控制相关的研究，上述21项相关专利申请中，有14项处于授权后有效的状态，有7项处于审查中的状态。其中波士顿动力公司的申请仅在美国进行布局，而谷歌公司则采用PCT国际申请的形式，其中有两项（公开号为EP3172450A2、EP3186041A2）通过PCT途径进入了欧洲、日本和中国等国家或地区。

第 8 章 技术转移分析

本章主要基于国外空间机器人的技术转移案例分析,结合我国的空间机器人的专利申请和维护情况,梳理出我国可向民用领域推广,并适应市场需求的空间机器人关键技术。

8.1 在轨服务机器人技术转移可行性分析

8.1.1 国外在轨服务机器人技术转移案例分析

随着社会经济和航天科技的不断发展,航天技术逐渐向民用领域推广,造福民众。目前,国外基于在轨服务机器人技术领域的研究成果已经开始在民用领域开展推广应用。以下分别对机械臂技术、操作末端和在轨操作技术领域的三个技术转移案例进行分析,主要涉及国外在轨服务机器人可以向其他领域推广应用的关键技术,以及推广应用方向等。

8.1.1.1 TALISMAN 机械臂技术转移案例

NASA 在 2014 年公布的小行星重定向任务(Asteroid Redirect Mission,ARM)中采用了一种新颖的肌腱 - 致动轻型空间机械臂(Tendon - Actuated Lightweight In - Space Manipulator,TALISMAN)系统,如图 8 - 1 - 1 所示,并在 2014 年开始通过 NASA 的技术转移网站寻找合作伙伴共同推进这种设计概念的推广应用。

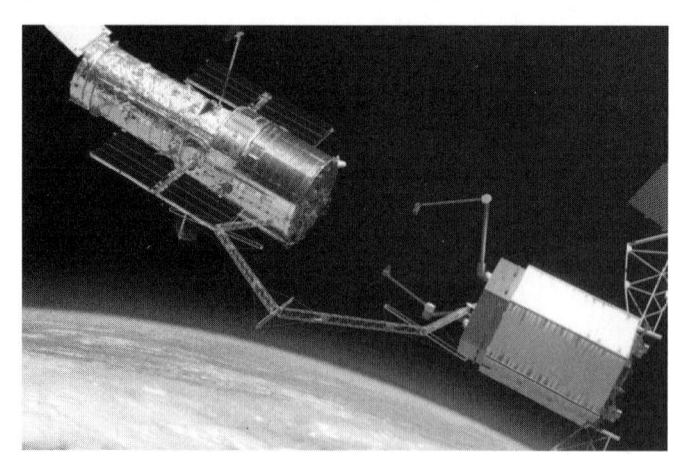

图 8 - 1 - 1 TALISMAN 机械臂空中操作示意图[1]

---

[1] Tension Actuated in Space Manipulator(TALISMAN)[EB/OL]. https://technology.nasa.gov/patent/LAR - TOPS - 220.

TALISMAN 机械臂主要由 NASA 兰利研究中心开发，带有轻质接头，可以实现大范围的运动，并为用户提供长距离和多自由度的设计方案。该机械臂具有结构紧凑、质量轻等优点，由于采用了肌腱致动关节结构，在降低机械臂质量的前提下，提高了机械臂操作距离和灵活性等，非常适合在水中环境或低重力场环境进行操作，而且支持小型且高效的发动系统应用。目前的工作类型主要集中在 15 米原型和 300 米子系统的同时也进一步测试这种独特机械臂结构的性能。

TALISMAN 机械臂的技术效果主要包括：①可在恶劣环境下进行远程检查或操作；②可通过张力加强改善结构效率；③可实现打包存储空间最小化，便于运输；④可根据操作范围、灵活性和环境要求，进行定制设计；⑤可在操作过程中灵活调整几何构型（例如，延长或重新安装链接和吊具臂等）；⑥可更新驱动系统以减少电机扭矩。

TALISMAN 机械臂涉及的关键技术主要包括机械臂和肌腱关节。基于这两个关键技术，其技术转移应用领域包括地面应用和空间应用两方面，其中，在地面应用方面，TALISMAN 机械臂的应用方向主要包括：①船-港对接，港-船对接，船-船对接；②可伸缩盖顶和遮阳篷；③用于拍摄操作的相机架；④水上溢油控制；⑤水上漂浮屏障部署和机动；⑥海底电缆检查和布设。在空间应用方面，TALISMAN 机械臂的应用方向主要包括：①远距离抓取、操作、捕获和小行星开采；②航天器停靠操作；③卫星服务和维修操作；④航天员定位；⑤空间组装和施工。

目前，NASA 的 TALISMAN 机械臂涉及技术转移的专利为 US9168659B2，涉及一种张力加强和肌腱致动的机械臂。

8.1.1.2　第二代机器人宇航员技术转移

NASA 约翰逊航天中心与通用公司合作，设计了第二代机器人宇航员（Robonaut 2）。Robonaut 2 由多种组件技术和系统组成，如图 8-1-2 所示。

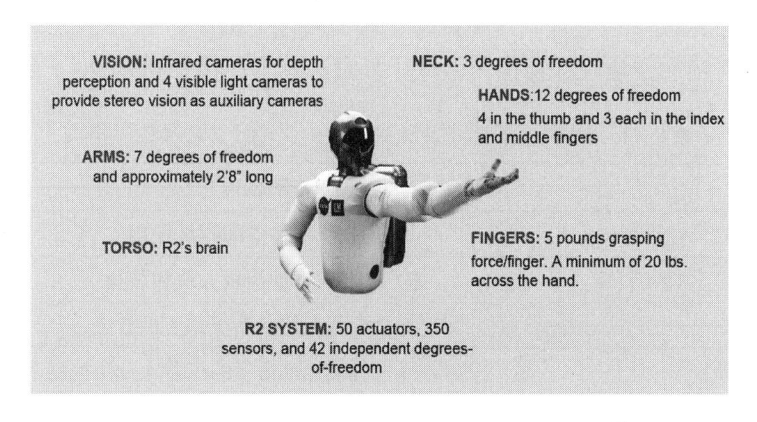

图 8-1-2　第二代机器人宇航员的结构示意图[1]

Robonaut 2 的 40 余件专利技术（包括授权专利和审查中专利）在多个应用领域具有技术创新性突破，如物流、医疗、工业机器人领域。以及危险、有毒或偏远环境应

---

[1] Robonaut 2 Technologies [EB/OL]. https://technology.nasa.gov/patent/MSC-TOPS-38.

用领域。这些专利技术在上述领域具有改变行业规则的发展潜力。

（1）Robonaut 2 技术转移案例 1：危险环境操作应用

Robonaut 2 具有自主运行，以及远程控制操作的功能，便于在危险环境中应用。在自主运行模式下，Robonaut 2 基于感官传感器的输入，对操作内容和操作方法进行自动判断选择。同时，Robonaut 2 的躯干具有控制系统，并具有多个照相机作为视觉感知系统。根据上述装置和能力，Robonaut 2 可以减少人类在危险环境中的操作危险。Robonaut 2 还有一个非常坚固的四轮底座。如图 8-1-3 所示，该四轮底座可以降低或升高躯干，并具有可以在地面行走的转动轮子，允许前后或测向移动的运动形式，这使得 Robonaut 2 能够进入危险区域或地形复杂区域。Robonaut 2 作为一个整体，或其中的部分组件，可以作为地雷探测、炸弹处理、搜救、废物回收、医疗检疫工具进行使用。Robonaut 2 具备执行任务和工具操作的能力，与其他机器人相比，具有较好的灵活性或感知能力。Robonaut 2 可以处理核废料、测量毒性水平，检查遥远或危险区域，还可以处理简易爆炸装置，如检测和处置炸弹或地雷，并操作可以突破墙壁或门的设备。

Robonaut 2 具有遥操作控制能力、环境感知能力，可以清除行走道路上的障碍；涉及的关键技术包括遥操作技术、灵巧操作技术、轨迹与任务规划技术。其技术转移应用领域包括核工业、废料处理、复杂地形应用、危险事项处理、炸弹排除、赈灾和化工操作。

图 8-1-3 危险环境操作应用的 Robonaut 2[1]

Robonaut 2 应用于危险环境操作领域，涉及的技术转移专利如表 8-1-1 所示。

表 8-1-1 Robonaut 2 技术转移专利（危险环境操作应用）

公开号	专利名称
US8170718B2	多优先级操作空间阻抗控制
US8364314B2	仿人机器人自动控制方法和装置
US8260460B2	交互式机器人控制系统和使用方法
US8483882B2	用于控制选择多机械臂自由度的机器人分层控制系统
US8676382B2	在速度受控机器人机构中的工作空间限制应用
US8483877B2	力或阻抗受控机器人的工作空间安全操作

---

[1] Centaur 2 and Robonaut [EB/OL]. https：//www.nasa.gov/offices/oct/stp/game_changing_development/IMG-centaur2-robonaut.html.

续表

公开号	专利名称
US8706299B2	使用状态分类控制灵巧机器人执行序列的方法和系统
US8868234B2	通信系统和方法
US8868241B2	具有可扩展编程环境的机器人任务指挥方法

（2）Robonaut 2 技术转移案例2：医疗应用

Robonaut 2 具备以下技术效果：（a）支持遥操作控制；（b）能够与人类安全协同工作；（c）具备灵巧手，能够使用人类创造的工具；（d）具有场景、力、触觉传感能力，可满足实时任务的感知操作需要。上述技术效果涉及的关键技术包括灵巧手、灵巧操作控制和肌腱驱动机器人手的稳定控制。如图8-1-4所示，这些技术的转移应用领域包括远程医疗、手术机器人、家庭医疗服务、医疗康复和医院服务机器人。

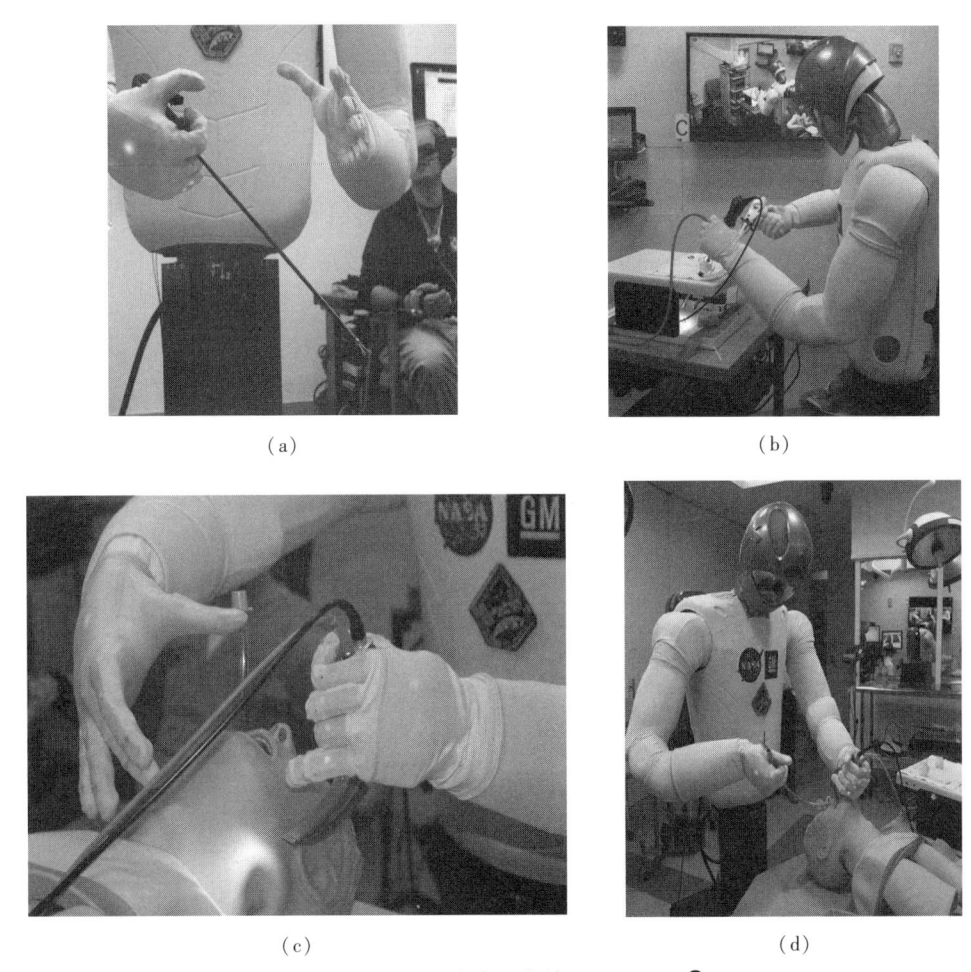

(a)　　　　　　　　(b)

(c)　　　　　　　　(d)

图 8-1-4　医疗应用中的 Robonaut 2[1]

---

[1] Robo-Glove [EB/OL]. https://technology.nasa.gov/patent/MSC-TOPS-45.

表 8-1-2　Robonaut 2 技术转移专利（医疗应用）

公开号	专利名称
US8276958B2	用于终止机械臂中致动手指肌腱的双向肌腱终止器
US8060250B2	肌腱驱动机械手的联合空间阻抗控制
US8498741B2	灵巧仿人机器人手腕
US8467903B2	肌腱驱动的手指驱动系统
US8401700B2	用于仿人机械的执行器和电子设备
US8562049B2	机器人手指装置
US8857874B2	机器人手指装置
US8424941B2	机器人拇指装置
US8412376B2	肌腱驱动的机器人手指驱动力分布
US8565918B2	欠驱动肌腱驱动的机器人手指的扭矩控制
US8412378B2	肌腱驱动的机械手中的体内张力校准
US8618762B2	用于张紧机器人致动肌腱的系统和方法
US8489239B2	使用基于力和位置的控制规律，对肌腱驱动机器人手指进行稳健操作

（3）Robonaut 2 技术转移案例 3：物流与分发应用

Robonaut 2 先进的任务和轨迹规划系统，可以快速识别其工作路径上出现的人并采取适当操作。如果机器人与人或设备接触，它也会进行适当操作。由于 Robonaut 2 可以对人类工具和设备进行操作，因此不需要单独为其设计专用工具和机器，例如手持式电动工具。如图 8-1-5 所示，Robonaut 2 还具有提高操作速度和准确性的能力，同时保持对周围环境的敏感性，使得该机器人成为物流和配送环境的首选。与现有机器人相比，Robonaut 2 具有集成的两轮或四轮底座，可以移动。

图 8-1-5　物流与分发应用中的 Robonaut 2[1]

---

[1] Robonaut 2: Logistics and Distribution [EB/OL]. https://technology.nasa.gov/patent/MSC-TOPS-46.

Robonaut 2 具有实时任务和轨迹规划能力，可以对人类工具进行灵活操作，并能与人类进行安全互动工作；涉及的关键技术包括机械臂旋转致动技术、机器人关节、肌腱驱动机械臂技术；主要的技术转移应用领域包括后勤、配送中心和仓库、货运和库存管理。将 Robonaut 2 应用于物流分发领域，涉及的技术转移专利如表 8-1-3 所示。

表 8-1-3　Robonaut 2 技术转移专利（物流与分发应用）

公开号	专利名称
US8176809B2	机械臂的平面扭转弹簧
US8291788B2	用于致动灵巧仿人机器人上臂组件的旋转致动器组件
US8443693B2	用于致动灵巧仿人机器人上臂组件的旋转致动器组件
US8443694B2	用于致动灵巧类人机器人上臂组件的旋转致动器组件
US8442684B2	用于机器人关节的集成高速扭矩控制系统
US8919842B2	带有肌腱连接板和线性执行器的机器人手臂

8.1.1.3　卫星在轨捕获和服务的自主机器人系统的技术转移

NASA 戈达德太空飞行中心的卫星部门开发了卫星在轨捕获和服务的自主机器人系统，可用于卫星检查、修理、加注和升级，如图 8-1-6 所示，其相关技术可推广应用于商业卫星服务。

图 8-1-6　NASA 的卫星在轨捕获和服务的自主机器人系统[1]

NASA 的卫星在轨捕获和服务的自主机器人系统采用激光雷达进行目标卫星搜索和测距；接近目标卫星时，测量并匹配目标卫星的翻滚率并靠近；在交会对接时，服务航天器采用抓捕机械臂或停泊销以提供与卫星的安全连接。该系统在机器人上执行预

---

[1] System And Method for Managing Autonomous Entities through Apoptosis [EB/OL]. https://technology.nasa.gov/patent/GSC-TOPS-181.

编程指令序列或由人工智能逻辑生产的序列，使机器人机械臂自主完成卫星服务。另外，还可以根据实际需要，由远程操作员对该空间机器人进行远程操作。

该自主机器人系统可以延长卫星寿命、降低成本、减少卫星周转率、减少卫星保险费率；涉及的关键技术包括目标捕获与跟踪技术、目标抓捕与对接技术；这些技术可应用于商业卫星在轨服务，包括卫星检查、修理、加注和升级，具体的技术转移专利如表 8-1-4 所示。

表 8-1-4　Robonaut 2 技术转移专利（商业卫星在轨服务应用）

公开号	专利名称
US7240879B1	采用机器人捕获、维护和离轨地球卫星的方法和装置
US7513459B2	利用机器人技术捕获、维修和离轨自由飞行航天器的方法和装置
US7438264B2	利用机器人捕获、服务和解轨地球卫星的方法和装置
US7513460B2	利用机器人捕获、服务和解轨地球卫星的方法和装置

8.1.2　国内在轨服务机器人技术转移可行性分析

以下对我国在轨服务技术领域的专利申请情况进行分析，以明确我国在各关键技术领域的技术优势单位及其专利价值，判断我国在各关键技术领域内是否具有技术转移的专利储备。然后，结合国外技术转移案例的分析结果，梳理我国在轨服务机器人技术可推广转发的技术目录，包括具备技术转移条件的关键技术，以及推广应用方向。

8.1.2.1　我国空间机械臂技术转移可行性分析

在空间机械臂技术领域，我国有 122 项相关专利申请。以下对上述专利进行法律状态、专利技术构成和优势单位分析，以明确我国在该关键技术领域方面的专利技术基础。

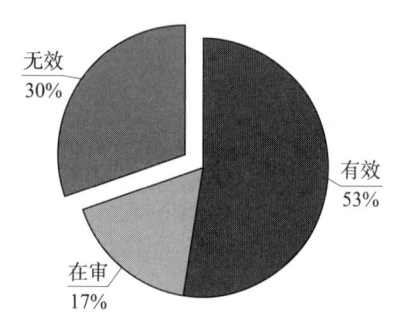

图 8-1-7　我国空间机械臂专利的法律状态分析

对我国的 122 项机械臂专利的法律状态进行分析，如图 8-1-7 所示。其中，我国授权且处于有效状态的空间机械臂专利有 64 项，占我国申请总量的 53%；处于审查状态的专利占 17%，有 21 项。通过上述法律状态信息分析可知，在空间机械臂技术领域，我国有 85 项专利具备或未来具备技术转移的法律条件。

对上述 85 项有效或审查中的专利进行技术构成和申请人分析，获取我国具有专利技术储备的关键技术领域，以及在每个关键技术领域内的优势企业，结果如表 8-1-5 所示。其中，我国在冗余构型设计、传动技术、轨迹规划技术和机械臂遥操作技术领域有一定量的专利申请，且具有相应的技术优势单位，具备技术转移基础。以下结合每个关键技术领域内的国外技术转移案例，对各关键技术的推广应用领域进行分析。

表 8-1-5 空间机械臂技术专利的技术转移可行性分析结果　　　单位：项

关键技术	专利申请量	优势单位及其专利量	技术转移可行性	推广应用领域
冗余构型设计	23	哈尔滨工业大学（5） 北京控制工程研究所（3） 上海航天控制技术研究所（3） 北京精密机电控制设备研究所（2）	√	物流分发 生产线加工
传动技术	17	哈尔滨工业大学（4）	√	货运装载 赈灾援助
轨迹规划技术	40	北京控制工程研究所（5） 哈尔滨工业大学（4） 西北工业大学（2）	√	物流分发 服务机器人
机械臂遥操作技术	5	西北工业大学（2）	√	危险环境 作业机器人

在空间机械臂冗余构型技术领域，我国有 23 项有效或在审专利，具有技术优势的单位包括哈尔滨工业大学、北京控制工程研究所、上海航天控制技术研究所和北京精密机电控制设备研究所。上述技术优势单位不仅具有一定的专利技术基础，而且参与了我国相关空间机器人型号研制任务，具有较强的技术研发和产品研制能力，因此其专利技术具有较大推广应用价值。根据国外技术转移案例分析结果来看，Robonaut 2 相关机械臂冗余构型技术专利的转移技术领域包括物流分发、生产线加工等，这些技术领域需要多自由度多臂机器人进行灵活操作，相应专利技术具有较大的推广应用价值。

在空间机械臂传动技术领域，我国有 17 项有效或在审专利，具有技术优势的单位为哈尔滨工业大学。根据美国 NASA 的 TALISMAN 机械臂的转移案例分析来看，借助机械臂的大负载传动技术，可以在降低机械臂质量的前提下，提高机械臂操作距离和灵活性，从而满足恶劣环境和大负载运输的需求，因此空间机械臂传动技术可在货运装载、赈灾援助等应用领域进行技术转移应用。

在空间机械臂轨迹规划技术领域，我国有 40 项有效或在审专利，具有技术优势的单位包括北京控制工程研究所、哈尔滨工业大学和西北工业大学。其中，根据美国 Robonaut 2 的技术转移案例分析结果来看，Robonaut 2 采用先进的机械臂轨迹规划技术，可以对工作路径进行规划，避免碰撞危险发生，使机器人满足物流和配送环境应用，实现与人协同工作时安全互动操作。借助国外的技术转移案例分析结果，我国的空间机械臂轨迹规划技术也可以在物流分发和服务机器人领域进行技术转移，充分发挥其推广应用价值。

在空间机械臂遥操作技术领域,有 5 项相关专利,其中西北工业大学具有一定的技术优势。机械臂遥操作技术可以实现远距离的操作控制,因此可以将其应用于危险环境作业机器人。美国 Robonaut 2 具有远程控制操作功能,可以在危险环境中应用推广,例如地雷探测、炸弹处理、搜救、废物回收、医疗检疫等领域。通过相关专利技术方案分析,我国的机械臂遥操作技术相关专利在危险环境作业中具有一定的推广应用前景。

8.1.2.2 我国操作末端技术转移可行性分析

在操作末端技术领域,我国有 123 项相关专利申请。以下对上述专利进行法律状态、专利技术构成和优势单位分析,以明确我国在该关键技术领域方面的专利技术基础。

对我国的 123 项操作末端专利的法律状态进行分析,结果如图 8-1-8 所示。其中,授权且处于有效状态的专利占比为 73%,有 90 项;处于审查状态的专利占比为 11%,有 14 项。因此,我国在操作末端技术领域,有 104 项专利具备或未来具备技术转移的法律条件。

对上述 104 项有效或审查中的专利进行技术构成和申请人分析,获取我国具有专利技术储备的关键技术领域,以及在每个关键技术领域内的优势企业,结果如表 8-1-6 所示。其中,我国在空间目标对接技术领域具有一定量的专利申请,且有相应的技术优势单位。根据 NASA 卫星在轨捕获与服务机器人系统的技术转移案例分析,其采用的目标抓捕与对接技术可以提供与卫星的安全连接,使机器人完成在轨卫星服务或空间碎片清理,从而在卫星检查、修理、加注和升级等领域具有转移价值。因此,借鉴国外技术转移策略,我国的空间目标对接技术也可以在商业卫星在轨服务和空间碎片清理等技术领域进行转移。

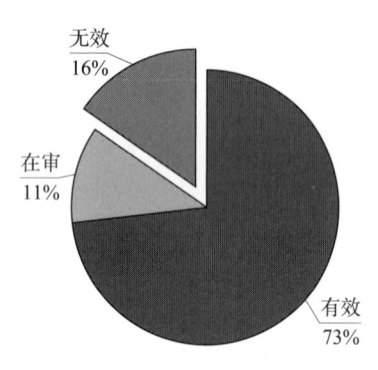

图 8-1-8 我国操作末端专利的法律状态分析

表 8-1-6 操作末端技术专利的技术转移可行性分析结果　　单位:项

关键技术	专利申请量	优势单位及其专利量	技术转移可行性	推广应用领域
空间仿人灵巧手	18			
灵巧操作工具	6			
空间目标对接技术	80	哈尔滨工业大学(27) 上海航天控制技术研究所(16) 西北工业大学(13) 中国空间技术研究院(9) 北京空间飞行器总体设计部(5)	√	商业卫星在轨服务空间碎片清理

8.1.2.3 我国在轨服务自主操作技术转移可行性分析

我国的在轨服务自主操作技术方面，共有32项相关专利申请。以下对上述专利进行法律状态、专利技术构成和优势单位分析，以明确我国在该关键技术领域方面的专利技术基础。

对我国的32项在轨服务自主操作技术专利的法律状态进行分析，结果如图8-1-9所示。其中，授权且处于有效状态的专利占比为65%，有21项；处于审查状态的专利占16%，有5项。因此，我国在操作末端技术领域，有26项专利具备或未来具备技术转移的法律条件。

对上述26项有效或审查中操作末端专利进行技术构成和申请人分析，获取我国具有专利技术储备的关键技术领域，以及在每个关键技术领域内的优势企业，结果如表8-1-7所示。其中，我国在自主在轨加注技术和空间碎片清理技术领域均有一定

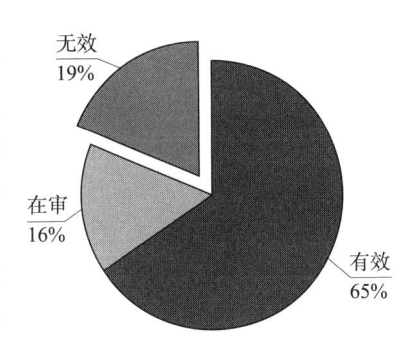

图8-1-9 我国操作末端专利的法律状态分析

量的专利申请，且具有相应的技术优势单位，具备专利转移的技术基础。以下结合每个关键技术领域内的国外技术转移案例，对各关键技术的推广应用领域进行分析。其中，美国NASA戈达德太空飞行中心的卫星部门开发的卫星在轨捕获和服务自主机器人系统，可用于卫星检查、修理、加注和升级，主要可以在商业卫星服务和空间碎片清理领域进行转移应用。因此，借鉴国外技术转移策略，我国的自主在轨加注技术和空间碎片清理技术专利也具有向商业卫星延寿服务和空间碎片清理技术领域转移的可行性。

表8-1-7 自主操作技术专利的技术转移可行性分析结果　　　　单位：项

关键技术	专利申请量	优势单位及其专利量	技术转移可行性	推广应用领域
自主在轨加注技术	9	北京控制工程研究所（3） 中国空间技术研究院（1）	√	商业卫星延寿服务
空间碎片清理技术	11	西北工业大学（3） 哈尔滨工业大学（2） 北京空间飞行器总体设计部（1） 北京控制工程研究所（1） 上海航天控制技术研究所（1）	√	商业卫星在轨服务空间碎片清理

8.2 星表移动机器人技术转移可行性分析

8.2.1 国外星表移动机器人技术转移案例分析

美国 NASA 十分重视技术转移转化，其通过与高校等科研机构合作以及小企业基金等多种方式促进政府资助项目的技术落地。以下列举其已经开展或正在开展的移动机器人技术转移案例。

8.2.1.1 阿波罗月球车控制技术用于残疾人车辆

针对 20 世纪 70 年代开发的阿波罗月球车，NASA 将其中用于车辆控制的类似于飞机操纵杆的技术转移用在残疾人车辆上，使严重残障的司机可以单手加速、制动和转向，从而轻松操作汽车或面包车。上述转移后系统名为 UNISTIK，如图 8-2-1 所示。由约翰逊工程公司在 NASA 和退伍军人行政康复工程研究和发展中心的共同资助下进行开发研制，其结合了方向盘、制动器和油门的功能，可以供下肢残障上肢便捷的人士操作，司机只需向前移动操纵杆即可加速，向后移动代表制动，从一侧到另一侧代表转向。

图 8-2-1 UNISTIK 残疾人车辆驾驶系统[1]

8.2.1.2 阿波罗月球车悬架技术用于森林管理机器人

NASA 用于星球车的悬架系统可以在车辆通过陨石坑、巨石场甚至是攀登非常陡峭的山坡时，也能使四个轮子保持与地面的接触状态。故加州大学戴维斯分校约翰·迈尔斯教授和他的团队将自己的全地形车设计与 NASA 发明的负载均衡的悬架系统相结合，设计出了可以执行各种森林管理任务的机器人 Power Pack Ⅱ，如图 8-2-2 所示。Power Pack Ⅱ可以穿越非常崎岖的地形并爬上 60°的斜坡，并且任何一个轮子都可以轻

---

[1] NASA report. Vehicle Controller [EB/OL]. [2018-01-01]. https://ntrs.nasa.gov/archive/nasa/casi.ntrs.nasa.gov/20020090801.pdf.

松地移动到比自身更大的障碍物上。它可以携带一个电源和动力工具,用于将所述电源和动力工具运往偏远、无路的森林地区。

图 8－2－2　Power Pack Ⅱ 机器人[1]

8.2.1.3　JPL 星表移动机器人技术用于应急机器人

NASA 资助了应急机器人项目（Emergency Response Robotics Project），旨在通过五年的努力将喷气动力实验室积累的机器人技术转移转化,并应用于核能、采矿、执法等危险环境侦察领域。为此,喷气动力实验室于 1990 年开发了一种远程操作的紧急事务响应机器人 HAZBOT Ⅲ,如图 8－2－3 所示,采用具有前后导向轮的履带式结构,并携带机械手,能够完成抓取、钻探、开关阀门等操作。HAZBOT Ⅲ 具有出色的机动性,可以爬楼梯、越障和通过崎岖的地形,还可以用于实验室消防部门,在发生危险物质泄漏或者溅出的场所进行侦察,避免了消防员直接进入情况未明场合的危险。

图 8－2－3　HAZBOT Ⅲ 机器人[2]

---

[1]　NASA report. Forestry Vehicle ［EB/OL］.［2018－01－01］. https://ntrs.nasa.gov/archive/nasa/casi.ntrs.nasa.gov/20030002792.pdf.

[2]　NASA report. Robotic Vehicle ［EB/OL］.［2018－01－01］. https://ntrs.nasa.gov/archive/nasa/casi.ntrs.nasa.gov/20020080264.pdf.

8.2.1.4　JPL 星表移动机器人技术用于战术移动机器人

美国国防高级研究计划局 DARPA 于 2000 年提出战术移动机器人项目，委托以喷气动力实验室为首，由 iRobot 公司、卡耐基梅隆大学机器人研究所和南加州大学机器人实验室共同参与，研制了城市感知原型样机机器人 Urbie。如图 8-2-4 所示，Urbie 最初的想法是用于城市环境的军事侦察，但其独有的特性使其在抢险、救援等方面能够发挥作用，能够应用于具有核辐射、生物战或者化学泄漏的城市环境，也可应用于地震后倒塌建筑物中的搜索和救援。

在 Urbie 基础上，喷气动力实验室和 iRobot 公司等又设计研发了 PackBot 机器人。这些 PackBot 机器人，又称为 Rocky-7，被用作勇气号和机遇号火星车的测试平台，如图 8-2-5 所示，其采用轻质坚固的框架结构和铆接的钣金底盘，并通过轻量级高扭矩致动器进行控制，已被成功用于伊拉克和阿富汗的前线阵地充当"眼睛和耳朵"。

图 8-2-4　Urbie 机器人❶　　　　图 8-2-5　PackBot 机器人❷

2002 年 7 月，首次将 PackBot 在阿富汗进行军事部署。其中，发送到阿富汗的型号是 Scout，这是最简单、最轻、最坚固且可生存的 PackBot 模型。Scout 重量不到 40 磅（18 公斤），高度不到 8 英寸（20 厘米）。它可以加载到陆军发布的模块化轻型承载设备（MOLLE）背包中并在几分钟内完成部署。这对阿富汗的军事任务非常有价值，因为部队经常不得不将机器人背到山的两侧以进入洞穴入口。故上述机器人一旦部署，侦察兵就可以快速穿越狭窄、困难、难以进入的地形，如洞穴、隧道和掩体，并以每小时 8.7 英里（14 公里）的速度覆盖开阔地面。该型号还拥有一个固定的配有多个摄像头的"侦察"头，其中，可选的热成像和红外摄像机可用于夜间操作。

第二种模型名为 PackBot EOD，在伊拉克部署，用于搜寻简易爆炸装置（IED）。该机器人取代了危险的人工操作，可以避免工作人员在寻找简易爆炸装置时牺牲生命。PackBot EOD 重量不到 53 磅（24 公斤），可以由一名士兵携带，并在不到 2 分钟的时

---

❶ Urbie. the Urban Robot [EB/OL]. [2018-06-26]. https://www.jpl.nasa.gov/news/news.php?feature=485.
❷ Packbot 510 Arm, Related Keywords & Suggestions [EB/OL]. http://www.keywordhouse.com/cGFja2JvdCA1-MTAgYXJt/.

间内完成部署。它配备一个可操作的臂,可以达到 6.6 英尺（2 米）,从而可以发现和破坏任意方向难以触碰的简易爆炸装置和地雷。手臂末端的稳定远摄变焦摄像头可提供对峙距离的评估和监视。

第三种模型名为 PackBot Explorer,拥有一个连续旋转的平移倾斜头,它可以从底盘上升,让操作员可以看到障碍物并获得更大的视角。PackBot Explorer 有效载荷配有多个摄像头、激光指示器、监控和全球定位系统传感器。

PackBot 的自动扶正移动平台配备了双 QuickFlip 轨道关节,俗称鳍状肢,因此机器人可以攀爬 60°坡度,并能够在深达 6.6 英尺（2 米）深的水中工作。这些鳍状肢能够连续 360°旋转,推动机器人上楼梯,越过路缘,以及通过令人生畏的障碍物,如岩石、碎石和碎片。如果 PackBot 在操作期间发生翻转,则机器人可使用其鳍状肢在几秒钟内执行自动扶正。

8.2.1.5　喷气动力实验室火星车机械臂技术用于医疗服务机器人

20 世纪 90 年代中期,喷气动力实验室为麻省理工学院的视觉和触觉辅助操作研究组提供资金用于发展机器人目标获取技术。当时在麻省理工学院就读研究生的 Daniel Theobald 设计了类似于 Rocky-7 上的机械臂操作装置,毕业后 Theobald 加入了由其校友成立的 Vecna 技术公司,并将其在火星车机器人上的设计经验用于设计 QC Bot 医疗机器人。如图 8-2-6 所示,QC Bot 医疗机器人像火星车一样,能够在复杂的情况下稳健地运行,可用于分发药品、收取垃圾、分流病人,还可以通过可配置触摸屏与患者和医护人员互动,完成床边注册、生命体征获取、通过走廊、打开电梯等操作。QC Bot 的位置可以传送给医院工作站、智能手机和移动设备,医生和护士可以传唤 QC Bot 执行运送衣物、包裹和食物等工作。用户还可以放置物品到机器人的锁定抽屉中,指示收件人,然后通过生物识别、身份证或条形码等方式进行提取。

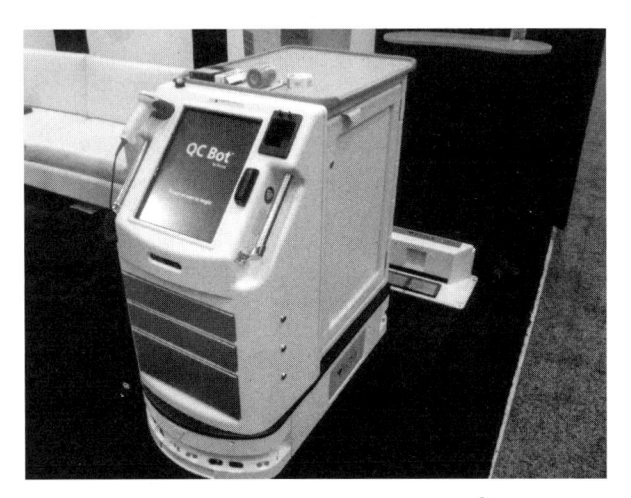

图 8-2-6　QC Bot 医疗机器人[1]

---

[1] Vecna healthcare robot—Healthcare company Vecna showed off its QC Bot [EB/OL]. https://xconomy.com/boston/2014/10/22/the-robots-come-to-town-in-pictures/attachment/vecna-healthcare-robot/.

8.2.1.6　NASA 轮腿组合式机器人技术正在寻求技术转移

2008 年前后，NASA 设计了步行和滚动机器人，并申请了专利 US8030873B2（步行和滚动机器人）和 US7999427B2（定向磁通电机）。其公开的机器人装置具有多个用于支撑车身主体的支腿和驱动组件，能使主体沿着一个基准面向前和向后移动。所述支腿包括沿基准面滚动的轮子。所述驱动组件包括一个马达，该马达与髋关节、膝关节以及车轮可操作性地关联，从而能够独立驱动上述三个部件；还包括传动轴，用于传递驱动髋关节和膝关节的枢转运动和车轮的滚动运动。如图 8-2-7 所示，该步行和滚动机器人包括各种功能，可以增加其坚固性、减轻重量，并提高其整体能源效率。其中的技术改进包括传动系统和传动轴承的被动柔顺性、一个驱动球窝接头用以更换髋关节，以及轴驱动系统用以将动力从马达传递到支腿和车轮。这样，该机器人系统就可以不仅仅依赖于主动悬架系统即能具备适应颠簸地形的能力。此外，它还可以增加运动范围和更紧凑的外壳。相比于先前装置将动力直接传送到支腿和车轮的设置，该机器人中的轴驱动系统添加了弹簧减震器，以增强被动顺应性和减震功能。此外，它还显著减少了重量和尺寸，也允许更大的可扩展性设计。

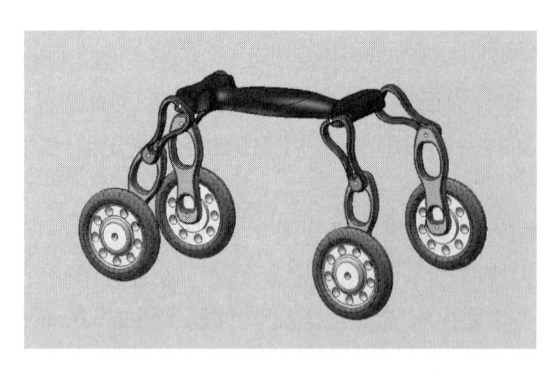

图 8-2-7　步行和滚动机器人[1]

该机器人具有的显著优点包括：①将步行和滚动功能相结合，运动更高效、节能；②重心可灵活转移，以适应各种运动情形；③越障时稳定性提高，尤其是在高速转弯时具有更高的稳定性。NASA 目前正通过技术转移网站寻求如下领域的应用：①行星探索机器人；②城市搜寻和救援任务；③穿越恶劣地形进行科学探索；④军事增强和探索任务。

8.2.1.7　NASA 模块化机器人车辆技术正在寻求技术转移

NASA 约翰逊航天中心与相关汽车企业合作开发了模块化机器人车辆（MRV）。如图 8-2-8 所示，这款全电动汽车非常适合繁忙的城市环境、工业园区或大型度假区。MRV 由四个独立的车轮模块驱动，被称为 eCorner。每个 eCorner 可绕其转向轴旋转 +/-180°。传统车辆的核心元器件如电瓶、变速箱、油箱和用于加速、制动和转向的机械连接组件均被设计置于 MRV 的模块化电动转角组件，即 eCorner 中。因为 MRV 使用了全线控驱动技术，与传统相比，节省了大量的空间和重量。此外，eCorners 还可以在各种不同的操作模式下控制车辆，为驾驶提供了极大的灵活性。例如，可以切换驾驶模式，使所有车轮指向沿同一方向移动，以实现全向运动或所有车轮都可以垂直于车辆中心以允许其围绕中心轴旋转。这就使得平行停车这样的驾驶操作变得十分容易。

---

[1]　Walk and Roll Robot [EB/OL]. https://technology.nasa.gov/patent/GSC-TOPS-43.

每个 eCorner，包括其自身的冗余，均可以保护系统内的电气故障。驾驶员可以选择使用传统方向盘控制车辆或通过多轴操纵杆在一些更先进的驱动器中进行额外控制模式。车辆的推进电机位于每个 eCorner 内部，能够以 40 英里/小时的最高速度产生 190 英尺磅的扭矩。同时，还有一个主动热控制回路可保持这些高功率电机的温度，一个单独的热循环冷却可降低电力电子设备和锂离子电池组温度。该 MRV 还能够交换或共享控制数据和电力，并具有远程驾驶控制能力。

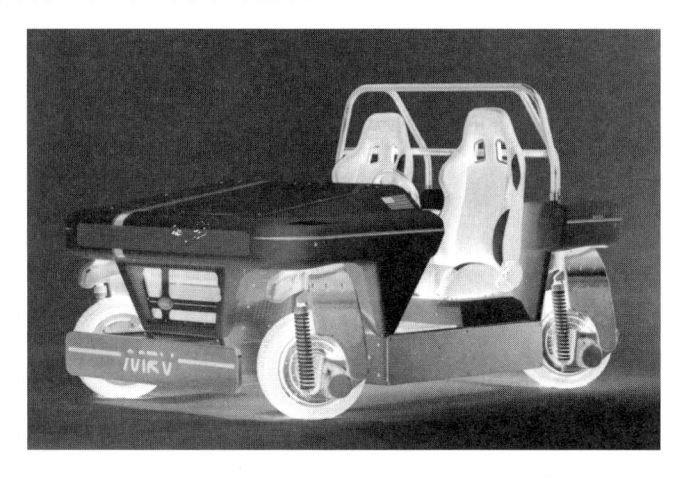

图 8-2-8　模块化机器人车辆（MRV）[1]

该模块化机器人车辆具有的显著优点包括：①eCorner 使得驾驶过程更便捷和高效；②全线控驱动系统（推进，转向和制动）；③冗余故障设计；④四轮独立驱动，180°转向设计；⑤车轮推进电机的液冷设计；⑥远程操控能力。

NASA 目前正通过技术转移网站寻求如下领域的应用：①自动驾驶车；②工业车辆；③电动轮椅；④运输和快递等物流服务业；⑤机场运输；⑥小型移动系统。

8.2.2　国内星表移动机器人技术转移可行性分析

以下对我国星表移动机器人技术领域中的专利进行法律状态、专利技术构成和优势单位分析，以明确我国在该关键技术领域方面的专利技术基础。

首先，对我国的星表移动机器人相关专利的法律状态进行分析，如图 8-2-9 所示，其中，授权且处于有效状态的专利有 113 项，占全部申请的 37%；处于审查中状态的专利有 54 项，占 18%。因此，当前我

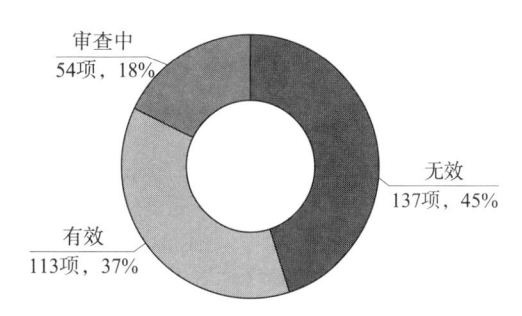

图 8-2-9　我国星表移动机器人相关专利的法律状态分析

---

[1] Modular Robotic Vehicle（MRV）[EB/OL]. https://technology.nasa.gov/patent/MSC-TOPS-74.

国在星表移动机器人技术领域，有 167 项专利具备或未来可能具备技术转移的法律条件。

然后，对上述 167 项有效或审查中的专利进行技术构成和申请人分析，获取我国具有专利技术储备的关键技术领域，以及在每个关键技术领域内的优势企业，结果如表 8-2-1 所示，并结合每个关键技术领域内的国外技术转移案例，对各关键技术的推广应用领域进行分析。

表 8-2-1 星表移动机器人可转移专利的技术构成、优势企业统计结果　　单位：项

一级分支	二级分支	专利量	国内优势单位及其专利量	技术转移可行性	推广应用领域
轮式移动机器人	整体结构设计	36	湖南大学（12） 哈尔滨工业大学（9） 上海宇航系统工程研究所（6） 南京航空航天大学（5） 中国北方车辆研究所（3）	√	沙滩车 越野车 军用突防 应急车辆
轮式移动机器人	移动控制技术	28	北京控制工程研究所（7） 北京航空航天大学（3） 上海交通大学（3） 北京工业大学（3） 北京航天飞行控制中心（3）	√	自动驾驶 工业机器人控制
轮式移动机器人	车轮设计	21	吉林大学（9） 哈尔滨工业大学（7） 上海宇航系统工程研究所（3）	√	沙滩车 越野车 军用突防 应急车辆
轮式移动机器人	悬架设计	26	哈尔滨工业大学（13） 上海宇航系统工程研究所（2） 中国北方车辆研究所（2）	√	沙滩车 越野车 军用突防 应急车辆
轮腿组合式机器人	轮腿组合	57	北京航空航天大学（16） 河南科技大学（7） 上海交通大学（5） 江南大学（4） 吉林大学（4）	√	工业机器人 电力巡检机器人 医疗机器人 抢险救灾机器人等
腿式行走机器人	腿部设计	19	北京交通大学（4） 北京航空航天大学（3）	√	工业机器人 医疗机器人 抢险救灾机器人等

此外，本课题还检索到国内已经或正在寻求专利技术转移的星表移动机器人情况，这也在侧面说明了星表移动机器人相关专利技术转移的可能性和市场空间，具体如下：

在专利运营服务及技术成果交易平台——高智网（http://www.vipzhuanli.com/）登出了浙江大学昆山创新中心的一篇关于"轮式移动机器人悬挂装置"的实用新型专利CN205326731U，正在寻求技术转让。

在专利转让和商标专利交易的知识产权交易与服务平台——高航网（http://www.gaohangip.com/）上，登载了一项名为"一种四足轮式移动机器人"发明专利CN107117225B，寻求专利转让，经查询该专利已于2018年6月12日由钟建筑个人转让给了荆门市炬峰机械设备制造有限公司。

在高航网上，还可以查到浙江大学的CN102328703B"六杆弹跳复合式轮腿移动机器人"、北京京东尚科信息技术有限公司和北京京东世纪贸易有限公司的CN106933229A"轮式移动机器人的控制方法和装置"、北京工业大学的CN105539006B"一种具有轮爪切换功能的越障车轮"等均在寻求专利技术转移转化。

第 9 章　结论与建议

9.1　专利分析结论

空间机器人已成为全球航天快速发展的新热点，全球各航天强国均制定了空间机器人发展规划，通过项目研制、技术试验和在轨运行，提升航天在轨系统任务执行能力，抢占航天技术创新的战略制高点。本课题基于空间机器人技术的相关专利文献数据，进行了全面、系统的专利分析，具体涉及在轨服务机器人和星表移动机器人的关键技术领域专利分析，以及重要申请人分析和技术转移分析等。

在前述专利分析基础上，对空间机器人专利分析结论进行梳理如下。

9.1.1　全球专利申请格局

根据全球专利的地域分布分析结果来看，空间机器人的专利申请主要来自中国、美国、日本、德国和俄罗斯，这 5 个国家的专利申请量占全球申请总量的 91%。空间机器人的全球专利申请在地域分布上比较集中，主要以推行在轨服务项目和星球探测项目的航天强国为主。

美国作为空间机器人项目开展最多的国家，其相关技术发展得到德国、日本、加拿大等国的协助。美国专利的授权率和有效比例最高，具有较高的技术创新性和法律稳定性。在在轨服务机器人领域，美国的技术创新侧重于机械臂空间冗余构型设计、空间仿人灵巧手、空间目标对接技术等技术方面，并在自主在轨加注、在轨模块更换与装配和空间碎片清理方面取得了较大技术突破。在星表移动机器人领域，美国专利申请量较少且大部分处于失效的状态，近些年的相关技术创新可能采取了保密限制。

日本参与了美国早期空间机器人项目研制，具有较强的技术实力和广泛的专利布局。在在轨服务机器人领域，日本的技术创新侧重于空间机械冗余构型设计和空间目标对接技术，且近些年的自主操作技术以空间碎片清理为主，技术方案侧重于鱼叉绳系机器人和电磁吸附抓捕。在星表移动机器人领域，日本侧重于轮式移动机器人和轮腿组合式移动机器人研制。

中国在空间机器人领域的专利申请量居首位，是全球技术创新最活跃国家。近些年在我国建设航天强国战略指导下，参与空间机器人技术创新的高校和研究院所逐步增多，大大促进了我国空间机器人的技术储备。在在轨服务机器人领域，我国的空间机械臂和操作末端技术创新较多，但在在轨自主操作技术方面具有较大的技术研发需求；在星表移动机器人领域，我国的技术创新以轮式移动机器人为主。

9.1.2 在轨服务机器人

在民用经济效益和军事价值的共同驱动下，在轨服务机器人的技术创新呈现快速上升趋势，任务范围更广且向高轨作业方向发展。在轨服务机器人涉及空间机械臂、操作末端和自主在轨操作技术。

9.1.2.1 空间机械臂

(1) 空间机械臂技术发展稳步提升，空间冗余构型设计是技术研究热点

空间机械臂的技术发展经历了萌芽期（1967~1983 年）、发展期（1984~2007 年）和快速发展期（2008~2018 年），近些年随着空间技术的飞速发展，特别是空间站、航天飞机、空间机器人等技术的成功应用，空间机械臂作为在轨支持、服务的一项关键性技术越来越受到关注，专利申请量呈现稳步增长趋势。

在空间机械臂领域，相关专利主要来自参与中国、美国、日本和欧洲等国家或地区在轨维护与服务项目或计划的创新主体。其中，随着我国载人航天工程的不断推进，参与机械臂技术创新的院所和高校越来越多，促使我国近年来的专利申请量快速上升。从各国或地区的专利技术构成对比结果来看，我国空间机械臂的研究热点和技术创新集中在轨迹规划技术和冗余构型设计技术方面，而美国、日本、欧洲则更侧重于空间冗余构型设计，相关专利为我国技术发展提供了较多技术借鉴。

(2) 美国产出专利分布区域最广，侧重国际技术合作研发

根据各国或地区的技术流向分析结果来看，美国产出的专利区域分布最广，其将中国、日本和欧洲均作为技术输出国家或地区。这主要是因为美国的空间机械臂技术创新涉及广泛的国际技术合作，并基于未来技术转移商业市场的考虑，对其创新技术进行了全球专利布局，以确保其在全球范围内的专利技术保护。相比较而言，我国产出的空间机械臂专利布局仅局限在国内，缺少国际专利布局，这使我国在未来国际技术合作、产品出口均面临较大的知识产权风险。

(3) 美国创新主体的专利申请量领先且核心专利借鉴价值大

在空间机械臂技术领域，美国的创新主体主要包括 NASA、通用公司和波音公司。其中，NASA 的专利申请量排名第一，在 1970~2013 年共申请了 47 件机械臂专利，NASA 在小行星重定向任务（Asteroid Redirect Mission，ARM）采用的肌腱-致动轻型空间机械臂（TALISMAN）系统，该机械臂不仅可以用于 ARM 任务中进行行星抓取，而且可以用于在空间精确放置有效载荷，以及进行空间装配、维修等任务，对我国大负载低自重机械臂研制具有较大借鉴价值。另外，MDA 公司作为加拿大空间机械臂的主要创新主体，其在轨迹规划和机械臂传动技术方面的专利技术方案对我国空间机械臂发展也具有较大的技术借鉴价值。

9.1.2.2 操作末端

(1) 非合作目标和无对接特征目标捕获对接技术是空间目标对接的研究热点，且捕获目标呈现从低轨向高轨逐步扩展的趋势

在操作末端技术领域，空间目标对接技术的专利申请量排名第一，从空间目标对

接技术的核心专利分析情况来看，MDA公司、波音公司和NASA的空间目标对接技术主要侧重于非合作目标，以及没有对接特征空间目标的捕获与对接技术，不仅可以对早期的在轨飞行器进行延寿操作，而且可以应用于空间军事卫星捕获和降轨操作。

另外，通过梳理空间目标捕获与对接技术的发展历程发现，目前国内外针对空间目标的捕获方式呈现多元技术并行发展趋势，捕获对象从合作目标扩展到了非合作目标，且捕获目标从低轨向高轨逐步扩展。

（2）美国在空间仿人灵巧手和灵巧操作工具方面占据优势，助力空间精细化操作能力提升

在操作末端技术领域，美国的空间仿人灵巧手、操作工具、操作末端传感与控制和操作末端跟踪测量技术方面的专利申请量高于其他国家。其中，美国在空间仿人灵巧手和灵巧操作工具方面的核心专利对我国开展灵巧操作技术具有较大借鉴价值。NASA和通用公司在2008~2015年联合申请了40余项与Robonaut 2相关的专利，其中包括10余项涉及灵巧机器人手臂、手指的专利，主要通过机械结构、驱动、控制等方面的技术创新，实现了灵巧手的仿人操作灵活性、稳健性、精细程度和及时反应等方面的能力提升。

9.1.2.3 在轨自主操作技术

（1）自主在轨加注技术取得技术突破，MDA公司和波音公司具有较大技术优势

在20世纪80年代，全球开始出现自主加注相关专利，但由于在复杂操作和安全控制方面存在技术瓶颈，专利申请量较少且申请不连续。但从21世纪初开始，自主在轨加注技术的专利申请量开始呈现上升趋势，主要的创新主体包括MDA公司和波音公司。

MDA公司在自主操作技术领域的专利申请量排名第一，且主要涉及自主在轨加注技术，其研制的空间基础设施服务（SIS）航天器可以在GEO上开展在轨加注任务。基于SIS航天器，MDA公司申请了多件自主在轨加注技术专利，具体涉及在轨加注总体技术方案、目标航天器捕获对接机构、操作工具和加注流量与安全控制等，具体在以下两个方面实现了技术突破：①MDA公司的专利技术在推进剂填充/排放阀在轨复杂操控方面取得技术突破，可以完成去除防护隔热层、去除手工缠绕在阀门上的锁线、拆卸外部和内部的阀盖、将推进剂填充管线与阀盖接合等复杂操作，并在推进剂补给完成后，完成更换内部阀盖操作等；②MDA公司的专利技术涉及推进剂转移安全控制，避免了推进剂从一个源传输到另一个源发生流体腐蚀和爆炸的危险。

波音公司在自主操作技术领域的专利申请量排名第二，且主要涉及自主在轨加注技术。波音公司是美国国防高级研究计划局（DARPA）"轨道快车"计划的主要承研单位，主要负责卫星在轨燃料补给和飞行器在轨重构技术。在DARPA资助下，波音公司申请了在轨加注技术相关专利，可用于客户航天器在轨加注和废液回收等。

（2）美国和欧洲在自主在轨模块更换与装配技术的技术创新优势大，总体处于技术探索阶段

自主在轨模块更换与装配技术的相关专利在20世纪80年代开始出现，美国和欧洲

的专利申请量最高。美国和欧洲的创新主体在 NASA、DARPA 和德国宇航中心（DLR）的资助项目研制过程中，在全球布局了较多专利申请，具体涉及"蜻蜓"项目、"蜘蛛制造"项目和 IBOSS 项目等。另外，通过自主在轨模块更换与装配技术的发展历程情况来看，国内外在该技术领域的技术创新概念提出较早，美国、加拿大、日本、欧洲都相继基于各国或地区的空间发展项目，提出了在轨模块更换与装配技术的技术方案，主要用于卫星、天线、望远镜等航天系统的在轨维修和模块更换，但总体处于技术探索阶段。

（3）空间碎片清理专利申请出现晚，但申请量上升速度快，民用和军用发展潜力大；日本、欧洲和美国取得技术成果多且技术形式多样

空间碎片清理技术的专利申请出现较晚，20 世纪末才有相关专利出现，但近些年基于商业卫星运营的空间环境清理需求，以及各国以民掩军的发展策略推行，美国、日本、欧洲在空间碎片技术领域进行了持续的技术创新，技术方案实现多样，具体包括绳系收集、电磁吸附离轨、减速离轨、动量撞击离轨、鱼叉插取和飞网捕获等。从各国或地区的发展情况来看，日本提出的空间碎片清理专利较多，且近年来的相关专利更侧重于空间碎片清理安全性和节能性的提升。

日本、欧洲和美国在空间碎片清理技术领域的专利申请量领先。其中，日本的空间碎片清理专利创新主体包括 IHI 公司和 Astroscale 公司，主要采用鱼叉或吸附装置捕获目标，并利用推进装置或绳系控制目标姿态，并完成脱轨操作；欧洲的空间碎片清理专利主要涉及 E. Deorbit 任务和"空间碎片清除"演示验证任务，主要采用鱼叉和太空渔网实现目标捕获和脱轨操作；美国的空间碎片清理专利主要涉及小型碎片搜集，在 NASA 资助下 Busek 公司、系绳无限公司等研发了相应产品，如"脐带卫星"（SOUL）和"卫星终结带"等，通过绳系或黏附等方式，实现空间碎片捕获和脱轨。

总之，空间碎片清理不仅可以缓解空间基础设施面临的空间碎片危害，而且可以用于提高军事航天能力，从而在空间监视、自卫和主动打击方面占据优势。目前，基于民用和军事应用需求，美国、欧洲和日本都在大力发展空间碎片清理技术，相关专利具有较大分析和应用价值。

9.1.3 星表移动机器人

在星表移动机器人领域，伴随着国外月球车和火星车等星表机器人的工程应用，美国 NASA 等申请人围绕星表移动机器人关键技术申请了核心专利。虽然中国在星表移动机器人领域整体专利数量优势明显，中国专利大幅增长带动星表移动机器人领域的专利申请呈现阶跃式快速增长趋势；但中国在行走控制技术的专利数量与美国相比仍有差距，在专利区域布局上以国内为主，专利申请人以高校申请为主，专利技术还没有经过工程应用。

轮式移动机器人是研究重点。从星表移动机器人的全球专利技术分布分析结果来看，轮式移动机器人是主要形式，相关专利申请量最多，占全球申请总量的一半。美国、日本和俄罗斯在轮式移动机器人的研制方面，充分利用了其地面移动车辆和机器

人设计方面多年积累的技术优势，根据月球和火星等行星表面环境进行适应性改进。从轮式移动机器人的全球发展态势来看，其经历了基于地面车辆的改造、开发新型悬架和车体结构到提高空间效率和可运输性、加强车辆移动控制的阶段，目前正向着提高车辆多功能性，以适应多样化的应用需求。

轮腿组合式移动机器人是研究热点方向。相比较而言，轮腿组合式移动机器人出现较晚，虽然专利申请量比轮式移动机器人低，但从其专利申请发展趋势来看，近些年的专利申请量增长较快。轮腿组合式移动机器人，充分利用了腿式结构的地形适应能力和轮式结构的高速高效性能，近几年前景看好，技术创新上升速度最快，是世界各国研发的热点方向，美国 NASA、日本 IHI 公司和 NSK 均在从事相关研究并申请了专利。

9.1.4 重要申请人

9.1.4.1 MDA 公司

加拿大 MDA 公司基于其先进的空间机器人技术，已成为美国在轨服务项目的主要研制方之一，其专利技术创新主要侧重于自由飞行器捕获、在轨加注工具与安全操作，以及通信卫星在轨组装等。

在空间机械臂技术领域，MDA 公司的技术创新主要涉及空间冗余构型设计和机械臂遥操作技术；在操作末端技术领域，MDA 公司的技术创新主要涉及空间目标对接技术和灵巧操作工具方面；在自主操作技术领域，其技术创新主要侧重于自主在轨加注和在轨模块更换与装配技术。其中，相比较而言，近些年 MDA 公司的专利申请主要集中在自主操作技术领域，且以自主在轨加注技术为主，具体涉及卫星燃料加注系统总体技术、控制工具、推进剂转移技术等，技术支持高轨自主加注实现。

MDA 公司在轨服务机器人的专利申请主要分布在美国、加拿大和欧洲。其中，在美国，20 世纪 70 年代 MDA 公司就开始布局相关专利，随着 MDA 公司参与美国在轨服务项目越来越多，其在美国的专利申请量也呈现大幅提升趋势；近些年，MDA 公司更侧重于在日本进行专利布局。

总之，在在轨服务机器人技术领域，MDA 公司的技术实力处于世界领先地位，其在各关键技术领域的技术创新具有较大技术跟踪价值。

9.1.4.2 NASA

在在轨服务机器人领域，NASA 推进的研究计划和发展项目最多，其专利申请量也处于领先。在关键技术研制方面，NASA 专利申请主要集中在空间机械臂和操作末端技术领域，机械臂的技术创新主要涉及空间冗余构型设计和机械臂遥操作技术，操作末端则以空间仿人灵巧手技术、空间目标对接技术和操作末端抓捕与锁定装置技术创新为主。从专利布局策略来看，NASA 的专利布局以美国本地为主，仅有部分涉及第二代宇航员推行技术转移的专利在德国、日本和中国进行布局。

在星表移动机器人领域，NASA 的专利申请量较少，仅有其资助的通用公司、JPL 和洛马公司申请了 15 件专利，且这些专利的技术创新主要侧重于轮式移动机器人。

9.2 技术发展建议

空间机器人关键技术发展优先顺序的确定，一方面要考虑技术难度，另一方面需要考虑技术在实现空间在轨服务和行星探测任务中的重要性、通用性和应用价值。

考虑技术难度，空间机器人的服务对象应从低轨航天器向高轨航天器发展；操作模式应该从遥操作、半自主操作、自主操作发展；星表移动机器人的移动方式应从轮式、腿式逐渐向组合式方向发展。

考虑技术在实现空间在轨服务和行星表面探测任务中的重要性、通用性和应用价值，由于空间目标交会对接技术是所有在轨服务任务执行的首要条件，因此，该技术必然需要优先研究发展；在轨模块更换技术是实现故障模块更换、功能升级等维护操作的核心技术，同时该技术可以对客户航天器进行推进剂贮箱的更换，从而支持在轨加注任务，因此，该技术具有较强的应用价值，并且在在轨维护和在轨加注中具有很强的通用性，因此，也是需要优先发展的关键技术。

9.2.1 在轨服务机器人技术突破建议

（1）基于我国已有技术基础，优化适应多任务的机械臂及可更换末端设计

自主在轨服务涉及各项复杂操作，无论是遥操作、半自主、全自主的操作方式，为了适应不同的任务需求，需要机械臂设计成可更换末端形式，以提升任务适应性，满足空间飞行器系统的捕获、维修、维护等任务需求。

目前，我国在空间机械臂技术领域已取得了较多技术突破，近些年的专利申请量呈现快速上升趋势。另外，从国外专利技术创新情况来看，NASA、MDA公司、波音公司，针对复杂的在轨操作，在机械臂和操作末端适应性方面进行了较多技术创新，这些技术创新对提升我国空间机器人研制水平具有较大技术发展借鉴作用。因此，我国可以在已有的研究基础上，通过技术借鉴与改进，优化适应多任务的机械臂及可更换操作末端设计，以满足空间在轨操作的任务复杂性和多样性要求。

（2）以自主创新为主，解决我国大负载低自重机械臂传动技术难题

在我国空间站建设中，对大负载空间机械臂具有较大的研究需求，不仅要求机械臂具备强度高、输出力大的特点，还应具备大容差范围的捕获能力，以克服因视觉精度及大型机械臂自身柔性引起的定位位差。但是，从机械臂的专利技术构成分析结果来看，作为大负载空间机械臂关键技术的空间大负载传动技术，目前公开专利技术方案较少，属于未来我国机械臂技术自主研发方向之一。因此，我国需要加大自主创新能力，解决我国大负载低自重机械臂传动技术难题，支撑我国空间站建设，并推进空间自主在轨操作技术发展。

（3）持续开展技术追踪，加强我国灵巧操作工具的技术储备

空间作业的复杂性决定了操作末端需要采用多样性的末端工具完成在轨任务，而随着空间自主在轨操作的精细化要求越来越高，对灵巧操作工具的需求也越来越多。通过本课题的研究，国外针对灵巧机械臂Dextre、遥控机械臂系统（SRMS）和空间站

遥控机械臂系统（SSRMS）相关的灵巧操作工具均申请了相关专利。这些国外灵活操作工具专利具有较高的借鉴价值，有助于我国灵巧操作工具的技术难点突破。

另外，根据技术调研情况来看，美国 NASA 针对机器人燃料加注任务开发了一系列灵巧操作工具，包括线切割工具、毛毯操纵工具、安全帽拆卸工具和喷嘴操作工具等，对进行在轨加注和在轨装配具有较大应用价值，但是目前还未出现相关专利。因此，我国需要对国外该技术领域的专利申请进行持续性追踪，以获取更多有价值的专利。

（4）对美国 Robonaut 2 的重要专利进行剖析，提升我国空间拟人机器人的研究基础

本课题通过专利检索发现，在 NASA 资助合同 SAA – AT – 07 – 003 下，NASA 和通用公司在 2008~2015 年联合申请了 40 余项与第二代机器人宇航员 Robonaut2 相关的专利，具体涉及总体技术、控制技术、感知技术、通信技术、交互操作技术、任务规划技术，以及灵巧机器人手臂和仿人灵巧手技术等。在我国空间拟人机器人研制过程中，可以对 Robonaut 2 相关专利进行系统分析，剖析 Robonaut 2 的技术方案细节，提升我国在该技术领域内的研究基础。

（5）加强空间非合作目标和无对接特征目标捕获与跟踪技术的技术储备

根据空间目标捕获与跟踪技术的重要专利分析情况来看，MDA 公司、波音公司和 NASA 的空间目标对接技术专利主要侧重于非合作目标，以及没有对接特征空间目标的捕获与对接技术，该技术不仅可以对早期的在轨飞行器进行延寿操作，而且可以应用于空间军事卫星捕获和降轨操作。采用非合作目标的捕获与跟踪技术，可以实现故障卫星的跟踪定位和抓捕，并对其进行变轨、燃料释放、拆卸核心部件。我国可以在持续跟踪国外技术发展动态的基础上，加强空间非合作目标和无对接特征目标捕获与跟踪技术的技术储备。

（6）通过技术改进创新，促进自主在轨加注在复杂操控和安全性方面的技术难题攻破

根据自主操作技术的专利分析结果，自主在轨加注技术的专利申请量出现较早，近些年的相关专利申请量呈现波动式上升趋势，属于国内外重点关注的技术方向之一。目前，我国自主加注方面的技术难点主要体现在以下两个方面：一是需要延寿的卫星没有针对在轨机器人服务进行相应设计，在轨加注涉及的多个操作都难以用机器人执行，如切割去除防护隔热层、去除手工缠绕在阀门上的锁线、拆卸外部和内部阀盖、将推进剂填充管线与阀盖结合、更换内部阀盖等；二是将用于航天器推进系统的推进剂从一个源传输到另一个源，所涉及的多种流体具有腐蚀性和爆炸性，例如，燃料和氧化剂在双组元推进剂系统中的无意混合将导致立即燃烧，因此，用于双组元推进剂的流体转移系统需要确保不发生意外的混合。

针对上述两个自主在轨加注的技术难题，MDA 公司和波音公司均申请了相关专利。因此，我国可以在借鉴国外重要专利技术基础上，推进自主在轨加注在复杂操控和安全性方面的技术难题攻破。

（7）跟踪美国、欧洲和日本的空间碎片清理技术发展动态，完善我国技术发展体

系，并警惕该技术的军事应用威胁

近些年空间碎片清理技术的相关专利申请量快速上升，这一方面是由于全球对空间失效飞行器、空间垃圾的清理需求日益迫切，另一方面由于该技术可作为反卫星武器，具有较大的军事应用价值，很多国家都在以清除空间碎片的名义发展其军事航天能力。

通过本课题的研究获取了欧洲空间碎片清理项目，以及 NASA 资助项目和日本的空间碎片清理技术重要专利。这些专利技术涉及太空渔网、鱼叉、磁吸附和黏附等碎片清理技术，适用于各种尺寸碎片的清理，而且近些年的碎片清理技术专利更侧重于清理安全性和能效性技术问题，可以采用较低能量对碎片进行安全控制和脱轨，并防止产生新的碎片以及具有重复操作能力。其中，日本专利在应用领域中明确指出了相关技术可用于军事卫星抓取。

我国在空间碎片清理技术领域也申请了较多专利，涉及绳系和飞网等技术方案。因此，我国可以通过借鉴国外重要专利技术对我国已有技术方案进行完善，并拓展新的技术解决方案。另外，由于空间碎片清理技术具有较高军事应用价值，后续需要加强对国外技术发展动态的跟踪，警惕该技术的军事应用威胁。

9.2.2 星表移动机器人技术发展建议

（1）加快轮腿组合式移动机器人的研制进程，积极吸取国外移动机器人有益的设计思路和灵感

虽然轮式机器人是星表移动机器人的主流方式，目前美国和苏联登陆成功的月球车和火星车均采用的是轮式结构，但轮式星球车目前在机动性能上仍有较大的局限性，无法进出陨石坑、攀爬峭壁等极端地形，而且受自主运行能力和动力系统限制，难以实现远距离、大范围的行进。从全球专利的申请趋势来看，轮腿组合式移动机器人是未来的发展方向，如美国正在研制轮腿结合式的"全地形六腿外星探测器"，我国在星表移动机器人的研制中也可以积极关注这些最新设计，从中吸取设计灵感，学习借鉴有益经验。

（2）在轮式移动机器人车轮机构方面，加强对金属弹性和可变轮径车轮的研究，在悬架机构方面，加强可折展结构设计方面的研究

相对于刚性车轮，弹性车轮吸振性能较好，可适应恶劣的星球表面未知环境，近些年国外更多的申请涉及刚性骨架辅以弹性结构的可变车轮设计，加拿大安大略省驱动器和齿轮有限公司申请的专利 US20140345761A1 公开了一种刚性弹簧板构成的月球车车轮，日本都美工业株式会社申请的月球探测车车轮采用刚性轮毂和多个弹性环构成，可改善车轮在砂土和泥土等软土地上的运行性能。可折展结构可解决大型空间结构的运输和发射问题，美国"勇气号"和"索杰纳"即采用可折展式悬架结构，洛克公司 2008 年申请的专利 US20090020351A1 也公开了一种悬架折展机构的设计。

（3）加强轮式移动机器人整体结构优化设计和移动控制技术研究，提高机器人的综合性能和智能化水平

未来星表轮式移动机器人的发展，一方面是提高移动系统本身的结构和减重设计，优化布局，另一方面是提高系统的自主越障和运动控制能力，通过运动控制包括驱动

控制、转向设计等方面的智能化设计以提高其长距离行驶和自动避障方面的能力，以提高其长期工作的稳定性和地形适应性。从美国、日本等国近几年的专利申请内容来看，其也在机器人移动控制和结构优化设计方面加大了研发和布局力度，因此我国也应予以重视和加强。

9.3 专利布局建议

基于我国空间机器人未来技术创新发展需求，以及未来拓展国际技术合作、推进技术转移等方面的考虑，以下对我国空间机器人知识产权布局策略提出相应建议。

（1）将我国未来技术发展方向作为知识产权布局的重点技术领域，弥补我国专利布局空白

随着我国空间机器人研制计划的推进，针对空间大负载传动技术、灵巧操作工具、空间仿人灵巧手、自主在轨加注的精细操作和安全控制，以及轮腿组合机器人结构设计和控制等关键技术，具有较大技术研究需求；从我国专利的技术分布情况来看，目前我国在上述技术领域内的创新量较低，是未来需要加大自主创新的重要技术领域。

在我国空间机器人研制与技术创新过程中，应将上述关键技术领域作为我国知识产权布局的工作重点，一是加强我国自有知识产权的及时有效保护，弥补我国的空间机器人专利布局空白点；二是避免国外专利布局对我国未来核心技术发展构成壁垒，影响技术突破方向的选择。

（2）针对具有技术转移和国际合作需求的关键技术领域，在确保国内专利布局优势的同时，积极扩展国外专利布局

基于空间机器人技术的军民两用特性，空间机器人的部分关键技术具有向民用领域推广的可行性，具体包括在轨服务机器人领域的冗余构型空间机械臂技术、大负载低自重传动技术、机械臂轨迹规划技术、机械臂遥操作技术、空间目标对接技术、自主在轨加注技术、空间碎片清理技术，以及星表移动机器人的整体结构设计、移动控制技术、车轮设计、悬架设计、轮腿组合、腿部设计等。

在上述关键技术领域内，我国具有一定的研究基础和专利布局，但为了适应未来技术转移的市场发展需求，需要加强国内的专利布局全面性，以确保我国技术单位在这些关键技术领域内的国内专利布局优势。另外，考虑这些技术开发的国际技术合作需求，应该在国内全面布局基础上扩展国外专利布局，并将欧洲和"一带一路"沿线国家等作为优先考虑区域。

9.4 技术转移建议

专利的价值，除了对自主创新的技术进行有效保护之外，更重要的是通过其实施转化获取经济效益。近年来，随着国家对科技成果转化的大力倡导和法律法规政策的密集出台，知识产权转化已经在各领域如火如荼地开展，成为经济发展和社会发展的

重要支撑。

在空间机器人领域，我国的创新主体以军工院校和航天研究院所为主。建议充分发挥哈尔滨工业大学、西北工业大学、北京航空航天大学在在轨服务机器人和星表移动机器人技术领域的基础研究优势，各大军工集团特别是中国航天科技集团的项目研制和生产制造优势，促进产学研的技术转移转化。

由于空间机器人的关键技术涉及军民两用技术，既可作为提高我国商业航天服务竞争力的关键领域，又是未来争夺空间对抗优势的主要突破方向。因此，基于军民领域的技术发展需求，我国空间机器人适合于推行军民融合发展，既鼓励民营企业参与国防项目研制，又要推进国防技术向民用领域的转移转化。

本报告从技术层面对我国在轨服务机器人技术和星表移动机器人的技术转移可行性进行了分析，确定了如表9-4-1所示的技术转移目录，可以为我国确定空间机器人技术转移方向提供支撑。

表9-4-1 空间机器人关键技术转移目录

空间机器人领域	关键技术	优势单位	推广应用领域
在轨服务机器人	冗余构型空间机械臂	哈尔滨工业大学 北京控制工程研究所 上海航天控制技术研究所 北京精密机电控制设备研究所	物流分发 生产线加工
	大负载低自重传动技术	哈尔滨工业大学	货运装载 赈灾援助
	机械臂轨迹规划技术	北京控制工程研究所 哈尔滨工业大学 西北工业大学	物流分发 服务机器人
	机械臂遥操作技术	西北工业大学	危险环境作业机器人
	空间目标对接技术	哈尔滨工业大学 上海航天控制技术研究所 西北工业大学 中国空间技术研究院 北京空间飞行器总体设计部	商业卫星延寿 空间碎片清理
	自主在轨加注技术	北京控制工程研究所 中国空间技术研究院	商业卫星延寿服务
	空间碎片清理技术	西北工业大学 哈尔滨工业大学 北京空间飞行器总体设计部 北京控制工程研究所 上海航天控制技术研究所	商业卫星在轨服务 空间碎片清理

续表

空间机器人领域	关键技术	优势单位	推广应用领域
星表移动机器人	整体结构设计	湖南大学 哈尔滨工业大学 上海宇航系统工程研究所 南京航空航天大学 中国北方车辆研究所	沙滩车、越野车、军用突防、应急车辆
	移动控制技术	北京控制工程研究所 北京航空航天大学 上海交通大学 北京工业大学 北京航天飞行控制中心	自动驾驶、工业机器人控制
	车轮设计	吉林大学 哈尔滨工业大学 上海宇航系统工程研究所	沙滩车、越野车、军用突防、应急车辆
	悬架设计	哈尔滨工业大学 上海宇航系统工程研究所 中国北方车辆研究所	沙滩车、越野车、军用突防、应急车辆
	轮腿组合	北京航空航天大学 河南科技大学 上海交通大学 江南大学 吉林大学	工业机器人、电力巡检机器人、医疗机器人、抢险救灾机器人等
	腿部设计	北京交通大学 北京航空航天大学	工业机器人、医疗机器人、抢险救灾机器人等

附表1 主要申请人名称约定表

约定名称	对应申请人名称
NASA	美国国家航空航天局 美国宇航局 The United States of America as represented by the Administrator of the National Aeronautics and Space Administration The United States of America as represented by the United States National Aeronautics and Space Administration The United States of America as represented by the Administrator National Aeronautics and Space Administration NASA Headquarters National Aeronautics and Space Administration United States of America as represented by the Administrator of the NASA United States of America as represented by the Administrator of the National Aeronautics & Space The United States of America as represented by the Administrator of the National Aeronautics & Space Administration The U. S. A. As Represented by the Administrator of The National Aeronautics and Space Administration
DARPA	美国国防高级研究计划局 Advanced Research Projects Agency (ARPA) Defense Advanced Research Projects Agency
欧空局	欧洲空间局 欧洲太空局 European Space Agency THE EUROPEAN SPACE AGENCY (ESA) ORGANISATION INTERGOUVERNEMENTALE DITE AGENCE SPATIALE EUROPEENNE AGENCE SPATIALE EUROPEENE ORGANISATION EUROPEENNE DE RECHERCHES SPATIALES ESA EUROPEAN SPACE AGENCY Agence spatiale européenne

续表

约定名称	对应申请人名称
欧洲宇航防务集团	EADS European Aeronautic Defence and Space Company EADS SPACE TRANSP GMBH EADS Space Transportaiton GmbH The EADS Group Astrium 公司 Astrium Limited ASTRIUM LTD Astrium GmbH ASTRIUM SAS 空中客车公司 Airbus Defence & Space GmbH Airbus SE Airbus Operations S. L. AIRBUS DEFENCE & SPACE SAS Airbus Operation (SAS) Airbus Operations Limited Airbus Defence and Space Limited
加拿大航天局	加拿大航天局 加拿大太空局 加拿大国家航天局 CSA Canadian Space Agency Agence spatiale canadienne (ASC)
日本国家空间发展局	日本宇宙研究开发机构 日本宇宙航空研发机构 日本宇宙开发实业集团 日本宇宙开发事业团 JAXA NASDA NATL SPACE DEVELOPMENT AGENCY OF JAPAN NATL SPACE DEV AGENCY JAPAN < NASDA > Japan Aerospace Exploration Agency THE DIRECTOR – GENERAL OF THE INSTITUTE OF SPACE & ASTRONAUTICAL SCIENCE NATIONAL AEROSPACE LABORATORY OF SCIENCE & TECHNOLOGY

续表

约定名称	对应申请人名称
日本国家空间发展局	JAPAN AS REPRESENTED BY THE DIRECTOR – GENERAL OF THE INSTITUTE OF SPACE DIRECTOR GENERAL OF INSTITUTE OF SPACE & ASTRONAUTICAL SCIENCE NATIONAL AEROSPACE LABORATORY OF SCIENCE TECHNOLOGY AGENCY JAPAN AEROSPACE EXPLORATION NATIONAL SPACE DEVELOPMENT AGENCY OF JAPAN (NASDA) NATIONAL AEROSPACE LABORATORY OF SCIENCE & TECHNOLOGY AGEN NATIONAL AEROSPACE LABORATORY OF SCIENCE & TECHNOLOGY AGENCY JAPAN AS REPRESENTED BY THE DIRECTOR – GENERAL OF THE INSTITUTE OF SPACE & ASTRONAUTICAL SCIENCE HE DIRECTOR – GENERAL OF THE INSTITUTE OF SPACE & ASTRONAUTICAL NATIONAL AEROSPACE LABORATORIES OF SCIENCE & TECHNOLOGY AGENCY
德国宇航中心	DLR German Aerospace Center Deutsches Zentrum fur Luft – und Raumfahrt DEUTCHES ZENTRUM FUR LUFT – UND RAUMFAHRT E V DLR DEUTSCHES ZENTRUM FA¼R LUFT – UND RAUMFAHRT E V DEUTSCHES ZENTRUM FUR LUFT – UND – RAUMFAHRT – DLR DEUTSCHES ZENTRUM FUER LUFT – UND RAUMFAHRT E V (DLR) DLR DEUTSCHE FORSCHUNGSANSTALT FUR LUFT – UND RAUMFAHRT E V
日本科学技术振兴机构	JST AGENCY OF IND SCIENCE & TECHNOL Director General of Agency of Industrial Science and Technology NATIONAL INSTITUTE OF ADVANCED INDUSTRIAL & TECHNOLOGY
MDA 公司	加拿大麦克唐纳·德特威勒公司 MDA U. S. Systems LLC MACDONALD DETTWILER INC MacDonald Dettwiler & Associates Inc. MacDonald Dettwiler Space and Advanced Robotics Ltd. MACDONALD DETTWILER & ASS INC MACDONALD DETTWILER AND ASSOCIATES INC. Macdonald Dettwiler Space and Associates Inc. MAKDONALD DETTUILER EHND ASSOSHIEHJTS INK 劳拉空间系统公司 SPACE SYSTEMS/LORAL LLC SPACE SYSTEMS/LORAL MACDONALD DETTWILER & ASSOCIATES

续表

约定名称	对应申请人名称
加拿大 Spar 公司	Spar Aerospace Limited Spar Aerospace Products Ltd.
Thales 公司	泰雷兹集团 泰勒斯集团 泰雷兹阿莱尼亚宇航公司 THALES ALENIA SPACE ITALIA S P Thales Alenia Space Italia S. P. A. Thales Alenia Space Deutschland GmbH
波音公司	BOEING The Boeing Company BOEING CO MCDONNELL DOUGLAS CORP C/O THE BOEING CO BOEING DEFENSE & SPACE GROUP BOEING AEROSPACE & ELECTRONICS THE BOEING CO BOEING COMMERCIAL AIRPLANES GROUP BOEING NORTHAMERICAN INC
通用公司	通用电气公司 通用电子公司 通用动力公司 GEN ELECTRIC General Electric Company RCA Corporation General Dynamics Corporation Space Systems Division General Dynamics General Dynamics Convair Division General Dynamics Corporation GM Global Technology Operations LLC GEN MILLS INC GM Global Technologies Operations Inc.
三菱公司	三菱重工業株式会社 Mitsubishi Heavy Industries Ltd. MITSUBISHI HEAVY IND LTD MITSUBISHI MITSUBISHI ELECTRIC CORP Mitsubishi Denki Kabushiki Kaisha

续表

约定名称	对应申请人名称
川崎重工	川崎重工有限公司 KAWASAKI HEAVY IND LTD DOKURITSU GYOSEI HOJIN UCHU KOKU KENKYU KAWASAKI ENGINEERING CO LTD KAWASAKI JUKOGYO KABUSHIKA KAISHA KAWASAKI THERMAL ENGINEERING CO LTD KAWASAKI JUKOGYO KK MITSUBISHI CORP
东芝公司	TOSHIBA CORP Kabushiki Kaisha Toshiba
日立公司	Hitachi Ltd. HITACHI ENGINEERING CO LTD HITACHI ELECTRONIC ENGINEERING CO LTD HITACHI COMMUNICATION TECHNOLOGY LTD TRUSTEE FOR THE BENEFIT OF HITACHI AIR CONDITIONING SYSTEMS CO LTD HITACHI SYSTEMS LTD
NEC	日本电气株式会社 NEC Electronics Corporation NEC Corporation NEC ELECTRONICS AMERICA INC NEC ELECTRONICS CORPORTION NEC ELECTRONICS（GERMANY）GMBH
德国航空航天技术公司	Erno Raumfahrttechnik GmbH
德国亚琛工业大学	Rheinisch – Westfälische Technische Hochschule（RWTH）Aachen
洛马公司	洛克希德·马丁公司 Lockheed Martin Corp LOCKHEED MARTIN CORPORTATION LOCKHEED MARTIN AEROSPACE CORP LOCKHEAD MARTIN TACTICAL DEFENSE SYSTEMS INC LOCKHEED MARTIN ADVANCED ENVIRONMENTAL SYSTEMS INC LOCKHEED MARTIN TACTICAL SYSTEMS UK LTD LOCKHEED MARTIN ENERGY RESEARCH CORP OAK RIDGE NATIONAL LABORATORY LOCKHEED MARTIN ENERGY RESEARCH CORP LOCKHEED MARTIN GLOBAL TELECOMMUNICATIONS INC LOCKHEED MARTIN ENERGY RESEARCH SYSTEMS INC LOCKHEED – MARTIN IR IMAGING SYSTEMS INC LOCKHED MARTIN ADVANCED ENVIRONMENTAL SYSTEMS INC

续表

约定名称	对应申请人名称
IHI 公司	IHI 株式会社 IHI AEROSPACE CO LTD ISHIKAWAJIMA HARIMA HEAVY IND CO LTD IHI CORP IHI Corporation IHI SOUTHWEST TECHNOLOGIES ISHIWAWAJIMA - HARIMA HEAVY INDUSTRIES CO LTD & SHARP KK ISHIKAWAJIMA MASS - PRODUCED MACHINERY CO LTD ISHIKAWAJIMA - HARIMA HEAVY DUTY INDUSTRIES CO LTD
中国空间技术研究院	中国航天科技集团第五研究院 中国航天科技集团公司五院 航天五院 China Academy of Space Technology
上海航天技术研究院	中国航天科技集团公司第八研究院 中国航天科技集团公司八院 航天八院 Shanghai Academy of Spaceflight Technology
北京空间飞行器总体设计部	航天五院 501 部 Beijing Space Aerocraft Collectivity Design Section Beijing Space Aerocraft General Design Department
北京控制工程研究所	北京控制工程研究所 Beijing Institute of Control Engineering Beijing Control Engineering Research Institute
哈尔滨工业大学	哈尔滨工业大学 哈尔滨工业大学深圳研究生院 Harbin Institute of Technology Harbin Institute of Technology Shenzhen Graduate School
Astroscale 公司	ASTROSCALE PRIVATE LTD ASTROSCALE PTE. LTD. Astroscale Japan Inc.
上海宇航系统工程研究所	Shanghai Aerospace System Engineering Institute
中国空间技术研究院	China Academy of Space Technology

续表

约定名称	对应申请人名称
北京精密机电控制设备研究所	Beijing Precision Mechanical and Electrical Control Equipment Research Institute
波士顿动力公司	BOSTON DYNAMICS
精工株式会社	NSK LTD.
TRW 公司	TRW Inc., Redondo Beach, CA, US TRW AUTOMATIVE U S LLC TRW AUTOMOTOVE ELECTRONICS & COMPONENTS GMBH & CO KG TRW AUTOMOTIVE ELETRONICS & COMPONENTS GMBH & CO KG
英国宇航系统公司	BRITISH AEROSPACE BRITISH AEROSPACE PUBLIC LIMITED COMPANY
美国贝尔实验室	BELL LAB BELL TELEPHONE LABORATORIES INCORPORATED
WHITTAKER 公司	WHITTAKER CORPORATION
BLAW – KNOX 公司	BLAW – KNOX COMPANY BLAW KNOX CONSTR EQUIP BLAW – KNOX CONSTRUCTION EQUIPMENT CORPORATION
卡耐基梅隆大学	Carnegie Mellon University CMU 卡内基·梅隆大学
SUMITOMO	住友重機械工業株式会社 SUMITOMO HEAVY INDUSTRIES
NISSAN	日产自动车株式会社 NISSAN MOTOR CO LTD
谷歌	谷歌 GOOGLE INC.
NEC	日本电气株式会社 NEC Corporation
霍尼韦尔公司	HONEYWELL INC. Honeywell International Inc.
加州理工学院	UNIVERSITY OF CALIFORNIA THE REGENTS OF THE UNIVERSITY OF CALIFORNIA

续表

约定名称	对应申请人名称
苏黎世联邦理工学院	洛桑联邦理工学院 ECOLE POLYTECHN FEDERALE DE LAUSANNE SERVICE DES RELATIONS IND ECOLE POLYTECHNIQUE FEDERALE DE LAUSANNE
俄罗斯的中央机器人技术与工程控制论科学研究与规划设计院	ФЕДЕРАЛЬНОЕ ГОСУДАРСТВЕННОЕ АВТОНОМНОЕ НАУЧНОЕ УЧРЕЖДЕНИЕ
柏林大学	Universität zu Berlin
法国航空航天公司	Société Nationale d'Industrie Aérospatiale，SNIAS
JPL	喷气动力实验室 喷气推进实验室 Jet Propulsion Laboratory
格鲁曼航空航天公司	Grumman Aerospace Corporation Grumman Aircraft Engineering Corporation

附表2 第二代宇航员 Robonaut 2 相关专利

序号	公开号	标题	优先权日	关键技术
1	US8176809B2	Planar torsion spring	2008-12-10	机械臂机械机构
2	US8276958B2	Bidirectional tendon terminator	2008-11-12	肌腱控制
3	US8060250B2	Joint-space impedance control for tendon-driven manipulators	2008-12-15	机械手控制
4	US8170718B2	Multiple priority operational space impedance control	2008-12-18	操作空间阻抗控制
5	US9120224B2	Framework and method for controlling a robotic system using a distributed computer network	2009-09-22	控制系统
6	US8857874B2	Robotic finger assembly	2009-09-22	灵巧手
7	CN102145489B	在腱驱动的机器人手指内的张力分配	2009-03-03	灵巧手
8	US8511964B2	Humanoid robot	2009-09-22	总体技术
9	US8498741B2	Dexterous humanoid robotic wrist	2009-09-22	灵巧手
10	US8467903B2	Tendon driven finger actuation system	2009-09-22	灵巧手
11	US8442684B2	Integrated high-speed torque control system for a robotic joint	2009-09-22	机器人关节的高速扭矩控制系统
12	US8424941B2	Robotic thumb assembly	2009-09-22	灵巧手
13	US8443694B2	Rotary series elastic actuator	2009-09-22	上臂组件
14	US8401700B2	Actuator and electronics packaging for extrinsic humanoid hand	2009-09-22	灵巧手
15	US8369992B2	Embedded diagnostic, prognostic, and health management system and method for a humanoid robot	2009-09-22	嵌入式诊断和健康管理系统
16	US8260460B2	Interactive robot control system and method of use	2009-09-22	交互控制系统

续表

序号	公开号	标题	优先权日	关键技术
17	US8255079B2	Human grasp assist device and method of use	2009-09-22	灵巧手
18	US8250901B2	System and method for calibrating a rotary absolute position sensor	2009-09-22	传感器系统
19	US8244402B2	Visual perception system and method for a humanoid robot	2009-09-22	视觉感知系统
20	US8067909B2	Method and apparatus for electromagnetically braking a motor	2009-05-29	电动机
21	US8412378B2	In-vivo tension calibration in tendon-driven manipulators	2009-12-02	机械手张力校准
22	US8525460B2	Architecture for robust force and impedance control of series elastic actuators	2010-02-02	弹性制动器
23	USD628609S1	Robot	2010-04-06	机器人总体技术
24	US8731714B2	Concurrent path planning with one or more humanoid robots	2010-09-22	路径规划
25	US8676382B2	Applying workspace limitations in a velocity-controlled robotic mechanism	2010-05-26	速度控制系统
26	US8489239B2	Robust operation of tendon-driven robot fingers using force and position-based control laws	2010-11-01	灵巧手
27	US8483877B2	Workspace safe operation of a force- or impedance-controlled robot	2010-09-03	机械臂自动控制
28	US8265792B2	Method and apparatus for calibrating multi-axis load cells in a dexterous robot	2010-04-15	多轴负载单元校正
29	US9067319B2	Fast grasp contact computation for a serial robot	2011-08-11	抓取控制
30	US8868234B2	Communication system and method	2011-07-01	通信系统
31	US8776632B2	Low-stroke actuation for a serial robot	2011-08-19	灵巧手
32	US8706299B2	Method and system for controlling a dexterous robot execution sequence using state classification	2011-08-02	任务控制

续表

序号	公开号	标题	优先权日	关键技术
33	US8618762B2	System and method for tensioning a robotically actuated tendon	2011-01-27	机器手的张紧腱控制系统
34	US20130096719A1	Method for dynamic optimization of a robot control interface	2011-10-13	人机控制
35	US9120220B2	Control of a glove-based grasp assist device	2012-02-29	握持辅助手套的控制系统
36	US9067325B2	Human grasp assist device soft goods	2012-02-29	握持辅助系统
37	US8849453B2	Human grasp assist device with exoskeleton	2012-02-29	握持辅助的外骨骼
38	US9149933B2	Grasp assist device with shared tendon actuator assembly	2013-02-07	握持辅助装置
39	US8919842B2	Robot arm with tendon connector plate and linear actuator	2013-02-07	灵巧手
40	CN104049573B	机器人系统及其任务规划方法	2013-03-14	任务规划方法
41	US9505134B2	Lower robotic arm assembly having a plurality of tendon driven digits	2014-04-21	机器人前臂
42	US20160361820A1	Grasp assist device with automatic mode control logic	2015-06-15	握持辅助装置

图 索 引

图 2-1-1 空间机器人全球专利申请趋势 (15)
图 2-1-2 空间机器人全球专利申请来源国/地区分布 (16)
图 2-2-1 在轨服务机器人全球专利申请趋势 (19)
图 2-2-2 在轨服务机器人国内外专利申请趋势对比 (20)
图 2-2-3 在轨服务机器人关键技术全球专利申请量占比分析 (21)
图 2-2-4 空间机械臂各关键技术领域全球专利申请量占比分析 (21)
图 2-2-5 操作末端各关键技术领域全球专利申请量占比分析 (22)
图 2-2-6 自主操作各关键技术领域全球专利申请量占比分析 (23)
图 2-2-7 在轨服务自主操作技术各关键技术全球专利申请趋势对比 (24)
图 2-2-8 在轨服务机器人专利申请区域分析 (24)
图 2-2-9 主要申请国家或地区的专利技术构成分析 (彩插1)
图 2-2-10 主要国家的专利申请趋势对比 (26)
图 2-2-11 在轨服务机器人全球专利申请人排名 (28)
图 2-3-1 星表移动机器人全球专利申请趋势 (30)
图 2-3-2 星表移动机器人中外专利申请趋势对比 (32)
图 2-3-3 星表移动机器人一级技术分支专利分布 (32)
图 2-3-4 星表移动机器人二级技术分支专利分布 (33)
图 2-3-5 三种类型星表移动机器人专利申请趋势对比 (33)
图 2-3-6 星表移动机器人全球专利技术来源国家或地区分布 (34)
图 2-3-7 星表移动机器人全球专利申请人排名 (36)
图 2-3-8 星表移动机器人技术专利发展路线 (彩插2)
图 3-2-1 轮式移动机器人全球专利申请趋势 (47)
图 3-3-1 轮式移动机器人全球专利申请主要国家或地区分布 (49)
图 3-3-2 轮式移动机器人主要国家专利申请趋势 (50)
图 3-4-1 轮式移动机器人全球主要申请人专利申请排名 (51)
图 3-5-1 轮式移动机器人专利技术发展路线 (彩插3)
图 3-5-2 US3291181B1 技术方案示意图 (53)
图 3-5-3 US3568748B1 技术方案示意图 (53)
图 3-5-4 US3730287B1 技术方案示意图 (53)
图 3-5-5 US4840394B1 技术方案示意图 (53)
图 3-5-6 US4932491B1 技术方案示意图 (54)
图 3-5-7 JP4263797B2 技术方案示意图 (54)
图 3-5-8 EP1118531A1 技术方案示意图 (55)
图 3-5-9 US9254866B1 技术方案示意图 (56)
图 3-5-10 RU176098U1 技术方案示意图 (56)
图 3-6-1 轮式机器人移动系统专利技术功效矩阵 (57)
图 4-1-1 "国际空间站"美国舱上的 MSS (60)
图 4-1-2 德国的 ROTEX 机械臂 (61)
图 4-1-3 空间应用的日本 ETS-VII 机械臂

图索引

图 4-2-1　空间机械臂技术领域全球专利年申请量发展趋势　(63)
图 4-3-1　空间机械臂技术领域主要申请国家专利分布　(64)
图 4-3-2　空间机械臂技术领域全球主要申请国家或地区的专利技术构成分析　(66)
图 4-3-3　机械臂技术领域主要国家或地区的专利技术流向分析　(68~69)
图 4-4-1　空间机械臂技术领域各关键技术分支专利年申请趋势分析　(70)
图 4-5-1　空间机械臂技术领域全球主要专利申请人排名情况　(71)
图 4-5-2　空间机械臂技术领域全球主要申请人技术构成分析　(72)
图 4-5-3　TALISMAN 结构示意图　(73)
图 4-5-4　TALISMAN 空间操作示意图　(73)
图 4-5-5　专利 US9168659B2 附图　(74)
图 4-5-6　专利 US9321175 附图　(75)
图 4-5-7　专利 US6749533 附图　(75)
图 4-5-8　专利 CN104908045B 附图　(77)
图 4-5-9　专利 CN103009389A 附图　(77)
图 4-5-10　专利 CN103207566A 附图　(78)
图 5-1-1　SARAH 机械手实物图　(80)
图 5-1-2　机器人燃料加注任务中的灵巧专用机械手（Dextre）　(81)
图 5-2-1　操作末端技术全球专利申请趋势　(82)
图 5-2-2　操作末端技术中国专利申请趋势　(84)
图 5-3-1　操作末端技术主要申请国家或地区专利申请量占比　(85)
图 5-3-2　主要申请国家或专利的操作末端各关键技术方面专利技术构成分析　(86)
图 5-3-3　操作末端技术领域主要国家或地区的技术流向分析　(88)
图 5-4-1　操作末端技术领域主要申请人专利排名　(89)
图 5-4-2　操作末端主要专利申请人技术构成分析　(90)
图 5-5-1　空间目标捕获与对接专利技术发展历程　(彩插 4)
图 5-6-1　Roubonaut 2 在国际空间站进行测试　(93)
图 5-6-2　Roubonaut 2 项目技术创新与全球专利布局量统计分析　(94)
图 5-6-3　Roubonaut 2 项目相关专利在各国的专利布局量统计　(94)
图 5-6-4　Roubonaut 2 项目相关专利在各国的专利布局进度　(95)
图 5-6-5　Roubonaut 2 项目中灵巧手技术发展历程　(96)
图 5-6-6　专利 US8919842B2 附图　(96)
图 5-6-7　专利 US20120109379A1 附图　(97)
图 5-6-8　专利 US8401700B2 附图　(97)
图 5-6-9　MDA 公司灵巧操作工具专利申请趋势　(99)
图 5-6-10　MDA 公司灵巧操作工具专利区域分布　(99)
图 5-6-11　专利 US8702341B2 附图　(100)
图 5-6-12　专利 US9676096B2 附图　(100)
图 5-6-13　专利 US5320395 附图　(101)
图 5-6-14　专利 US9688422B2 附图　(102)
图 5-6-15　自适应机器人辅助手 SARAH 结构示意图　(102)
图 5-6-16　自适应机器人辅助手（SARAH）的相关专利　(103)
图 5-6-17　专利 US5762390 的技术方案示意图　(103)
图 5-6-18　专利 US6669257 的技术方案示意图　(104)
图 5-6-19　专利 US6505870B1 的技术方案示意图　(104)
图 5-7-1　专利 CN104743140B 的技术方案示意图　(105)
图 5-7-2　专利 CN104648698B 的技术方案示意图　(106)
图 5-7-3　专利 CN102390548A 的技术方案示意图　(106)
图 5-7-4　专利 CN105382845A 的技术方案示

237

图6-2-1 自主操作技术全球专利申请趋势（112）

图6-2-2 在自主操作技术发展期国内外专利申请趋势对比（113）

图6-3-1 自主操作技术领域全球专利区域分布分析（114）

图6-3-2 自主操作技术全球专利主要技术来源国家或地区的技术构成分析（115）

图6-3-3 自主操作技术领域主要国家或地区的技术流向分析（117）

图6-4-1 自主操作技术主要申请人专利申请量统计（118）

图6-4-2 自主操作技术主要申请人技术构成分析（119）

图6-5-1 自主在轨模块更换与装配技术专利发展历程（彩插5）

图6-5-2 自主在轨加注技术专利发展历程（122）

图6-5-3 空间碎片清理技术发展历程（124）

图6-6-0 MDA在轨自主加注技术专利布局（彩插6）

图6-6-1 MDA公司在轨加注产品专利申请趋势（126）

图6-6-2 MDA公司在轨加注产品专利市场分布（126）

图6-6-3 加注系统总体技术专利US8074935B2附图（126）

图6-6-4 推进剂转移控制技术专利US9260206B2附图（127）

图6-6-5 专利US20150314893A1附图（128）

图6-6-6 专利US9399295B2附图（128）

图6-6-7 专利US9688422B2附图（129）

图6-6-8 美国在轨自主加注和空间制造项目专利（130）

图6-6-9 专利EP2530018B1附图（131）

图6-6-10 SSL公司的在轨组装卫星示意图（132）

图6-6-11 专利US20160264264A1附图（1）（132）

图6-6-12 专利US20160264264A1附图（2）（133）

图6-6-13 系绳无限公司在轨制造卫星天线的示意图（133）

图6-6-14 专利WO2017123677A1附图（134）

图6-6-15 专利US20160067919附图（135）

图6-6-16 标准化模块（iBLOCK）（135）

图6-6-17 智能空间系统接口（ISSI）（136）

图6-6-18 专利US20170015443A1附图（136）

图6-6-19 欧洲空间碎片清理演示验证项目专利申请趋势（137）

图6-6-20 欧洲空间碎片清理演示验证项目专利区域分布（138）

图6-6-21 专利US20150151856A1附图（138）

图6-6-22 专利EP3015369A1附图（139）

图6-6-23 专利US9022323B2附图（140）

图6-6-24 专利US7168660B2附图（140）

图6-6-25 专利US20150097084附图（141）

图6-6-26 专利US9016635B2附图（142）

图6-6-27 专利US9555905B2附图（142）

图6-6-28 日本空间碎片清理技术主要创新主体专利分布（143）

图6-6-29 日本空间碎片清理技术专利布局国家或地区（143）

图6-6-30 专利US9463884B2附图（143）

图6-6-31 专利US20170113818A1附图（144）

图6-6-32 专利US20170015444A1附图（144）

图6-7-1 我国自主操作技术专利申请趋势（145）

图6-7-2 我国自主操作技术创新主体专利申请排名（146）

图6-7-3 专利CN103950554B附图（146）

图6-7-4 专利CN105217057B附图（147）

图6-7-5 专利CN105955284A附图（147）

图6-7-6 专利CN102490181B附图（148）

图6-7-7 专利CN105438504A附图（148）

图索引

图7-1-1　MDA 公司研制的加拿大臂 Canadarm　（151）

图7-1-2　MDA 公司为 FREND 项目研制的机械臂　（152）

图7-1-3　MDA 公司在"轨道快车"计划中的航天器对接示意图　（152）

图7-1-4　MDA 公司专利申请量分析　（154）

图7-1-5　MDA 公司在主要国家或地区的专利申请趋势分析　（157~158）

图7-2-1　NASA 在轨服务机器人专利申请趋势　（164）

图7-2-2　NASA 的专利区域分布　（173~174）

图7-3-1　EADS 全球专利申请趋势　（182）

图7-3-2　EADS 全球专利技术构成分析　（182）

图7-4-1　波音公司全球专利申请趋势　（184）

图7-4-2　波音公司在各关键技术领域的专利申请量　（184）

图7-5-1　哈尔滨工业大学专利申请趋势　（186）

图8-1-1　TALISMAN 机械臂空中操作示意图　（196）

图8-1-2　第二代机器人宇航员的结构示意图　（197）

图8-1-3　危险环境操作应用的 Robonaut 2　（198）

图8-1-4　医疗应用中的 Robonaut 2　（199）

图8-1-5　物流与分发应用中的 Robonaut 2　（200）

图8-1-6　NASA 的卫星在轨捕获和服务的自主机器人系统　（201）

图8-1-7　我国空间机械臂专利的法律状态分析　（202）

图8-1-8　我国操作末端专利的法律状态分析　（204）

图8-1-9　我国操作末端专利的法律状态分析　（205）

图8-2-1　UNISTIK 残疾人车辆驾驶系统　（206）

图8-2-2　Power Pack Ⅱ机器人　（207）

图8-2-3　HAZBOT Ⅲ机器人　（207）

图8-2-4　Urbie 机器人　（208）

图8-2-5　PackBot 机器人　（208）

图8-2-6　QC Bot 医疗机器人　（209）

图8-2-7　步行和滚动机器人　（210）

图8-2-8　模块化机器人车辆（MRV）　（211）

图8-2-9　我国星表移动机器人相关专利的法律状态分析　（211）

表 索 引

表 1-2-1 全球在轨服务机器人研制项目与计划发展历程 (2~5)
表 1-3-1 空间机器人技术分解 (11)
表 1-3-2 在轨服务机器人专利检索和筛选后结果 (12~13)
表 1-3-3 星表移动机器人专利检索和筛选后结果 (13)
表 2-1-1 空间机器人主要国家或地区的专利申请情况统计 (17)
表 2-3-1 星表移动机器人主要技术来源国全球专利技术分布 (34)
表 2-3-2 星表移动机器人主要技术来源国专利法律状态分布 (35)
表 2-3-3 星表移动机器人主要技术来源国的专利流向分布 (35)
表 2-3-4 星表移动机器人全球主要申请人的技术分布 (36)
表 3-2-1 轮式移动机器人各二级分支全球专利申请年度分布 (47~48)
表 3-3-1 轮式移动机器人主要申请国家专利技术分布 (50)
表 3-4-1 轮式移动机器人全球主要申请人专利技术分布 (51)
表 4-3-1 空间机械臂全球专利技术流向统计 (67)
表 5-3-1 操作末端主要技术流入国家或地区的专利量统计结果 (87)
表 5-6-1 MDA 公司灵巧操作工具专利统计 (98)
表 6-3-1 自主操作技术主要技术流入国家或地区的专利量统计结果 (116)
表 7-1-1 MDA 公司在各关键技术领域的专利申请量统计 (155)
表 7-1-2 MDA 公司全球专利区域分布 (156)
表 7-1-3 MDA 公司重要专利 (158~160)
表 7-2-1 NASA 各技术发展阶段的代表性专利 (165~170)
表 7-2-2 NASA 在各关键技术领域的专利申请量统计 (171)
表 7-2-3 NASA 全球专利区域分布 (172)
表 7-2-4 NASA 在中国分布的在轨服务技术专利 (174~175)
表 7-2-5 NASA 及其相关支撑单位相关专利 (175~181)
表 7-3-1 EADS 全球专利区域分布 (183)
表 7-4-1 EADS 全球专利区域分布 (185)
表 7-5-1 哈尔滨工业大学在各关键技术领域的专利申请量统计 (187)
表 7-6-1 波士顿动力公司腿式行走机器人相关专利 (189~192)
表 7-6-2 谷歌公司腿式行走机器人相关专利 (192~195)
表 8-1-1 Robonaut 2 技术转移专利（危险环境操作应用）(198~199)
表 8-1-2 Robonaut 2 技术转移专利（医疗应用）(200)
表 8-1-3 Robonaut 2 技术转移专利（物流与分发应用）(201)
表 8-1-4 Robonaut 2 技术转移专利（商业卫星在轨服务应用）(202)
表 8-1-5 空间机械臂技术专利的技术转移可行性分析结果 (203)
表 8-1-6 操作末端技术专利的技术转移可行性分析结果 (204)
表 8-1-7 自主操作技术专利的技术转移可行性分析结果 (205)
表 8-2-1 星表移动机器人可转移专利的技术构成、优势企业统计结果 (212)
表 9-4-1 空间机器人关键技术转移目录 (223~224)